Peter Gschwind

Projektive Mikrophysik

Erweiterung der Teilchenphysik durch Umkreisgrössen

MATHEMATISCH-ASTRONOMISCHE BLÄTTER
NEUE FOLGE

Band 25

Herausgegeben von der Mathematisch-Astronomischen Sektion
der Freien Hochschule für Geisteswissenschaft
am Goetheanum, Dornach (Schweiz)

Begründet von Louis Locher und Georg Unger

Redaktion: Renatus Ziegler

PETER GSCHWIND

Projektive Mikrophysik

Erweiterung der Teilchenphysik durch Umkreisgrössen

Philosophisch-Anthroposophischer

VERLAG AM GOETHEANUM

Dieser Band wurde finanziert vom
Verein für mathematisch-physikalische Forschung

Einbandgestaltung: Martin Diethelm, Peter Gschwind

Satz und Layout: Peter Gschwind mit Scientific Word 4.0
Herstellung: Freiburger Graphische Betriebe

ISBN 3-7235-1208-9

ABSTRACT Aufgrund des Dualitätsgesetzes der projektiven Geometrie können mathematische Strukturen der Mikrowelt auch als Strukturen von Umkreisgrössen verstanden werden.

Mathematical structures of the microworld can be interpreted with the duality theorem of projective geometry as structures of peripherical forces.

Inhalt

Vorwort

Zu diesem Buch

Ursprünglich hatte ich nur die Absicht, das Buch «Raum, Zeit, Geschwindigkeit» zu überarbeiten, um es verständlicher zu machen. Im Laufe der Arbeit ergaben sich aber Erweiterungen, so dass ein neuer Titel gerechtfertigt ist.

Seit dem Erscheinen des Buches im Jahre 1986 hat sich auch der Problemhorizont durch andere Autoren und Referenten geweitet: U. Pinkall mit einem Entwurf zu einer projektiven Kinematik und mit mündlichen Erläuterungen zur Dirac-Theorie, F. W. Dustmann mit Ergänzungen zum Geschwindigkeitsbegriff, H.-J. Stoss mit der Koordinatenbildung, einige Resultate von J. Brandes zur speziellen Relativitätstheorie und schliesslich ein Beitrag zum Modellbegriff von R. Ziegler. Diese wichtigen Ergänzungen wurden in den Text eingearbeitet. Die Beiträge von P. Janich zur operativen Definition der Geschwindigkeit aus dem Jahre 1988 liegen im Ansatz mit Aristoteles nahe meinen Ausführungen von 1986 mit den projektiven Skalen, auch hier eine Ergänzung. Eine grosse Erweiterung bildet die ausführliche Darstellung der projektiven Massbestimmung nach Felix Klein. Die Erfahrungen mit «Raum, Zeit, Geschwindigkeit» haben ergeben, dass das Grundanliegen des Buches ohne Kenntnis dieser Theorie nicht zu verstehen ist. Das letzte Kapitel ist neu, es enthält die Quintessenz des Buches.

Herzlich bedanken möchte ich mich bei R. Ziegler für die konstruktive und kritische Durchsicht des Manuskripts, bei C. Scheidegger für einige scharfsinnige Kommentare, bei M. Gschwind für einige bessere Formulierungen und schliesslich bei meiner Frau Viola Gschwind, die unermüdlich immer wieder neue Korrekturen las.

Dornach, im Mai 2004 *Peter Gschwind*

Vorwort zu «Raum, Zeit, Geschwindigkeit»

Die vorliegende Arbeit stellt eine Art Fortsetzung dar zu den beiden Schriften «Der lineare Komplex, eine überimaginäre Zahl» und «Methodische Grundlagen zu einer projektiven Quantenphysik». Die in den beiden Schriften keimhaft enthaltenen Zusammenhänge werden breiter ausgeführt und von der erkenntnistheoretischen, menschenkundlichen und physikalischen Seite beleuchtet. Der Begriff Erkenntnistheorie wird hier und im Folgenden der Einfachheit halber auch für all das verwendet, was üblicherweise unter Naturphilosophie verstanden wird. Für ein sachgemässes Verständnis der Ausführungen sind eine fundierte Kenntnis der synthetischen projektiven Geometrie, sogar eine zum inneren Erlebnis gesteigerte Vertrautheit, und die Bekanntschaft mit verschiedenen Gebieten der theoretischen Physik unumgänglich.

Der Inhalt der Arbeit gibt, wenn nichts anderes vermerkt, ausschliesslich die Meinung des Autors wieder und hat mancherorts noch provisorischen Charakter.

Von den Diskussionspartnern, die zum Ausbilden gewisser Grundkonzepte beigetragen haben, nenne ich nur die wichtigsten. G. Unger verdanke ich zahlreiche Gespräche über phänomenologische Fragen, über projektive Interpretationen und über allgemeine physikalische Probleme. Die Beschäftigung mit dem Zeitbegriff geht auf Anregungen von E. Schuberth zurück, der mir auch beim erkenntnistheoretischen und menschenkundlichen Teil wertvolle Hinweise gab. Sein langjähriges stetiges Interesse hat mir über viele Schwierigkeiten hinweggeholfen. Der bewegten Auseinandersetzung mit B. Gut über die einsteinsche Relativitätstheorie entspringt ein Teil der Betrachtungen über Raum, Zeit und Relativitätstheorie. R. Ziegler stand mir mit kritischen Bemerkungen zum erkenntnistheoretischen und zum projektiv geometrischen Teil bei. Der herzlichste Dank gilt meiner lieben Frau Viola Gschwind, die mir einerseits bei zahlreichen Formulierungen beistand und Korrekturen las, andererseits durch ihr tiefes Verständnis für mein Anliegen meine Schwächen aller Art während der fünfjährigen Entstehungszeit des Manuskripts grosszügig tolerierte und mich in mannigfaltiger Weise unterstützte.

Dornach, im Oktober 1985 *Peter Gschwind*

1 Standort und Absicht

INHALT: Kurze historische Betrachtung zur Entwicklung der Quantenmechanik, methodische Grundprinzipien der Physik, Trennung von Subjekt und Objekt; Erkenntnisstandpunkt ohne Trennung: der realistische Idealismus und eine Sinneslehre mit zwölf Sinnen; Absicht: Mathematische Physik aufgrund des realistischen Idealismus, keine Trennung von Subjekt und Objekt; Grundbegriffe Raum, Zeit, Geschwindigkeit und Energie; Dualitätsprinzip der projektiven Geometrie.

1.1 Historische Betrachtung

Im Jahre 1827 entdeckte der Botaniker Brown bei der Betrachtung von Pflanzensamen unter dem Mikroskop ein ständiges Zittern der kleinsten Bestandteile. In der Folge zeigte sich, dass alle mikroskopisch noch sichtbaren Teilchen in Flüssigkeiten und Gasen diese Bewegung auch ausführen. So war der Gedanke naheliegend, dass die ein wirkliches Phänomen darstellende Zickzackbewegung eine unmittelbare Begegnung mit den Bausteinen der Materie, den Atomen und Molekülen, vermitteln würde. Die Temperaturbewegung der Bausteine sei die Ursache der seltsamen Zitterbewegung: die Grundlage für die kinetische Wärmetheorie war geschaffen.

Diese Folgerung ist nun aber nicht zwingend aus den Phänomenen zu ziehen, sie entspricht der bereits vorgefassten Meinung, dass Atome und Moleküle in klassisch-mechanistischer Auffassung Bausteine der Materie seien. Zwei methodische Prinzipien sind zu nennen, um den Hintergrund der Bausteinauffassung zu charakterisieren.

Das eine methodische Prinzip ist das Streben nach Vereinheitlichung der Naturwissenschaften: einerseits neue Gesichtspunkte mit den alten Begriffen zu fassen, andererseits in verschiedenen Wissenschaftsgebieten die gleichen Grundvorstellungen anzuwenden. Die Wärmelehre wird etwa mit der kinetischen Theorie auf die Mechanik zurückgeführt, die Eigenschaften der Materie werden mit der Lage und der Bewegung der Bestandteile der Atome erklärt und alle physikalischen und chemischen Disziplinen werden aus einer einheitlichen Wurzel hergeleitet.[1]

Das zweite methodische Prinzip beeinflusste die Naturwissenschaften noch stärker: die Trennung der Sinnesqualitäten in objektive primäre und subjektive sekundäre, sie geht auf den englischen Philosophen John Locke[2] zurück. Nach René Descartes war es vor allem Locke, der die Ansicht vertrat, dass es zwei Arten von Sinnesqualitäten gäbe: primäre Qualitäten, zu denen alles Extensive, wie Anzahl, Grösse, Lage, Bewegung zu zählen ist, und sekundäre Qualitäten, wie Farbe, Ton oder Wärmeempfindungen. Locke fasste die primären Qualitäten als die wirklichen Eigenschaften der Dinge auf: räumliche Dinge wären da, welche Gestalt und geometrische Eigentümlichkeiten haben und auch in Bewegung sind. Farbe oder Ton betrachtete er nur als Wirkungen im Menschen, die auf primäre Qualitäten der objektiven Dinge zurückzuführen seien. Ein Etwas, dem Grösse und Bewegung zukommt, das aber lichtlos, stumm und wärmelos ist, übt nach Locke eine Wirkung auf den Menschen aus, und dieser erlebt dadurch subjektiv Farben, Töne oder Wärme.

Die weitere Entwicklung der Physik führte zu den bekannten Rechenmethoden. In einigen Gebieten machte es die kinetische Theorie möglich, die experimentellen Ergebnisse nummerisch zu verifizieren und sogar vorauszusagen, Einschränkungen ergaben sich erst beim Auftreten von quantenhaften Erscheinungen. Erweiterungen der Theorie und formale Rechenverfahren führten schliesslich zur Quantenmechanik und zu anderen modernen Disziplinen. Diese Methoden haben es mit sich gebracht, dass Vorstellungen über den Atom-, Molekül- und Materieaufbau entwickelt wurden, die wohl von den klassischen Teilchen ausgehen, diese aber nur noch als Ausgangspunkt für den Rechenansatz gelten lassen. Die Komplementarität

---

[1] W. Heisenberg [42]: «Die sichtbaren Qualitäten der Materie, wie Raumerfüllung, Festigkeit, Farbe, chemisches Verhalten und so weiter gehören ihrem Wesen nach zur Materie im Grossen, kommen aber nicht den kleinsten unteilbaren Bausteinen der Materie in gleicher Weise zu. Denn sonst wäre es nicht denkbar, dass ein und dieselbe Materie in verschiedenen Formen existieren kann (zum Beispiel Wasser als Eis, Wasser, Wasserdampf). Die kleinsten Teilchen müssen also durch ihre Bewegung und ihre gegenseitigen Kräfte erst jene Qualitäten der Materie im Grossen erzeugen.»

[2] J. Locke [72]

Welle – Teilchen ermöglicht als Vorstellungsansatz einen weitergehenden Kalkül.[3]

Am Ende der Entwicklung der klassischen Periode bis etwa 1935 zeigt der quantenmechanische Ansatz die Grenzen der ursprünglichen materialistischen Teilchenvorstellung auf. Die Reduktion der sekundären Sinnesqualitäten auf gewöhnliche Bewegung von Teilchen wurde durch die Entwicklung der Quantenmechanik zuerst weiterverfolgt, dann aber ad absurdum geführt, denn massgebende Physiker waren sich einig, dass von den klassischen Vorstellungen bewegter Teilchen in Wirklichkeit keine Rede sein kann.[4]

Es ergibt sich als eine Konsequenz, dass die klassischen Vorstellungen bewegter Teilchen nur als Ausgangspunkt für den Operatorenkalkül in der Quantenmechanik gelten; man findet so die Form des Hamiltonoperators, mit dem man die problembezogene Schrödingergleichung aufstellen kann. Die Physik ist in ihrer historischen Entwicklung somit zu einer Art Grenze der Naturerkenntnis vorgestossen, die bis jetzt nicht überschritten werden konnte. Der Physiker muss für den Kalkül von bestimmten Vorstellungen ausgehen, die er aber nachträglich wieder als falsch verwirft; gültig bleibt einzig die gut funktionierende mathematische Struktur.

Verschiedene Gründe mögen es sein, die die Physiker zu dieser scheinbaren Erkenntnisgrenze geführt haben. Ein Grund ist die Aufspaltung der Sinnesqualitäten in primäre und sekundäre, womit ein Trennungsstrich durch die Wirklichkeit gezogen wird. Die Physik beschäftigt sich nur mit dem primären Teil und gerät dadurch in eine Einseitigkeit, die notwendigerweise zu Erkenntnisproblemen führen muss.

1.2 Erkenntnisstandpunkt

Um die Behauptung des letzten Absatzes zu begründen, sei eine Erkenntnistheorie und eine Sinneslehre beschrieben, die eine Trennung der Sinnesqualitäten nicht kennen; sie wurden um die Jahrhundertwende zum 20. Jahrhundert von Steiner[5] formuliert.

Nach Steiners Auffassung des Erkenntnisprozesses versucht der Mensch durch das Denken, die ihm durch seine Sinne gegebenen Wahrnehmungen mit einem entsprechenden Begriff[6] in Verbindung zu bringen. Die bewusste *Wirklichkeit* einer Sache ist erst durch das Zusammenfügen von Wahrneh-

---

[3] P. Gschwind [35]

[4] So etwa E. Schrödinger [92]: «Die Frage ‹existieren die Elektronen im Umlauf um den Atomkern› ist meiner Meinung nach mit einem entschiedenen Nein zu beantworten, wenn wir nicht vorziehen, zu sagen, dass das Stellen der Frage selbst bedeutungslos ist.»

[5] R. Steiner [100], [101]

[6] Unter Begriff wird hier ein Gedankeninhalt, eine Idee oder ein Gesetz verstanden, nicht die Bezeichnung eines solchen.

mung und Begriff im Erkenntnisurteil gegeben. Dadurch entsteht die Vorstellung, welche als subjektive Repräsentantin die Wirklichkeit im Innern des erkennenden Menschen vertritt. Im Erkenntnisprozess sind deshalb drei Komponenten zu unterscheiden: die Wahrnehmung, der Begriff und die Vorstellung.

Die steinersche Erkenntnistheorie nimmt somit eine Mittelstellung ein zwischen einerseits einer empiristischen Position, die die Aussenwelt, das sogenannte Objektive, gegenüber dem erkennenden Subjekt betont, das Objektive mit einem radikalen Schnitt vom Subjektiven trennt[7], und andererseits einer idealistischen Position, die, umgekehrt vom Subjekt ausgehend, Schwierigkeiten hat, eine Aussenwelt zu berücksichtigen oder diese gar als nur dem Bewusstsein angehörig auffasst.[8] In der steinerschen Sicht, einem realistischen Idealismus[9], braucht es für die bewusste Wirklichkeit ein erkennendes Subjekt und ein zu erkennendes Objekt. Ohne eines der beiden gibt es keine bewusste Wirklichkeit. Aus einer übergeordneten Position gesehen gibt es also *keine absolute Trennung von Subjekt und Objekt,* und es gibt insbesondere keine Vorbedingungen, die die Erkenntnis von vornherein in eine bestimmte Richtung zwingen. Die Erkenntnis besteht nach Steiner nicht nur in der Anhäufung von empirischen Fakten, die vermeintlich unabhängig vom Subjekt gegeben sind, sondern auch in der adäquaten Begriffsbildung. Im Gegensatz zur empiristischen Position, die das Denken als ein von vornherein gegebenes Hilfsmittel, das keinerlei Reflexion nötig hat, auffasst, ist eine mittlere Erkenntnisposition nur einzuhalten, wenn der Prozess der Begriffsbildung ins Bewusstsein gebracht und genau verfolgt wird. Das Denken gehört in Inhalt und Form somit selbst zum Erfahrungsbestand der Welt. Die sogenannten empirischen Fakten sind in dieser Sicht keineswegs unabhängig vom Subjekt gegeben, sondern durchaus erst nach einem Erkenntnisprozess des Subjekts, also nach einer mehr oder weniger tiefen Auseinandersetzung des Denkens mit den Wahrnehmungen. Die Wahrnehmungen allein sind aber noch im Zustand des reinen Chaos, wo nichts voneinander unterschieden wird, wo alles gleichwertig bleibt. Sobald nur das Geringste unterschieden wird, ist das Denken wirksam und der Erkenntnisprozess hat eingesetzt.

1.3 Sinneslehre

Steiner hat in seiner Sinneslehre zwölf menschliche Sinne unterschieden, die in drei Gruppen eingeteilt werden können. Untere Sinne: Tastsinn, Le-

---

[7] Siehe J. Locke [72] und D. Hume [49].

[8] Siehe etwa G. Berkeley [8].

[9] Der realistische Idealismus geht von einer äusseren realen Welt aus, die durch Sinneswahrnehmung erfasst und mit Hilfe des Denkens durch ein Subjekt erkennbar ist. Siehe R. Steiner [100].

benssinn, Bewegungssinn, Gleichgewichtssinn. Mittlere Sinne: Geruchssinn, Geschmackssinn, Farbsinn, Wärmesinn. Höhere Sinne: Gehörsinn, Sprachsinn, Gedankensinn, Ichsinn.[10]

Die drei Sinnesgruppen haben eine unterschiedliche Stellung zum Erkenntnisprozess. Bei den unteren Sinnen kann man einsehen, dass sie von Willenstätigkeit durchdrungen sind und dass die Wahrnehmung und die Vorstellung im Unterbewussten bleiben, nur der Begriff selbst wird bewusst. Deswegen haben die Erlebnisse aus den unteren Sinnen begriffsartigen Charakter, sie führen zu Begriffen der primären Qualitäten wie Grösse, Gestalt, räumliche Lage, Gewicht und Anzahl. Mit dem Erscheinen dieser Begriffe im Bewusstsein wurde bereits ein Erkenntnisprozess vollzogen. Das Wirklichkeitsgebiet, aus dem die unbewussten Wahrnehmungen stammen, ist der Leib, weil nur er direkt von diesen unteren Sinnen wahrgenommen wird. Etliche Begriffe der Physik gehören hierher, etwa Materie oder Kraft. Anders sieht das aus bei der mittleren Sinnesgruppe, den Sinnen mit Gefühlscharakter: Wahrnehmung und Begriff bleiben im Unterbewussten, die Vorstellung tritt ins Bewusstsein. Man hat im gewöhnlichen Bewusstsein von Gerüchen, Geschmäcken, Farben, Wärme wohl Vorstellungen, kann aber zunächst das Wesen derselben nicht in reinen Begriffen erfassen. Bei den oberen Sinnen, den «Erkenntnissinnen», liegt nur die Wahrnehmung im Bereich des Bewusstseins, Begriff und Vorstellung nicht, obwohl sich auch hier ein Erkenntnisprozess abspielt, allerdings im Unbewussten.[11]

Dass die verschiedenen Sinne in unterschiedlicher Qualität auftreten, muss beim Einfügen eines neuen Begriffs in das bereits vorhandene Begriffssystem berücksichtigt werden. Wahrnehmungen eines bestimmten Sinnes dürfen mit ihren Qualitäten nur auf ihresgleichen zurückgeführt werden und nicht auf Wahrnehmungen anderer Sinne, die andere Qualitäten sind, sonst würde der Erkenntnisprozess verfälscht. Die Qualität eines Sinnes ist irreduzibel, nicht durch die eines andern Sinnes substituierbar. Die Erfahrungen und Begriffe aus dem Bewegungssinn etwa dürfen nicht einfach auf Wahrnehmungen des Sehsinnes übertragen werden, sondern der Sehsinn sollte seiner Qualität entsprechend erfasst werden.

Legt man diese Sinneslehre und die skizzierte Erkenntnistheorie den weiteren Überlegungen zugrunde, steht man natürlich auf einem etwas anderen Standpunkt als die Naturwissenschaft. Es besteht keine Veranlassung, bestimmte Sinneserfahrungen als objektiv und andere als subjektiv zu bezeichnen, vom Grundsätzlichen her sind alle gleich. Es dürfte nur bei einzelnen Wahrnehmungen schwieriger sein, das Objektive zu fassen, was aber nicht von prinzipieller Bedeutung sein kann. Die Erkenntnisposition steht also im Gegensatz zum immer noch häufig vertretenen transzendentalen Idealismus, welcher das unmittelbar gegebene Weltbild nur für den

[10] Man vergleiche hierzu die Werke von R. Steiner [101], [103] und H. E. Lauer [62].

[11] Für weitere Einzelheiten verweisen wir auf die oben angegebene Literatur.

Bewusstseinsinhalt hält und es nicht als eine Realität wie der naive Realismus sieht.[12]

1.4 Absicht

Was nun ist die Absicht dieser Schrift? Wie die Geschichte der Weltanschauungen des letzten und vorletzten Jahrhunderts zeigt, ist die mathematische Physik stark Weltbild-prägend. Ihre Resultate erscheinen als unumstösslich und endgültig, insbesondere, wenn sie bisherige Theorien umfassen und gleichzeitig weiterführen. Einige dieser Gebiete, etwa die Relativitätstheorie und die Quantenmechanik, führen zu philosophischen und erkenntniskritischen Auseinandersetzungen, die zu keinem baldigen Ende kommen werden, da auch in diesen Fragen keine einheitliche Meinung existiert; man nehme nur Idealisten und Empiristen. Von dieser Seite eine Klärung für ungelöste Probleme zu erwarten, ist deshalb so lange illusorisch, als jeder Forscher von anderen Voraussetzungen ausgeht – man denke an die Diskussionen von Einstein und Bohr über die Bedeutung der quantenmechanischen Gleichungen. Man hat bis jetzt die erkenntnismässigen Grundlagen der mathematischen Physik bei den Empirikern und bei Kant gesucht und nicht bei den Idealisten, deshalb das Anliegen dieser Schrift: *Welche Auswirkungen auf die Grundlagen der mathematischen Physik ergeben sich, wenn man statt von Kant oder den Empiristen von einer Erkenntnistheorie ausgeht, die realistischer Idealismus genannt werden kann, die eine Art Brückenfunktion zwischen den Idealisten und den Empirikern ausübt?* Natürlich wird nicht beansprucht, alle offenen Probleme einer Lösung zuzuführen. Es wird sich aber wenigstens zeigen, dass die scheinbare Unumstösslichkeit der mathematischen Physik doch recht stark relativiert wird und dass *Freiheiten in den Begriffsbildungen auftreten*, die bis jetzt nicht wahrgenommen wurden. Die scheinbare Unumstösslichkeit der mathematischen Physik hat also mindestens in einer Hinsicht ihren Grund in den nicht hinterfragten implizit eingenommenen weltanschaulichen Positionen.[13]

Für dieses Anliegen ist von grosser Wichtigkeit, das Bilden der Begriffe genau zu verfolgen. Eine nicht zu überspringende Frage ist immer: *Was ist Phänomen und was ist Gedanke?* Die Klärung dieser Frage ist integraler Bestandteil des Erkenntnisprozesses.[14]

Weiter ist die synthetische projektive Geometrie ein entscheidender methodischer Ansatz. Ihre Verfahren ermöglichen es, wenn sie tief genug ge-

---

[12] R. Steiner [100], 4. Kapitel, schreibt, dass der transzendentale Idealismus seine Richtigkeit zeigen will, indem er mit den Mitteln des naiven Realismus, dessen Widerlegung er anstrebt, operiert.

[13] Siehe auch P. Gschwind [39].

[14] Die umfangreichen Analysen des Gehalts der Begriffsbildungen in den verschiedenen Gebieten der Physik, die in G. Ungers Werk [111] zu finden sind, bilden eine Grundlage.

nommen werden, Begriffe und Gedankenformen völlig neuer Art in das mathematische Denken zu bringen. Metamorphosen und Polaritäten im Sinne Goethes sollen Denkansätze und Vorstellungen ersetzen, die aus herkömmlichen weltanschaulichen und materialistischen Denkmustern und Vorurteilen stammen.

Die Physik benutzt in elementaren Zusammenhängen den euklidischen Raum eigentlich nur so, dass Orte im Raum, also Punkte, festgelegt werden, sei es durch Koordinaten, sei es durch Ortsvektoren. Der Punkt hat in diesem Raum konstituierenden Charakter, der Raum wird gleichsam punktuell empfunden und verwendet. Geraden und Kurven sind Punktgebilde, Ebenen und kompliziertere Gebilde ebenso, alle höheren Gebilde werden selbstverständlich als aus Punkten bestehend gedacht. Ob das nun von der Koordinatenrechnung herkommt, wo Punkten Koordinaten, anderen Gebilden aber Gleichungen zugedacht werden, bleibe dahingestellt.

In der projektiven Geometrie, insbesondere in der synthetisch betriebenen, wo man direkt mit den geometrischen Elementen umgeht, ohne sie hinter Koordinaten zu verstecken, ist die Situation eine andere: neben Punkten spielen Geraden, Ebenen und weitere höhere Elemente eine dem Punkt gleichwertige Rolle. Das *Dualitätsgesetz der projektiven Geometrie* ermöglicht die Aufwertung der anderen Elemente neben dem Punkt, das Dualitätsgesetz ist Ausdruck davon, dass die Axiome der dreidimensionalen projektiven Geometrie in sich symmetrisch sind. Ersetzt man nämlich in den Axiomen den Begriff «Punkt» durch den Begriff «Ebene» und umgekehrt, «Gerade» durch «Gerade», ferner «verbinden» durch «schneiden» und umgekehrt, «liegen in» durch «gehen durch» und umgekehrt, so bleibt das Axiomensystem das gleiche. Die Ebene steht gleichwertig neben dem Punkt, es gibt einen Ebenenraum genau so, wie es einen Punktraum gibt, ferner einen Strahlen- oder Linienraum, der aber ein komplizierterer Raum ist.

In der Geschichte der Physik kann man feststellen, dass es Zeiten gab, wo in der mathematischen Beschreibung der Physik die punktuelle Sicht noch nicht so ausgeprägt war wie heute; in der Mechanik starrer Körper wurden im 19. Jahrhundert bis vor nicht allzulanger Zeit die Elemente der Liniengeometrie verwendet, dies nach den Entdeckungen von Julius Plücker und später von Felix Klein und anderen.[15] Die Vektorrechnung verdrängte dann die geometrische Sicht ins Formale, so dass heute nur noch wenige die geometrische Seite dieser Disziplin kennen.

Der Ebenenraum spielte in den physikalischen Begriffsbildungen kaum je eine wahrzunehmende Rolle – ausser bei ebenen Wellen –, obwohl man Kovarianz und Kontravarianz zu unterscheiden pflegt und den Dualraum kennt, wenn auch nur formal und ohne geometrische Anschauung als Ebenenraum. Nie ernsthaft in Betracht gezogen wurde aber: Ebenen, so wie

---

[15] Vergleiche R. Ziegler [120].

bislang Punkte, als konstituierende Elemente zu verwenden, weil schlicht der physikalische Grund fehlt, weil keine Veranlassung vorliegt, nicht lokale Gebilde zu verwenden. Ob sich das mit der Nichtlokalität der Quantenmechanik[16] einmal ändert, wird sich zeigen. Kurz, das Dualitätsgesetz der projektiven Geometrie geistert in der Physik herum, allerdings meistens unerkannt, es hatte nie eine grosse Bedeutung, immer überwog die rationelle, möglichst kurze mathematische Beschreibung.

Ein unvoreingenommener Forscher müsste dort, wo aus strukturellen Gründen die Möglichkeit besteht, Elemente des Ebenenraumes statt Elemente des Punktraumes zu verwenden, dies prüfen, und er müsste damit neu überdenken, wie diese Möglichkeit mit den Phänomenen vereinbar ist. Entwirrt man verwendete Strukturen, indem man das Dualitätsgesetz ernsthaft berücksichtigt durch Aufwertung des Ebenenraums und des Strahlenraums zu der Stellung, die letzterer Ende des 19. Jahrhunderts[17] inne hatte, kann man sich eine Verbesserung der physikalischen Begriffsbildungen, eine adäquatere Beschreibung der Phänomene versprechen, was schliesslich zu einer sachgemässeren Erkenntnis führt.

Weitere Punkte spielen eine Rolle: Unterscheiden der Begriffe Raum und Metrik, eine kritische Betrachtung der Begriffe Zeit, Geschwindigkeit und Energie.

Die Begriffe Raum und Metrik zu trennen, ist aus den beiden folgenden Gründen wichtig: Erstens wird sich zeigen, dass an einigen Kardinalpunkten der mathematischen Physik die Wahl der Metrik eine ganz grundlegende Rolle spielt. *Eine anders gewählte Metrik führt zu einer anderen Form der Gesetze.* Daraus kann man ersehen, dass die Wahl der Metrik viel zu wichtig ist, als dass man sie unerkannt und nebenbei einführen könnte.

Zweitens berechnet die mathematische Physik Objekte, die sie in den dreidimensionalen Raum mit mindestens lokal euklidischer Massbestimmung oder in abstrakte mehrdimensionale Räume verlegt. Den Objekten in den höheren Räumen wird nur ein beschränkter Realitätscharakter zugedacht, während den Objekten in den euklidischen Räumen ein höherer Realitätsgrad zuerkannt wird. Trotz Verwendung höherer Arten von Räumen ist der euklidische dreidimensionale Raum für die mathematische Physik grundlegend. Die mit der speziellen Relativitätstheorie eingeführte Raumzeit als Verbindung von dreidimensionalem Raum und Zeit zu einer höheren Einheit ändert daran nichts, gleichwohl wird eine naive räumliche Betrachtungsweise, wenn auch ohne absoluten Raum, gepflegt. Besinnt man sich aber der Einheit von Subjekt und Objekt und der menschenkundlichen Grundlagen, zeigt sich die Auffassung des Raumes als Gefäss als der

---

[16] Vergleiche N. Herbert [44].

[17] J. Plücker [85], T. Reye [87], F. Klein [57]. An diese Schule schliessen sich G. Adams [2], O. Conradt [15], [17], L. Locher [70], N. Thomas [110], R. Ziegler [119] und andere an, wobei der Ebenen- oder Dualraum *Gegenraum* genannt wird, um diesem Raum eine aktivere Charakteristik im Zusammenspiel mit dem Raum zukommen zu lassen.

nicht hinterfragte kantsche Raumbegriff, der Raum als a priori Anschauung, wie er weltanschaulich wirksam war. Geht man aber vom Raum als einer Idee aus, was man tut, wenn man eine mittlere Erkenntnisposition einnimmt, ist man gefordert, die kantsche Raumanschauung zu verlassen und durch eine Betrachtungsweise zu ersetzen, die keinen konkreten Raumbegriff voraussetzt, sondern den allgemeinen Raumbegriff situationsgemäss individualisieren oder spezialisieren kann, wie das bei andern Begriffen, etwa dem eines Baumes, auch selbstverständlich gemacht wird. Das geschieht durch Auseinanderhalten der Begriffe Raum und Metrik. Der Raumbegriff, wie er durch die massfreie projektive Geometrie zu gewinnen ist, kann das leisten, die Idee des Raumes wird dann individualisierbar durch eine dem Objekt anzupassende Metrik. Trennt man die Begriffe Raum und Metrik nicht, verknüpft man die Raumvorstellungen von vornherein mit metrischen Gesichtspunkten, entsteht durch die naive Erfahrung mit starren Körpern die Ansicht, dass der euklidische Raum eine Vorzugsstellung einnehme. Es scheint dann, ganz zu schweigen von den weiteren der Anschauung entfernteren Geometrien, als ob die verschiedenen nichteuklidischen Geometrien nur auf der Basis der euklidischen Geometrie gedacht, dargelegt und verstanden werden könnten, alles Geometrische und damit auch das mathematisch dargestellte Physikalische müsste auf der euklidischen Geometrie basieren. Und das hätte gerade für das mathematisch-physikalische Denken letztlich fundamentale Konsequenzen: der dreidimensionale euklidische Raum wäre eine Art Behälter, in dem alle Dinge mit Realcharakter schon von ihren geometrischen Beziehungen her anzusiedeln wären. Die Trennung der Begriffe Raum und Metrik stellt also einen Schritt dar, die Auffassung des euklidischen Raumes als Gefäss zu überwinden und Methoden zu entwickeln, die von einer allgemeinen Raumidee ausgehen.

Man kann sich die Frage stellen, warum die projektive Geometrie und nicht die Topologie als Grundlage für die Einführung einer Metrik gewählt wird. Die projektive Geometrie bringt mit ihrem Dualitätsgesetz eine entscheidende Erweiterung. Die Topologie dagegen wird meistens so gepflegt, dass der Punktaspekt betont wird, die in der Topologie zusätzlich betrachteten Strukturen, etwa mehrfach zusammenhängende Räume, sind erst bei weiterführenden Untersuchungen wichtig.

Die Diskussion des Zeitbegriffs auf der Basis des realistischen Idealismus wird zu einigen neuen Gesichtspunkten führen, unter anderem zu einer projektiven Uhr. Auch beim Zeitbegriff wird versucht, mit der projektiven Vorgehensweise die Starrheit der euklidischen Uhr zu verlassen und bewegliche Begriffe zu fassen. Die Bedeutung des Zeitbegriffs für die Gesamtschau der Physik kann kaum überschätzt werden.

Eine längere Diskussion des Geschwindigkeitsbegriffs aufgrund des realistischen Idealismus ist eines der Kernkapitel für das Hauptanliegen, dass nämlich die Struktur der speziellen Relativitätstheorie auch als projektive Beschreibung von Geschwindigkeiten gelesen werden kann und nicht nur als räumlich-zeitliche Beschreibung von Teilchen. Der Geschwindigkeitsbegriff ist deshalb im Vergleich zur üblichen Sicht von herausragender Wichtigkeit. Um möglichst nahe bei den Phänomenen zu bleiben, wird von einem aristotelischen Geschwindigkeitsbegriff ausgegangen.

Der in der Physik sehr verbreitete Energiebegriff wird auf seinen Inhalt geprüft und in der projektiven Betrachtung mit dem Impuls verkoppelt. Die mathematische Struktur der relativistischen Physik wird mit Vorstellungen und Begriffen, die auf dem Dualitätsprinzip fussen, verbunden.

Der projektive Ansatz führt schliesslich bis zu einem projektiven Welle-Teilchen-Dualismus und zur projektiven Dirac-Gleichung. Die Maxwellgleichungen und einige mathematische Strukturen der Quantenelektrodynamik erhalten eine Deutung im Gesamtkontext des Geschwindigkeitsbegriffs, ein Paradigmenwechsel[18] wird angeregt.

Aus all diesen Punkten ergibt sich, dass sich der zur mathematischen Struktur eines grossen Gebiets der Physik gehörende begriffliche Teil auf der Grundlage des realistischen Idealismus von den bisher gepflegten Begriffen unterscheidet. Versteht man unter bewusster Wirklichkeit das Resultat des Zusammenbringens von Wahrnehmung und Begriff im Erkenntnisurteil, kann man Folgendem zustimmen: *Im Unterschied zur üblichen Auffassung in der Naturwissenschaft wird der begriffliche Teil beim Erzeugen einer bewussten Wirklichkeit*[19] *nicht als von vornherein eindeutig gegeben betrachtet, sondern durchaus in unterschiedlicher Weise.*

- Die synthetische projektive Geometrie und andere Begriffe für Raum, Zeit, Geschwindigkeit und Energie können dazu führen, für den grundlegenden Teil der relativistischen Physik eine andere bewusste Wirklichkeit zu schaffen.

[18] Vergleiche T. Kuhn [59].

[19] Wirklichkeit im Sinne Steiners [100]

2
Raum und Metrik

INHALT: Erläuterung des Raumbegriffs des realistischen Idealismus; Konsequenzen einer Subjekt-Objekt-Trennung für die Philosophie des Raums; die Bedeutung der Sinne für den Raumbegriff; Grundlagen des Messens; Axiome der projektiven Geometrie; die Unabhängigkeit der projektiven Geometrie von der metrischen Geometrie; Abstützung der Grundbegriffe der projektiven Geometrie in der Sinneslehre; die Unterschiede der Beziehungen von Algebra und Geometrie zum Menschen.

2.1 Der Raumbegriff

Eine hervorragende Übersicht über wichtige Raumauffassungen gibt Max Jammer[1], auf eine eingehende Diskussion der verschiedenen Raumauffassungen kann man deshalb verzichten. Das Verhältnis von Raum und Zeit zum Menschen wird je nach erkenntnistheoretischem Standpunkt sehr unterschiedlich gesehen, allerdings werden in der Wissenschaft Standpunkte, die sich nicht auf Descartes, Locke, Hume oder Kant berufen, als «weltanschaulich» qualifiziert. Der steinersche Raumbegriff, als Raumbegriff des realistischen Idealismus, wurde bislang nicht berücksichtigt, oder er galt als weltanschaulich.

[1] M. Jammer [51]

Steiners Raumbegriff[2] ist weder mathematischer Natur noch ist er der Physik entliehen. Er ist auch nicht metaphysisch, sondern geht von der konkreten Erfahrung aus: Wenn man zwei verschiedene Dinge zusammen betrachtet, setzt man sie in Beziehung. Dies ist nicht nur eine Tätigkeit der Sinneswahrnehmung, sondern auch des aktiven Geistes. Die einfachste Beziehung zwischen zwei wahrgenommenen Dingen ist die räumliche. Ob etwas *über*, *unter* oder *vor* einem andern sich befindet, sagt noch nichts über die Eigenschaften der Dinge selbst aus, jedoch würde diese räumliche Beziehung nicht offenbar, wenn nicht der Gesichtspunkt der räumlichen Betrachtung durch das aktive Denken des Beobachters zustande gebracht würde. – Man sieht, dass Subjekt und Objekt nicht getrennt voneinander betrachtet werden können. – Die räumliche Betrachtung ist die Basis für eine einfachste Beziehung, diese ist bereits eine echte Beziehung zwischen den beiden Dingen. Man kann also den Raumbegriff in aller Allgemeinheit so fassen, dass man ihn als *den Gesichtspunkt versteht, der zwei mit den Sinnen wahrgenommenen gesonderten Objekten gleichsam auf unterster möglicher Stufe als ihre begriffliche Beziehung zukommt.*

Gleichzeitig ist dieser Raumbegriff Ausdruck der Einheit von Subjekt und Objekt. Eine Trennung von Subjekt und Objekt würde erzwingen, dass man den Raum entweder ganz in die Subjektseite verlegen müsste, wie Kant das gemacht hatte, oder ganz in die Objektseite, wie das die Empiristen versuchen. Mit dem Raume verhält es sich nach Steiner nicht so, wie Kant geglaubt hat, dass er eine dem Bewusstsein anhaftende apriorische Anschauungsform sei, die man den Dingen an sich wie ein Netz erst überwirft, um sie in die Anschauung einzufangen. Beide Positionen bringen grundlegende Erkenntnisschwierigkeiten: erstere muss jede objektive Erkenntnis der Dinge als unmöglich erklären, weil die Erkenntnis subjektiv gefärbt sei; die zweite Sicht tut so, als wäre der Raum etwas rein objektiv Gegebenes, zu dem das Subjekt nichts beiträgt. Steiner vertritt deshalb eine mittlere Position, die Einheit von Subjekt und Objekt.

In einer mittleren Erkenntnisposition ist der Raum keine Anschauungsform, man ordnet nicht die Dinge nebeneinander im Raum an, weil man eben so organisiert ist, sie so zu sehen, und man deshalb gar nicht anders kann, als sie so zu sehen. Vielmehr hat das Denken einen wesentlichen Anteil an der räumlichen Vorstellung, und die Vorstellung entsteht erst aufgrund eines gefassten Begriffs, er ist Resultat eines Erkenntnisprozesses. Der Raum besitzt also Ideencharakter, das heisst, der Raumbegriff ist spezialisierbar, ganz wie der Begriff Baum spezialisierbar ist auf den Begriff Birke oder Eiche.

---

[2] R. Steiner [99]

2.2 Aufbau des Raumbegriffs

Die Sinneslehre ergibt ergänzende Gesichtspunkte.[3] Wenn die menschliche Gestalt gebildet wird, wenn der Mensch lernt sich aufzurichten, regen die Erlebnisse des Gleichgewichtssinnes die Begriffe der Geometrie und der Raumlehre an. Die Idee des Raumes und andere Begriffe der Geometrie könnte der Mensch als Erwachsener nicht in der Art konzipieren, wenn er sich nicht in der frühen Kindheit in der bestimmten, für den Menschen charakteristischen Weise leiblich in den Raum hineinorganisiert und damit durchgeometrisiert hätte. Dies ist die Grundlage für seine geometrischen Begriffsbildungen.

Was man später, bei entwickeltem Bewusstsein, als die Idee des dreidimensionalen Raumes ausbildet, ist das Begriffsgegenstück zu dem, was man durch die unteren Sinne rein wahrnehmungsmässig, aber unbewusst, als räumliche Beschaffenheiten im Leib erlebt. Da es die gleiche Raumeswelt ist, in der die äusseren Dinge sind und in die man in der frühesten Kindheit den Leib hineinorganisiert hat, erweisen sich die Raumgesetze, die man in der Geometrie als Begriffe aus dem Erleben des Leibes herausschöpft, als bestimmend für die äusseren Gegenstände.[4]

Die Verabstrahierung des frühkindlichen Raum-Erlebens während der Mensch heranreift bis zum Raumbegriff des Erwachsenen verläuft in drei Stufen. Das ursprüngliche Wirken des Gleichgewichtssinnes lässt die Dimension Oben-Unten erleben. Später, in Verbindung mit der Sprachentwicklung, die wesentlich an die durch die Aufrichtung erlangte freie Beweglichkeit der Arme geknüpft ist, lebt der Mensch sich in die Dimension des Rechts-Links hinein. Entsprechendes mit der dritten Dimension des Vorne-Hinten wird mit dem aus der Sprache sich entwickelnden Denken möglich. Auf diesem Hintergrund gibt sich die Vorstellung eines Raumes mit drei gleichartigen Dimensionen nur durch einen zusätzlichen Abstraktionsprozess.[5]

Es steht jetzt die bereits formulierte Aufgabe an, den Raumbegriff vom Begriff der Metrik getrennt zu fassen. Da der Raumbegriff Steiners nicht mathematischer Natur ist, muss man den engeren Bereich der Erkenntnislehre verlassen und in einem ersten Spezialisierungsschritt eine mathe-

---

[3] Wir fassen Ausführungen H. E. Lauers [62] zusammen.

[4] O. Sacks [89] beschreibt, wie durch Operation erstmals zum Sehen gebrachte erwachsene Blinde enorme Schwierigkeiten haben, den Raum zu fassen. Offenbar orientiert sich ein Blinder in der Welt nach zeitlichen Kategorien. Tritt plötzlich die Möglichkeit des Sehens dazu, entstehen im Erwachsenenalter so grosse Schwierigkeiten, dass es nur einzelne Menschen schaffen, die Schwelle zum Sehen wirklich zu übertreten. Die Verzweiflung über diese Schwierigkeiten kann bis zur Selbsttötung gehen. Es scheint, dass es nur in Ausnahmefällen gelingt, den Raumbegriff erst im Erwachsenenalter zu fassen. Sacks' Darstellungen sind aufschlussreich gerade im Hinblick auf den Raumbegriff und seine Beziehungen zum Menschen.

[5] Soweit die zusammengefassten Darlegungen Lauers.

matische Struktur setzen. Auf der begrifflich mathematischen Ebene wird die Idee des Raumes im Sinne des steinerschen Raumbegriffs durch die ihr verwandte projektive Geometrie gefasst. Die weitere Spezialisierung kann so realisiert werden, dass man den mathematischen Raumbegriff vom Begriff der Metrik eines Raumes unterscheidet, was möglich ist, wenn man die Unabhängigkeit der projektiven Geometrie von metrischen Vorstellungen eingesehen hat. Nun zeigen tatsächlich schon die Axiome klar durch ihren Inhalt auf, dass die metrische Geometrie durch zusätzliche Vereinbarungen aus der projektiven Geometrie entsteht, die projektive Geometrie ist also rein axiomatisch gesehen unabhängig von der metrischen Geometrie. Daneben ergeben aber Betrachtungen historischer Entwicklungen, die zur Klärung der Beziehungen zwischen den beiden Geometrien führten – lange war ihre Beziehung unklar –, wertvolle Ergänzungen.

2.3 Der Begriff des Messens

Da die mathematische Physik stark das allgemeine Weltbild prägt, ist es wichtig, ihre Beziehungen zum Erkenntnisprozess offenzulegen. Im Erkenntnisakt werden Wahrnehmung und Begriff zusammengebracht, so dass man als Aufgabe hat, den vorhandenen Sinneswahrnehmungen entsprechende Begriffe zu schöpfen. Da Begriffe nicht durch Abstraktion aus der Sinneserfahrung gewonnen werden, liegt das Problem vor, diese Begriffe in unvoreingenommener Art zu gewinnen. In Bezug auf die mathematische Physik heisst das etwa Folgendes. Die Erfahrung zeigt, dass die Entfernungsmessung euklidisch durchgeführt werden kann, die Länge einer zusammengesetzten Strecke ergibt sich aus den Längen der Teilstrecken durch Addition der Teillängen. Sowohl die Teilstrecken als auch die Einheit der Gesamtstrecke sind als Wahrnehmung, also empirisch, gegeben. Beim Zusammensetzen der Strecken zur Gesamtstrecke wird die freie Beweglichkeit der Teilstrecken verwendet und vorausgesetzt, dass sich deren Längen beim Verschieben nicht ändern. Die Gruppe der euklidischen Bewegungen stellt den letzten Extrakt dieser Zusammenhänge als Struktur dar. Man verletzte aber das Erfahrungsprinzip, setzte man voraus, dass sich alle physikalischen Grössen nach diesem Prinzip verhalten. Es wäre ganz nach Kant, wenn man die euklidische Längenmessung, die Gruppe der euklidischen Bewegungen, im Sinne einer naiven Längenmessung als allgemein gültig für das Erfassen quantitativer Gesetzmässigkeiten nähme, auch wenn die Grössen nicht vom Typ des euklidischen starren Körpers sind, an dem der Begriff der Längenmessung gebildet wird.

Die Grundlagen für einen dem realistischen Idealismus entsprechenden Begriff des Messens sind in der projektiven Geometrie zu finden. Das Prinzipielle dieser Methode beruht darauf, dass man die projektiven Grundlagen der euklidischen Längenmessung, der euklidischen Massbestimmung, herausarbeitet. Die projektiven Grundlagen des Messens sind nämlich Spezialisierungen von allgemeinen projektiven Beziehungen. Die normale Längenmessung ist nur eine, die bekannteste Version einer möglichen Spezialisierung.[6]

Um den Begriff des Messens auf seine Grundlagen in der projektiven Geometrie zurückzuführen, muss gezeigt werden, dass es nicht der euklidischen Geometrie bedarf, um eine Möglichkeit für das Messen zu erhalten, dass der projektive Begriff des Messens unabhängig ist vom entsprechenden euklidischen Begriff, der projektive Begriff dem euklidischen systematisch vorausgeht, dass letzterer durch Spezialisierung aus dem ersteren entsteht. Es dürfen somit, wenn man einen Zirkelschluss vermeiden will, keine euklidischen Elemente zur Charakterisierung des projektiven Begriffs des Messens zugezogen werden.

Ausgangspunkt der Betrachtung können die Axiome, oder im Sinne Goethes die Urphänomene, der projektiven Geometrie sein, die Locher[7] formulierte.

2.4 Axiome der projektiven Geometrie

Axiome des gegenseitigen Sichenthaltens

1a. In einer Geraden liegen unbegrenzt viele Punkte, die Gerade erscheint so als Punktreihe.
1b. Durch eine Gerade gehen unbegrenzt viele Ebenen, die Gerade erscheint so als Ebenenbüschel.

2a. In einer Ebene liegen unbegrenzt viele Punkte, die Ebene erscheint so als Punktfeld.
2b. Durch einen Punkt gehen unbegrenzt viele Ebenen, der Punkt erscheint so als Ebenenbündel.

3a. In einer Ebene liegen unbegrenzt viele Geraden, die Ebene erscheint so als Strahlenfeld.
3b. Durch einen Punkt gehen unbegrenzt viele Geraden, der Punkt erscheint so als Strahlenbündel.

4a. Durch einen Punkt in einer Ebene gehen unbegrenzt viele Geraden, die in der Ebene liegen, diese bilden ein Strahlenbüschel.
4b. In einer Ebene durch einen Punkt liegen unbegrenzt viele Geraden, die durch den Punkt gehen, diese bilden ein Strahlenbüschel.

5a. Liegt eine Gerade in einer Ebene, so liegt auch jeder Punkt der Geraden

[6] Die wichtigsten Arbeiten dazu stammen von G. K. Ch. v. Staudt, A. Cayley und F. Klein. Einzelheiten in den folgenden Kapiteln.

[7] L. Locher [65]

(als Punktreihe) in dieser Ebene.
5b. Geht eine Gerade durch einen Punkt, so geht auch jede Ebene der Geraden (als Ebenenbüschel) durch diesen Punkt.

6a. Liegt ein Punkt in einer Ebene, so liegt nicht jede Gerade des Punktes (als Strahlenbündel) in dieser Ebene.
6b. Geht eine Ebene durch einen Punkt, so geht nicht jede Gerade der Ebene (als Strahlenfeld) durch diesen Punkt.

7a. Liegt ein Punkt in einer Geraden, so geht nicht jede Ebene des Punktes (als Ebenenbündel) durch diese Gerade.
7b. Geht eine Ebene durch eine Gerade, so liegt nicht jeder Punkt der Ebene (als Punktfeld) in dieser Geraden.

Die Axiome der Verknüpfung

1a. Zwei verschiedene Punkte haben eine und nur eine Verbindungsgerade, die durch beide Punkte geht.
1b. Zwei verschiedene Ebenen haben eine und nur eine Schnittgerade, die in beiden Ebenen liegt.

2a. Ein Punkt und eine nicht durch ihn gehende Gerade haben eine und nur eine Verbindungsebene, die durch den Punkt und die Gerade geht.
2b. Eine Ebene und eine nicht in ihr liegende Gerade haben einen und nur einen Schnittpunkt, der in der Ebene und in der Geraden liegt.

3. Zwei verschiedene Geraden haben entweder sowohl einen und nur einen Schnittpunkt, der auf beiden liegt, als auch eine und nur eine Verbindungsebene, die durch beide geht, oder weder einen Schnittpunkt noch eine Verbindungsebene.

Für die Axiome der Stetigkeit sei auf die Literatur[8] verwiesen. Oft wird gesagt, dass keine Veranlassung bestehe, Punkt, Gerade und Ebene im gängigen anschaulich-geometrischen Sinne zu nehmen. «Punkte», «Geraden», «Ebenen» seien etwas gleichsam Beliebiges mit der einzigen Bedingung, dass die Axiome gewährleistet seien. Auch wenn das im engeren mathematischen Bereich vertretbar sein mag, muss zugegeben werden, dass Punkte, Geraden, Ebenen Elemente sind, die im ursprünglichen Sinne genommen eine enge Beziehung zur Welt haben und für zu entwickelnde Denkformen, die mit Sinneserfahrungen verschiedenster Art zusammengebracht werden sollen, auch an diese Erfahrung anknüpfen sollen.

[8] L. Locher [70], S. 12

2.5 Unabhängigkeit der projektiven Geometrie

Es stellt sich die Frage: Benützt man nicht implizit die euklidische Geometrie, wenn man Geraden und Ebenen im gängigen Sinne als Grundelemente für die Formulierung der Urphänomene der projektiven Geometrie verwendet? Ebenen werden doch definiert als Flächen verschwindender Krümmung, also mit euklidischer Charakteristik. Man hätte einen Zirkelschluss vorliegen. Man ginge bei den Axiomen der projektiven Geometrie von den Grundelementen aus, durch Spezialisierung ergäbe sich die euklidische Geometrie. Die erhaltene euklidische Metrik würde wieder mit den Methoden der Differentialgeometrie die Krümmung von Flächen erklären. Der Spezialfall einer Fläche mit verschwindender Krümmung würde als Ebene bezeichnet, womit der Zirkel geschlossen wäre.

Es soll nicht bestritten werden, dass dieser Zirkel besteht, wenn man so argumentiert. Zwei Punkte müssen in diesem Zusammenhang diskutiert werden.

Erstens wird bei diesem Zirkelschluss implizit vorausgesetzt, dass man unter «Ebene» eine Fläche von der Krümmung null verstehen muss. Hierbei liegt die Betonung auf Krümmung null. Zweitens werden eine Fläche und die Krümmung gemäss den analytischen Beziehungen der Flächentheorie der Differentialgeometrie definiert.[9]

Erstens konnte gezeigt werden[10], dass die projektive Geometrie nicht auf der Voraussetzung der verschwindenden Krümmung bei den Elementen Ebene und Gerade basiert.[11]

In von Staudts «Geometrie der Lage» wird die projektive Geometrie durch Betrachtung der Inzidenzen von Ebene, Gerade und Punkt aufgebaut. Von Massbestimmung ist keine Rede. Beim schrittweisen Aufbau der projektiven Geometrie aus den Bedingungen der euklidischen Geometrie wird gleichwohl das Parallelenaxiom vorausgesetzt, weil sonst etwa eine gerade Punktreihe und ein Ebenenbüschel sich nicht vollständig zu entsprechen brauchen, sondern ein Teil der Ebenen des Büschels von der geraden Punktreihe nicht unbedingt getroffen würde. Trotz dieser Voraussetzung haben aber Ebenen und Geraden der nichteuklidischen Geometrien, in welchen das Parallelenaxiom nicht zugrunde gelegt ist, die projektiven Beziehungen. Dies beruht auf einem Satz von Beltrami, der nachweist, dass in einem Raum von konstantem Krümmungsmass die kürzesten Linien durch lineare Gleichungen dargestellt werden, wie in der gängigen Fassung der projektiven Geometrie die Gerade. Klein stellt sich deshalb die Frage: seien also die Ebenen, Geraden, Punkte nach ihren gegenseitigen Lageverhältnissen in einem begrenzten Raum gegeben, den man der Übersichtlichkeit wegen als

[9] Siehe Abschnitt 2.7.

[10] Durch die Arbeiten von F. Klein [55] und E. Beltrami [7].

[11] Wir referieren die Gedanken Kleins [55] in freier Weise.

einfach zusammenhängend und überall konvex begrenzt denken mag. Wird es dann noch möglich sein, im Anschluss an den von von Staudt eingeschlagenen Weg die projektive Geometrie in diesem Raum als gültig nachzuweisen? Es zeigt sich, dass das Parallelenaxiom nicht nötig ist und dass es auch nicht notwendig ist, mit wirklichen Geraden und Ebenen zu operieren, sondern dass man jedes System von Flächen und Kurven nehmen kann, welches eine analoge Anordnung und Verknüpfungsbeziehungen wie das System der Ebenen und Geraden hat. Klein[12]:

> «In einem einfach zusammenhängenden Raume sei eine unendliche Schar einfach zusammenhängender, überall stetig gekrümmter, nur durch die Begrenzung des Raumes geendigter Flächen gegeben, welche die folgende Anordnung besitzen:
> 1. Durch drei beliebig angenommene Punkte des gegebenen Raumes geht eine und nur eine Fläche des Systems.
> 2. Zwei Flächen des Systems haben, wenn sie sich treffen, eine nur aus einem Zuge bestehende und bis an die Begrenzung des Raumes hinanreichende Durchschnittskurve.
> 3. Jede Fläche des Systems, die zwei Punkte einer solchen Durchschnittskurve enthält, enthält dieselbe ganz.
>
> Dann kann man im Anschluss an von Staudt[13] für dieses Flächensystem und Kurvensystem die Geltung der projektiven Geometrie nachweisen. Man kann den Punkten des gegebenen Raumes in der Weise Koordinaten erteilen, dass die gegebenen Flächen durch lineare Gleichungen dargestellt werden.
>
> Dass es ein Flächensystem der gemeinten Art gibt, zeigt das Beispiel der Ebenen. Unbegrenzt viele solcher Flächensysteme erzeugt man, indem man sich die Ebenen in einem konvex begrenzten, einfach zusammenhängenden Raumstück konstruiert denkt, und dann das Raumstück einer durch stetige Prozesse herbeigeführten Deformation unterwirft. ...» «Was diesen Satz merkwürdig macht, ist, dass ein analoger Satz, den man für die Ebene formulieren möchte, nicht existiert. Ist nämlich in einem begrenzten Teil der Ebene ein Kurvensystem von der Eigenschaft gegeben, dass durch je zwei Punkte eine und nur eine Kurve hindurchgeht, so bedarf es noch weiterer Bedingungen, ehe die Kurven durch lineare Gleichungen zwischen Punktkoordinaten dargestellt werden können. ...» «Beltrami zeigte, dass nur den Flächen von konstantem Krümmungsmass die Eigenschaft zukommt, sich so auf die Ebene übertragen zu lassen, dass sich alle geodätischen Kurven mit geraden Linien decken.»

---

[12] F. Klein [55]
[13] G. K. Ch. von Staudt [97]

So weit die kleinsche Auffassung. Wenn der Axiomatiker seine Grundelemente Punkt, Gerade und Ebene in völliger Unbestimmtheit lässt, falls sie nur die Axiome erfüllen, kann man ihm bis zu den Gebilden obiger Art folgen, ohne in Abstraktion zu fallen.

Die bisherigen Überlegungen können so zusammengefasst werden: Die Axiome der projektiven Geometrie bleiben sinnvoll und inhaltsvoll, auch wenn man nicht von einer speziellen Massbestimmung ausgeht. Das bedeutet, dass die projektive Geometrie einen Inhalt hat auch ohne Abstützung in einem metrischen System, insbesondere in der euklidischen Geometrie. Unter projektiver Geometrie ist dabei die Gesamtheit der geometrischen Wahrheiten[14] zu verstehen, welche sich auf die obenstehenden Axiome zurückführen lassen. Was die Elemente Punkt, Gerade und Ebene anbelangt, werden sie nicht formal als leere Begriffshülsen aufgefasst, sondern im naiven Sinne, und zwar aus menschenkundlichen Gründen.

2.6 Abstützung in der Sinneslehre

Nach den bisherigen Ausführungen zur Sinneslehre ist die grundsätzliche Möglichkeit mathematischer Begriffsbildung im menschlichen Denken auf die Existenz der drei unteren Sinne und deren Tätigkeit zurückzuführen: Gleichgewichtssinn, Bewegungssinn und Lebenssinn. Der Begriff Ebene wird mit Hilfe des Gleichgewichtssinns etwa im konkreten Erleben von links und rechts im menschlichen Körper gebildet. Der Begriff der Geraden als statisches Gebilde kann auf das Erleben der Körperhaltung beim aufrechten Gang des Menschen zurückgeführt werden, die Gerade als Bewegungsgebilde lässt sich auf die Tätigkeit des Bewegungssinnes gründen, und der Gleichgewichtssinn lässt im Raum Orte, das heisst Punkte, unterscheiden. Die Begriffe der Grundelemente Punkt, Gerade und Ebene treten, wie bereits erwähnt, im menschlichen Bewusstsein auf, ohne dass der Mensch dazu von Sinneserfahrungen bewusster Art abstrahiert. Sie werden aufgrund der Tätigkeiten der Sinne im menschlichen Körper direkt geschöpft und stellen Ergebnisse von verinnerlichten Sinnestätigkeiten dar.

2.7 Formalismus und synthetische Geometrie

Der zweite Punkt, die algebraisch-analytische Fassung der Begriffe der Fläche und der Krümmung, führt auf das Problem der Koordinatenbestimmung und auf das Spannungsfeld Formalismus – synthetische Geometrie.[15] Will man Subjekt und Objekt nicht trennen, muss man Formales und

---

[14] Vergleiche L. Locher [70].

[15] Die Bourbaki-Schule verfolgte bekanntlich seit etwa dem Zweiten Weltkrieg das Ziel, die Mathematik zu axiomatisieren und zu formalisieren. Inhalt der Mathematik war fort-

Geometrisches je in Beziehung zum Subjekt beurteilen. Das Geometrische ist also nicht einfach auf Kosten der algebraischen Struktur zu vernachlässigen, geometrische Anschauungen können eine grosse Erkenntnishilfe sein. Kurven, Flächen oder gar die komplexen Zahlen können ohne Verwendung eines formalen Systems in der projektiven Geometrie rein synthetisch behandelt werden.[16]

Das Zahlenmässige, welches der Algebra zugrunde liegt, ergibt sich durch das Erfassen einer Menge von Objekten unter dem gleichen allgemeinen Begriff. Jedes Objekt wird in dieser Gesamtheit durch Wiederholung eines Urteils erkannt. Entscheidend ist das Vollziehen eines Urteils in mehrfacher Auflage, was einen gewissen Zeitcharakter mit sich bringt. Die zeitlich erlebte Urteilfolge zeigt sich als eine Art rhythmischer innerer Bewegung. *Somit ist es wegen der verschiedenartigen Beziehungen der beiden Gebiete zum Menschen nicht berechtigt, die Geometrie auf die Algebra oder umgekehrt zu reduzieren. Die Algebra ist selbständig neben der Geometrie zu entwickeln, ihre Beziehungen zur Geometrie sind offenzulegen.* Man müsste fragen: Gibt es eine der jeweiligen Geometrie angemessene Algebra?[17]

Als Ausgangspunkt hat man nicht willkürlich gesetzte Axiome, sondern Begriffe der Grundelemente Punkt, Gerade, Ebene, die aufgrund der Tätigkeit der unteren menschlichen Sinne im Bewusstsein erscheinen. Ihre Beziehungen werden denkend erfasst, in Form der Urphänomene charakterisiert, und aus diesen können sämtliche projektiv-geometrischen Sätze, dann auch die metrischen Sätze, abgeleitet werden. Es hat keinen Sinn, von willkürlichen Setzungen auszugehen, denn konkrete Erlebnisse am menschlichen Körper bilden die Grundlage. Bei Zusammenhängen, die über rein logische Untersuchungen hinausgehen, die Aussagen über eine Wirklichkeit machen wollen, sind zu den verwendeten Begriffen umfassende Gesichtspunkte, also etwa der Sinneslehre, zu berücksichtigen.

- Raum ist ein Begriff oder eine Idee und keine Anschauungsform, er ist ein Erkenntnismittel.
- Der Raumbegriff lässt sich wie jeder Begriff zu verschiedenen Spezialfällen individualisieren.
- Projektive Geometrie ist unabhängig von jeder metrischen Geometrie. Sie ist eine Geometrie der Lage und der Anordnung, sie kennt keine Winkel und keine Längen, sie kann gedacht und vorgestellt werden ohne irgendwelche metrischen Hilfsmittel.

---

an, was aus willkürlich gesetzten, widerspruchsfreien Axiomen mit Formalismen abgeleitet werden kann. Der Einfluss der Bourbaki-Schule ist allerdings in den letzten Jahren stark zurückgegangen, nachdem man gemerkt hat, dass die Innovationsfähigkeit dieser Schule gering war. Andererseits ist die Rückbesinnung auf die Axiome natürlich auch ein wichtiger Prozess bei der begrifflichen Klärung der Zusammenhänge. Das kann man gerade an der Beziehung zwischen projektiver und metrischer Geometrie beobachten.

[16] Vergleiche L. Locher [67], [68], [70] und T. Reye [87].

[17] Siehe auch E. Schuberth [94].

3
Projektive Koordinaten

INHALT: Konstruktion der vierten harmonischen Elemente, synthetische Einführung von Koordinaten, projektive Skalen; Möbius-Koordinaten, projektive Punktkoordinaten in der Ebene, Inzidenzrelation, Geraden-Koordinaten, trilineare Polarität; Zusammenhang der Koordinaten; Koordinaten und Polaritäten; projektive Koordinaten in drei Dimensionen.

3.1 Arithmetik der Anordnung

Nachdem darauf hingewiesen wurde, dass die Begriffe Raum und Metrik unterschieden werden müssen, werden nun, als erster Schritt für die Konkretisierung dieser Unterscheidung, Koordinaten auf dem projektiven Urgrund entwickelt.[1] Die Koordinatenbestimmung kann in elementarer Sicht auf das Konstruieren von projektiven Skalen zurückgeführt werden, auf höherer Ebene lassen sich Skalen aus Gruppen von Projektivitäten ableiten.[2]

Das Nebeneinander als allgemeinste Beziehung zweier Dinge, bei der das Wesen beider gleichgültig ist und die einer Gemeinsamkeit angehören, führt zur Raumidee, zum steinerschen Raumbegriff. In der projektiven Geometrie kann diese Idee durch eine projektive Skala konkretisiert werden, bei der

[1] F. Klein [56]

[2] Man vergleiche dazu etwa R. Ziegler [122], Abschnitt 3.

die Grundelemente Punkt und Gerade in der Ebene, Punkt, Gerade und Ebene im Raum zu einem Nebeneinander verknüpft werden. Der Übergang von der Skala zu den projektiven Koordinaten bedeutet zwar einen wichtigen Schritt auf dem Weg zur Massbestimmung, ist von dieser aber noch zu unterscheiden. Die Einführung von Koordinaten hat gar nichts zu tun mit dem Begriff einer starren Länge, sie gibt die Anordnung der Elemente einer Punktreihe oder eines Strahlenbüschels in Zahlenform wieder, eine Arithmetik der Anordnung. Die projektive Koordinatenbestimmung ist auch nicht zwingend ein erster Schritt ins gewöhnlich extensiv Räumliche, im Dual- oder Gegenraum können auch Koordinaten eingeführt werden.[3] Damit kann man den Elementen der projektiven Geometrie Zahlen als Koordinaten zuordnen, ohne eine euklidische Massbestimmung vorauszusetzen.[4]

3.2 Konstruktion der vierten harmonischen Elemente

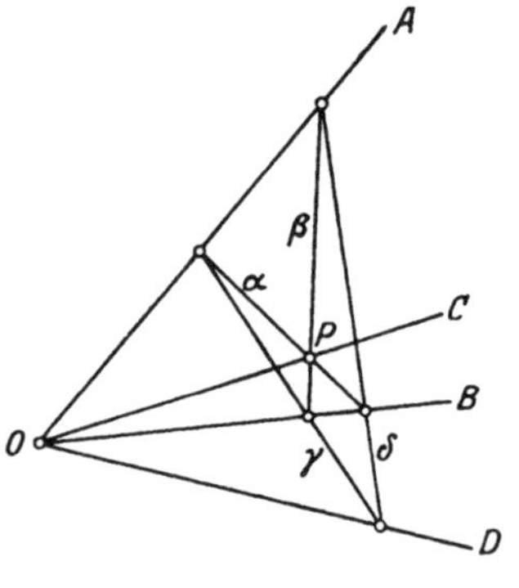

FIGUR 3.1. Konstruktion der vierten harmonischen Geraden, Quelle Klein [56]

Es sei an die Vierseitkonstruktion erinnert. Man gehe aus von drei gegebenen Geraden A, B, C eines Büschels und nehme auf C einen beliebigen Punkt P an und lege durch diesen Punkt zwei weitere Geraden α und β, Figur 3.1. Diese Geraden bestimmen mit A und B vier Schnittpunkte

[3] Die projektive Koordinatenbestimmung geht historisch auf G. K. Ch. von Staudt [98] zurück, der ihre Grundlagen entwickelt hat. Es gelang allerdings erst F. Klein [55], die entsprechenden Konsequenzen zu ziehen und die Unabhängigkeit projektiver Koordinaten von dem Begriff einer starren Länge aufzuzeigen.

[4] Wir folgen dabei den Gedanken von F. Klein [56] und insbesondere einem Aufsatz von H.-J. Stoss [109]. Andere Beweise sind bei L. Locher [65] zu finden.

$\alpha A, \beta A, \alpha B, \beta B$, von denen man αA und βB durch die Gerade γ und genau so αB mit βA durch die Gerade δ verbindet. Der Schnittpunkt $\gamma\delta$ bestimmt dann mit dem Mittelpunkt O des gegebenen Büschels A, B, C eine Gerade D, die vierte harmonische Gerade zu C in Bezug auf A, B heisst. Die Behauptung lautet nun, dass D durch die Lage der drei Geraden A, B, C eindeutig bestimmt ist und somit von der Durchführung der Konstruktion unabhängig ist.

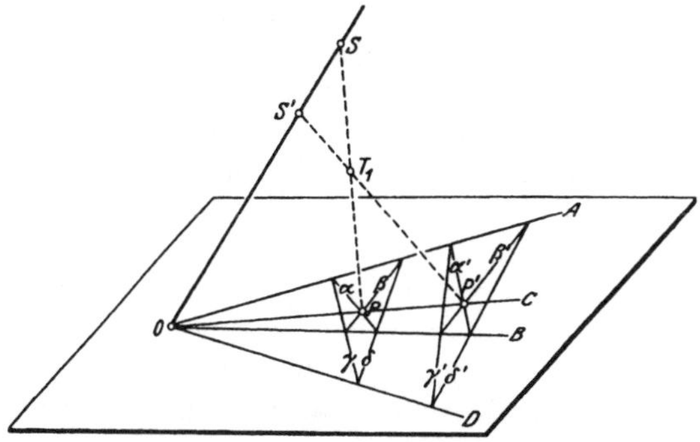

FIGUR 3.2. Eindeutigkeit der vierten harmonischen Geraden, Quelle Klein [56]

Man denke sich in der gegebenen Ebene zwei verschiedene Konstruktionen des vierten harmonischen Punktes durchgeführt, Figur 3.2: $OABCP$ $\alpha\beta\gamma\delta D$ und $OABCP'\alpha'\beta'\gamma'\delta' D'$. Es wird gezeigt, dass D immer mit D' zusammenfällt. Man kann ohne Einschränkung annehmen, dass sich die beiden Konstruktionen nicht überdecken, sondern nebeneinander liegen. Ferner wähle man die Anordnung so, dass P zwischen O und P' liegt. Auf einer durch O gehenden Geraden G, die nicht in der Ebene A, B, C liegt, nehme man zwei Punkte S und S' so an, dass S' zwischen O und S liegt. Dann projiziere man die erste Konstruktion des vierten harmonischen Strahles von S aus und genauso die zweite Konstruktion von S' aus. Die dadurch entstehenden Elemente bezeichne man in der gleichen Weise wie die zugehörigen Geraden mit $\alpha\beta\gamma\delta$ und $\alpha'\beta'\gamma'\delta'$. Wegen der Lage von P, P', S, S' durchkreuzen sich die projizierenden Geraden und Ebenen innerhalb des Raumes zwischen der Geraden G und der Ebene A, B, C. Die beiden Geraden SP und $S'P'$ haben einen Punkt T_1 gemeinsam. Durch T_1 gehen die vier Ebenen $\alpha\beta\alpha'\beta'$. Daher müssen sich auch die beiden projizierenden Geraden $\alpha\alpha'$ und $\beta\beta'$ in T_1 schneiden. Entsprechend müssen sich die vier Geradenpaare in je einem Punkt schneiden: $\alpha\alpha'$ und $\gamma\gamma'$ in T_2, $\alpha\alpha'$ und $\delta\delta'$ in einem Punkte T_3, $\beta\beta'$ und $\gamma\gamma'$ in T_4, $\beta\beta'$ und $\delta\delta'$ in T_5. Ob sich auch $\gamma\gamma'$ und $\delta\delta'$ in einem Punkt schneiden, ist noch offen. Die drei Punkte T_1, T_2, T_3 liegen auf der Geraden $\alpha\alpha'$ und genau so die drei Punkte T_1, T_4, T_5 auf der Geraden $\beta\beta'$. Diese fünf Punkte liegen also in einer

Ebene, die durch den Punkt T_1 hindurchgeht und somit erreichbar ist. In derselben Ebene verlaufen auch die vier Geraden $\alpha\alpha', \beta\beta', \gamma\gamma', \delta\delta'$, die ein Vierseit bilden. Daraus folgt, dass man die erste Konstruktion des vierten harmonischen Strahls als Projektion dieses Vierseits von S aus auffassen kann und genauso die zweite Konstruktion als Projektion desselben Vierseits von S' aus. Daraus ergibt sich sofort, dass sich auch die Geraden $\gamma\delta$ und $\gamma'\delta'$ in einem Punkt schneiden müssen und dass somit, wie behauptet, die beiden Geraden D und D' miteinander identisch sind.

Der Satz ist zunächst nur für den Fall bewiesen, dass die beiden Konstruktionen K und K' in dem angegebenen Bereich nicht übereinander liegen. Wäre dies aber doch der Fall, so projiziere man die eine Konstruktion K' von einem nicht in der Ebene A, B, C liegenden Punkt S aus, schneide das Projektionsbündel durch eine weitere Ebene und projiziere schliesslich die durch diesen Schnitt entstehende Figur von einem neuen Punkte S' auf die Ausgangsebene zurück, wodurch man die Konstruktion K'' erhält. Durch geeignete Wahl von S und S' kann man immer erreichen, dass die beiden in der Ebene A, B, C liegenden Figuren K und K'' nicht übereinander liegen. Dann gilt der Beweis für die beiden Konstruktionen K und K'', woraus folgt, dass die Behauptung auch für die Konstruktionen K und K' erfüllt sein muss. Damit ist bewiesen, dass die Konstruktion des vierten harmonischen Punktes eindeutig ist.

Ganz analog zeigt man diesen Satz für die Konstruktion einer vierten harmonischen Ebene zu drei Ebenen eines Büschels und für den vierten harmonischen Punkt zu drei Punkten auf einer Geraden.[5] Für die gesamte Konstruktion ist noch wesentlich, dass die beiden Elemente A, B durch die beiden andern Elemente C, D getrennt werden.

Beim Beweis des Satzes wurde die dritte Dimension verwendet. Es ist nicht möglich, den Satz über den vierten harmonischen Punkt oder die vierte harmonische Gerade allein mit Hilfe der ebenen projektiven Axiome zu beweisen. Das Verwenden der dritten Dimension ist also kein Kunstgriff, sondern zur Führung des Beweises unbedingt erforderlich.

3.3 Synthetische Einführung von Koordinaten

In Anbetracht dessen, dass die projektive Geometrie unabhängig von der euklidischen Geometrie aufgebaut werden kann, und weil das für die weiteren Ausführungen von einiger Bedeutung ist, ferner, weil Koordinaten nicht nur im projektiven Punktraum, sondern auch im Gegenraum[6] und Strahlenraum verwendet werden, und Raum und Gegenraum auch zusammen Verwendung finden, ist es vorteilhaft, die Koordinatenbildung genau

[5] Siehe F. Klein [56], Kapitel V, §1.

[6] Synonym für Dual- oder Ebenenraum

zu überblicken. Gleichungen von quadratischen Flächen und insbesondere die Inzidenzrelation, eine Gleichung, die das Inzidentsein, das Zusammenfallen von geometrischen Elementen beschreibt, werden von erheblicher Wichtigkeit; Grund genug, sie geometrisch zu durchschauen. In der klassischen Literatur[7] werden die Koordinaten aber meistens relativ handfest eingeführt, zumindest was die Koordinaten im Gegenraum betrifft, so dass man das Zustandekommen von gewissen Gleichungen nicht überblicken kann. Eine ausführliche Einführung von projektiven Koordinaten ist also unumgänglich. Man betrachte zuerst die synthetische Einführung von Koordinaten.

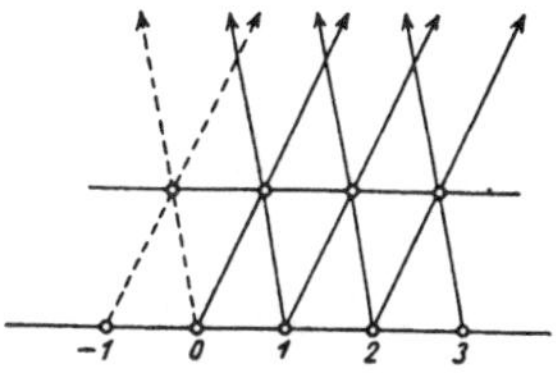

FIGUR 3.3. Abtragen von gleichen Strecken ohne Massstab, Quelle Klein [56]

In der euklidischen Geometrie erhält man eine Massskala, eine Folge von äquidistanten Punkten auf einer Geraden, indem man eine feste Strecke in den Zirkel nimmt und mehrfach abträgt. Das Gleiche kann man aber auch durch Ziehen von Parallelen erhalten, Figur 3.3. Dies bedeutet, dass man keine metrischen Vorstellungen für einen derartigen Massstab braucht. Will man das Ziehen von Parallelen auch vermeiden, wenn man also rein projektiv vorgehen will, so muss man die Figur 3.3 projektiv abbilden. Das geschieht durch die folgende Konstruktion. Auf einer Geraden greife man drei Punkte heraus, denen man die Werte $0, 1, \infty$ gebe, und zwar so, dass der Punkt mit dem Wert 1 zwischen den beiden andern liegt, Figur 3.4. Durch den Punkt ∞ lege man eine weitere Gerade, welche das Abbild der unendlichfernen Geraden von Figur 3.3 sei. Auf dieser Geraden müssen sich somit die Abbilder der parallelen Geraden schneiden. Zusätzlich lege man durch den Punkt ∞ eine dritte Gerade, die der oberen horizontalen Geraden in Figur 3.3 entspricht. Die restliche Konstruktion ergibt sich, indem man immer erst eine Gerade durch P und dann eine durch Q zieht. Auf diese Art kann man jeder ganzen positiven Zahl einen Punkt zwischen den beiden Ausgangspunkten 0 und ∞ zuteilen. Die Punkte drängen sich umso mehr zusammen, je näher man dem Punkte ∞ kommt. Die Konstruktion kann auch nach der anderen Seite fortgesetzt werden, so dass man auch negative Zahlen gewissen Punkten zuordnen kann.

[7] Etwa bei F. Klein [56]

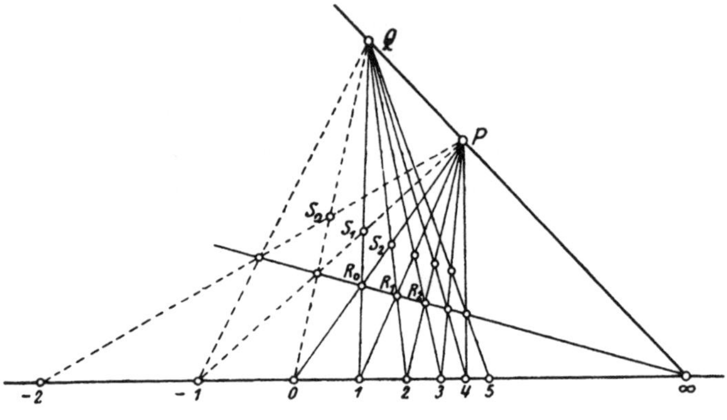

FIGUR 3.4. Skala mit negativen Werten, Quelle Klein [56]

Als Nächstes muss man einsehen, dass die Konstruktion der Skalenpunkte nur von der Lage der drei Ausgangspunkte $0, 1, \infty$ abhängt, aber nicht von der Durchführung der Konstruktion. Wie man leicht feststellt, ist etwa der Skalenpunkt $n+2$ der vierte harmonische Punkt zu n in Bezug auf die beiden Punkte $n+1$ und ∞, Figur 3.5. Man kann daher schliessen, dass 2 der vierte harmonische Punkt zu 0 in Bezug auf 1 und ∞, also von der Art der Konstruktion unabhängig ist. 3 ist der vierte harmonische Punkt zu 1 in Bezug auf 2 und ∞ also auch unabhängig von der Konstruktion. Analog kann man mit den negativen Zahlen operieren.

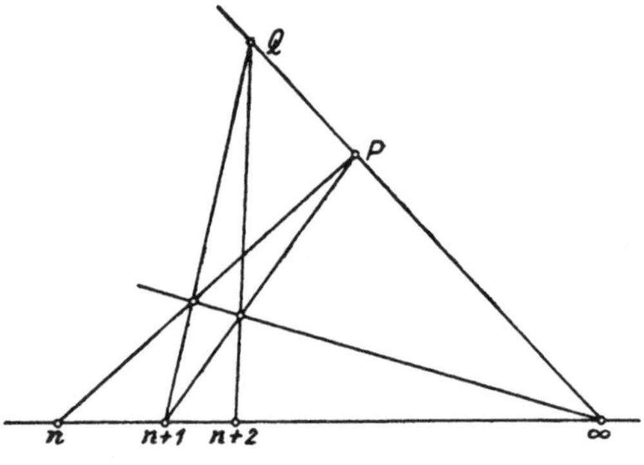

FIGUR 3.5. $n+2$ als vierter harmonischer Punkt, Quelle Klein [56]

In Figur 3.4 ist durch die gemachte Konstruktion ein Netz von Maschen entstanden. Die Reihe von Schnittpunkten $R_0, R_1, R_2, \ldots$ liegen auf einer Geraden durch ∞, das gilt auch für die Punkte $S_0, S_1, S_2, \ldots$. Ferner gehen etwa die Geraden R_i, S_{i+1} durch den Punkt Q.

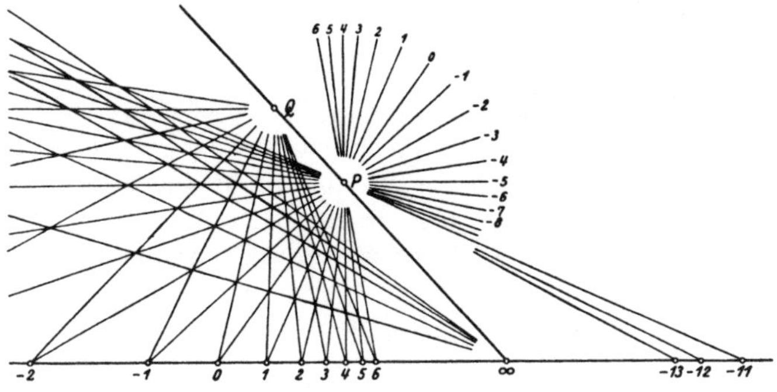

FIGUR 3.6. Skala im Geradenbüschel, Quelle Klein [56]

Die konstruierte Skala hat den Nachteil, dass sie sich nicht beliebig fortsetzen lässt, weil nicht alle Punkte der Geraden erreichbar sind. Geht man zu einem Geradenbüschel über, indem man die Punkteskala von einem beliebigen Punkt des Raumes projiziert, erhält man in diesem Geradenbüschel eine harmonische Skala, da die zugehörigen Konstruktionen identisch sind. Im Geradenbüschel kann man die Konstruktion der vierten harmonischen Geraden beliebig auch für die negativen Zahlen fortsetzen. Damit kann man jeder beliebigen ganzen positiven oder negativen Zahl eine Gerade des Büschels zuordnen, Figur 3.6. In Figur 3.6 ist diese Konstruktion auch auf die Punktreihe zurückübertragen worden. Beim Ebenenbüschel lassen sich entsprechende Konstruktionen machen.

Man kann nun diese Zuordnung von Punkten zu Zahlen weiter verfeinern, so dass schliesslich jeder reellen Zahl ein Punkt entspricht.

So weit die synthetische Einführung von projektiven Koordinaten auf einer Geraden; es folgt nun die ausführliche algebraische Version.[8]

3.4 Möbius-Koordinaten auf der projektiven Geraden

In der euklidischen Geometrie ist der Begriff des Mittelpunkts M zweier Punkte P, Q allgemein bekannt. Mit dem Mittelpunktsbegriff kann man auf einer Geraden g eine parabolische, das heisst eine äquidistante Skala gewinnen, indem man aus zwei Punkten A_0, A_1 rekursiv so weitere Punkte $A_n, n \in \mathbb{Z}$ bestimmt, dass der Punkt A_n jeweils in der Mitte zwischen den Punkten A_{n-1} und A_{n+1} liegt. Durch Verfeinern dieser Skala, etwa $A_{\frac{1}{2}}$ als Mitte von A_0 und A_1 gesetzt und so fort, kann jedem Punkt X auf der

[8] Wir folgen den Ausführungen von H.-J. Stoss [109].

gegebenen Geraden g eine reelle Zahl $x = \mu(X) \in \mathbb{R}$ zugeordnet werden. Es gelten dann die folgenden vier Aussagen:

– Für die zunächst markierten Punkte gilt stets $n = \mu(A_n)$.
– Die Zuordnung von Punkt zu Zahl ist bijektiv, die Punkte der Geraden und die reellen Zahlen entsprechen sich umkehrbar eindeutig.
– Die Zuordnung ist ordnungstreu, die natürliche Anordnung der Punkte auf g geht in die natürliche Ordnung der reellen Zahlen über.
– Die Relation

$$\mu(M) = \frac{1}{2}(\mu(P) + \mu(Q))$$

gilt genau dann, wenn M der Mittelpunkt von P und Q ist.

Geht man zur projektiven Geometrie über, so ist der Begriff *Mitte* projektiv zu definieren. Man erklärt die Mitte M von zwei Punkten P und Q auf g in Bezug auf einen vierten Punkt F dadurch, dass (P, M, Q, F) ein harmonischer Wurf auf g ist, dass P und Q Nebenecken eines vollständigen Vierecks sind und M, F die Schnittpunkte von g mit den weiteren Viereckseiten, wobei die P, Q mit den M, F in ihrer Rolle vertauschbar sind. Lässt man den Punkt F zu einem Fernpunkt werden, verlegt man ihn ins Unendliche, so ist M der gewöhnliche Mittelpunkt, Figur 3.7 rechts.

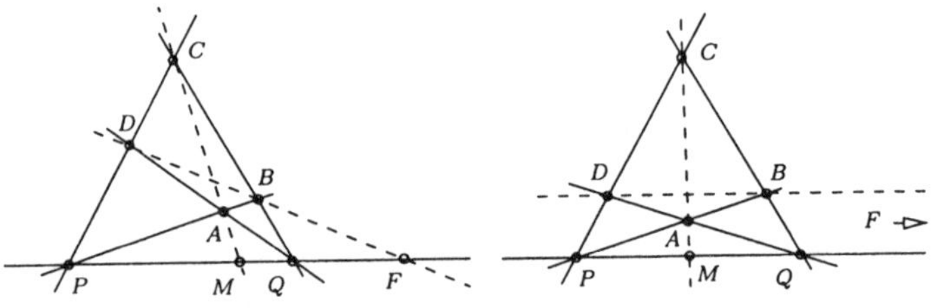

FIGUR 3.7. Konstruktion der Mitte zweier Punkte, Quelle Stoss [109]

Wenn man auf der projektiven Geraden g einen beliebigen Punkt F wählt, kann man die Mittekonstruktion der euklidischen Geometrie wieder durchführen, wenn man unter Mitte die Mitte in Bezug auf den gewählten Punkt F versteht, Figur 3.7 links. Es ergibt sich dann eine Zuordnung

$$\mu : \quad g \ni X \mapsto x = \mu(X) \in \mathbb{R} \cup \{\infty\},$$

bei der dem Punkt F die «Zahl» ∞ entspricht und alle andern Punkte bijektiv und ordnungstreu auf die reellen Zahlen abgebildet werden. Es gilt dann auch

$$\mu(M) = \frac{1}{2}(\mu(P) + \mu(Q))$$

genau dann, wenn M der Mittelpunkt von P und Q in Bezug auf den Punkt F ist. Durch Vorgabe von F mit $\mu(F) := \infty$ und zwei Startpunkten O und

E mit $\mu(O) = 0$, $\mu(E) = 1$ ist diese Abbildung eindeutig bestimmt. Man nennt diese Abbildung μ die *Möbius-Koordinaten* auf g zu den Grundpunkten O, E, F.

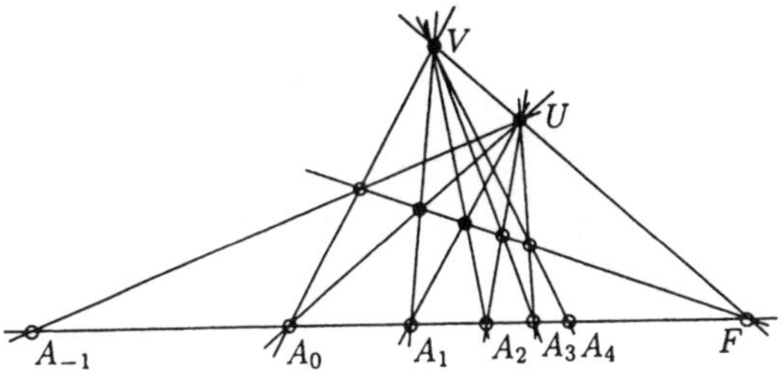

FIGUR 3.8. Projektive Skala, Quelle Stoss [109]

Zu den drei Punkten A, B, E auf der Geraden g sei nun

$$x = \mu_{AB;E}(X)$$

die Möbius-Koordinate des Punktes X, wenn A als Nullpunkt, B als ∞-Punkt und E als Einheitspunkt verwendet werden. Oft wird der Einheitspunkt aber nicht aufgeführt. Dann gilt der folgende Satz:

Satz 3.1
1. Projektivitäten werden in Möbius-Koordinaten durch gebrochen lineare Funktionen beschrieben.
2. (A, P, B, Q) ist genau dann ein harmonischer Wurf von Punkten auf der Geraden g, wenn

$$p = \mu_{AB}(P) = -\mu_{AB}(Q) = -q$$

ist.
3. Für jeden Punkt X der Geraden g ist

$$\mu_{AB}(X) \cdot \mu_{BA}(X) = 1.$$

3.5 Punktkoordinaten in der Ebene

Mit den Möbius-Koordinaten kann man nun in der projektiven Ebene homogene Koordinaten für Punkte einführen, Figur 3.9. Vier allgemeine Punkte A, B, C, E seien gewählt. A, B, C bilden ein Dreieck mit den Gegenseiten a, b, c. Mit dem zusätzlichen beliebigen Punkt X entsteht ein vollständiges Viereck mit den Nebenecken X_a, X_b, X_c auf den entsprechenden Dreiecksseiten. Für $X = E$ ergeben sich die Punkte E_a, E_b, E_c.

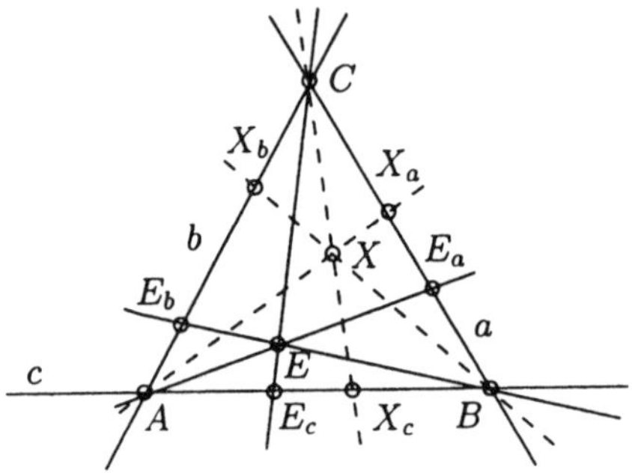

FIGUR 3.9. Koordinatendreieck mit Einheitspunkt, Quelle Stoss [109]

Es sei nun als Definition

$$\mu_{12}(X) := \mu_{AB;E_c}(X_c)$$

und analog für die anderen Seiten. Die sechs Zahlen $\mu_{PQ}(X)$, mit $P, Q \in \{1,2,3\}, P \neq Q$ heissen nun *Möbius-Punktkoordinaten* von X bezüglich A, B, C, E. Aus dem Satz 3.1 für Möbius-Koordinaten auf einer Geraden ergeben sich die folgenden Beziehungen, die zwischen den sechs Möbius-Koordinaten eines Punktes bestehen:

Satz 3.2

1. $$\mu_{12}(X) \cdot \mu_{21}(X) = 1.$$
2. $$\mu_{12}(X) \cdot \mu_{23}(X) \cdot \mu_{31}(X) = 1.$$

Entsprechendes gilt für die anderen Ecken des Dreiecks.

Diese Beziehungen erlauben es, die sechs Möbius-Koordinaten zu drei homogenen Koordinaten zusammenzuziehen, jedem Punkt X der Ebene einen nur bis auf einen Faktor $\tau \neq 0$ bestimmten Vektor

$$\sigma(X) := (x_1 : x_2 : x_3)$$

zuzuordnen, wobei zwei homogene Vektoren gleich sind, wenn sie sich als Vektoren nur um einen Faktor $\tau \neq 0$ unterscheiden. Durch Quotientenbildung können die Möbius-Koordinaten zurückerhalten werden. Es gilt also

$$\frac{x_P}{x_Q} = \mu_{QP}(X), \qquad \forall Q, P \in \{1,2,3\}, P \neq Q.$$

Wenn der Punkt auf keiner Seite des Koordinatendreiecks liegt, kann man etwa

$$\sigma(X) := (x_1 : x_2 : x_3) := (1 : \mu_{12}(X) : \mu_{13}(X)) =$$

$$= (\mu_{21}(X) : 1 : \mu_{23}(X)) = (\mu_{31}(X) : \mu_{32}(X) : 1)$$

wählen. Es ergibt sich dann der Satz 3.3.

Satz 3.3
Es gilt

$$\begin{aligned}\sigma(A) &= (1:0:0),\\ \sigma(B) &= (0:1:0),\\ \sigma(C) &= (0:0:1),\\ \sigma(E) &= (1:1:1).\end{aligned}$$

Liegt X auf der Seite a, ist $x_1 = 0$ und analog für die anderen Seiten und umgekehrt.

Definition: Der so erklärte homogene, also nur bis auf einen Zahlenfaktor $\tau \neq 0$ festgelegte, Vektor

$$\sigma(X) := (x_1 : x_2 : x_3)$$

bestimmt die *homogenen Punktkoordinaten* des Punktes X.

3.6 Die Inzidenzrelation

Wie werden nun alle Punkte X, die auf einer gegebenen Geraden y liegen, beschrieben, wie drückt sich in den homogenen Punktkoordinaten die Inzidenzrelation aus? Eine Gerade y in allgemeiner Lage, sie gehe also durch keine Ecke des Koordinatendreiecks, definiert zwischen den Dreiecksseiten a und b, jeweils als Punktreihen verstanden, über zwei Perspektivitäten

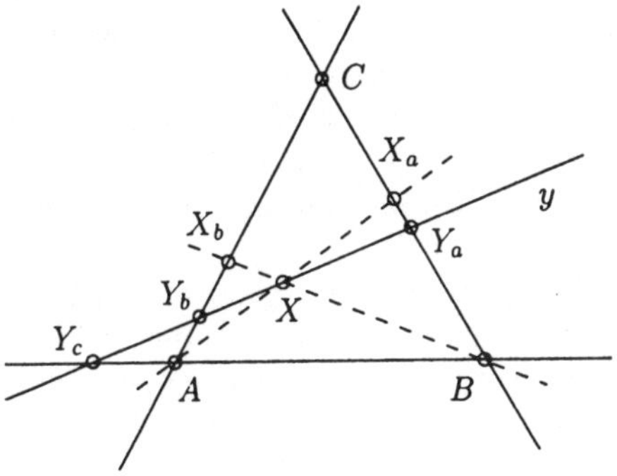

FIGUR 3.10. Quelle Stoss [109]

$$a(X_a) \overset{A}{\overline{\overline{\wedge}}} y(X) \overset{B}{\overline{\overline{\wedge}}} b(X_b)$$

eine Projektivität, Figur 3.10. Diese wird in den Möbiuskoordinaten μ_{32} auf a respektive μ_{31} auf b durch eine gebrochen lineare Funktion

$$\mu_{31}(X_b) = \frac{\alpha \cdot \mu_{32}(X_a) + \beta}{\gamma \cdot \mu_{32}(X_a) + \delta}$$

beschrieben. Mit speziellen Punkten, etwa den Schnittpunkten von y mit den Dreiecksseiten, kann man die Koeffizienten $\alpha, \beta, \gamma, \delta$ bestimmen. Umformuliert in homogene Koordinaten, erhält man den Satz 3.4.

Satz 3.4
Zu jeder Geraden y gibt es einen homogenen Vektor

$$\sigma(y) := (u_1 : u_2 : u_3),$$

mit dem gilt:
Der Punkt X liegt genau dann auf der Geraden y, wenn

$$\langle \sigma(X), \sigma(y) \rangle := x_1 u_1 + x_2 u_2 + x_3 u_3 = 0. \qquad (1)$$

Alle Geraden und alle homogenen Vektoren entsprechen sich eineindeutig, wobei die Komponenten noch genauer zu bestimmen sind.

Man bezeichnet die $\sigma(y)$ als *Gleichungskoordinaten* der Punktreihe y.

3.7 Dualisieren

Wegen der inneren Symmetrie der Axiome der projektiven Geometrie, dem Dualitätsgesetz[9], kann man jeder Konstruktion und jeder Figur eine duale gegenüberstellen. So erhält man zunächst etwa die harmonische Lage im Strahlenbüschel und daraus Möbius-Koordinaten für die Geraden eines Büschels. Dies ist aber nicht die zum Winkelmessen verwendete Skala, sondern auch eine eineindeutige Abbildung auf $\mathbb{R} \cup \{\infty\}$. Der Satz 3.1 gilt dann sinngemäss wieder, woraus man nun in der Ebene Koordinaten für Geraden folgendermassen erhält:

Man geht aus von vier allgemein liegenden Geraden a, b, c, e. a, b, c bilden ein Dreiseit mit Gegenecken A, B, C, Figur 3.11. Durch eine weitere allgemeine Gerade y entsteht ein vollständiges Vierseit mit den Nebenseiten y_A, y_B, y_C in den entsprechenden Dreiseitecken. Für die Einheitsgerade e ergibt sich e_A, e_B, e_C.

[9] Vergleiche Kapitel 1 und 2.

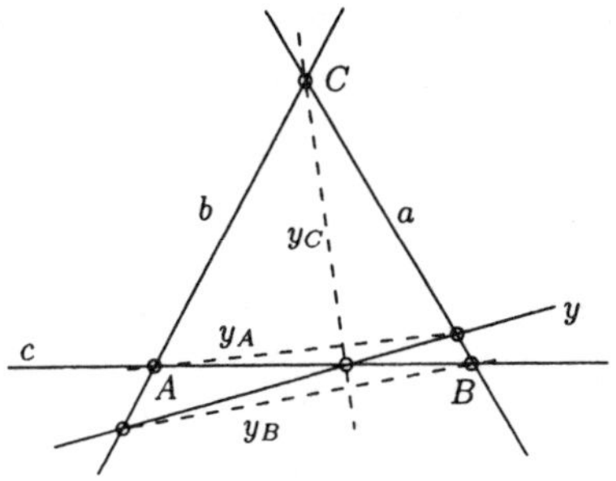

FIGUR 3.11. Koordinatendreiseit, Quelle Stoss [109]

Es sei nun als Definition

$$\mu_{12}(y) := \mu_{ab;e_C}(y_C)$$

und analog für die anderen Büschel in den Dreiecksecken. Die sechs Zahlen $\mu_{pq}(y)$, mit $p, q \in \{1, 2, 3\}, p \neq q$ heissen nun *Möbius-Geradenkoordinaten* von y bezüglich a, b, c, e.

Die Sätze 3.1 und 3.2 gelten sinngemäss auch hier, und so kann man auch bei Geradenkoordinaten zu homogenen Koordinaten übergehen. Das bedeutet, dass man jeder Geraden y einen homogenen Vektor

$$\rho(y) := (\eta_1 : \eta_2 : \eta_3)$$

zuordnen kann, so dass

$$\frac{\eta_p}{\eta_q} = \mu_{qp}(y) \qquad \forall p, q \in \{1, 2, 3\}, p \neq q.$$

Damit entsprechen die Seitenvektoren auch den Einheitsvektoren, und völlig analog erhält man die Inzidenzrelation.

Satz 3.5
Zu jedem Punkt X gibt es einen homogenen Vektor

$$\rho(X) := (\chi_1 : \chi_2 : \chi_3),$$

mit dem gilt:
Die Gerade y geht genau dann durch den Punkt X, wenn

$$\langle \rho(y), \rho(X) \rangle := \eta_1\chi_1 + \eta_2\chi_2 + \eta_3\chi_3 = 0. \qquad (2)$$

Alle Punkte und alle homogenen Vektoren entsprechen sich eineindeutig.

Man bezeichnet nun die $\rho(X)$ als *Gleichungskoordinaten* des Punktes X als Träger eines Strahlenbüschels.

Man hat somit für einen Punkt seine direkt gemessenen Punktkoordinaten in einem Punktsystem sowie die indirekt erhaltenen Gleichungskoordinaten bezüglich eines Geradensystems und ganz entsprechend zwei Koordinatenvektoren für jede Gerade. Den Zusammenhang zwischen diesen Koordinaten kann man mit dem folgenden, von Poncelet entdeckten Sachverhalt verstehen.

3.8 Die trilineare Polarität

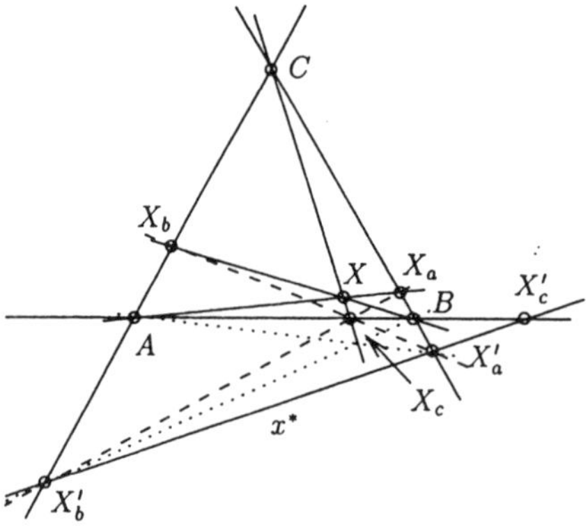

FIGUR 3.12. Trilineare Polarität, Quelle Stoss [109]

Ein Dreieck A, B, C mit den Gegenseiten a, b, c und ein allgemeiner Punkt X, der auf keiner Seite liege, seien gegeben. Projektion von X aus den Ecken auf die Gegenseiten ergeben wie bei den Punktkoordinaten die Punkte X_c auf $c = AB$ und analog X_a und X_b. Durch harmonische Spiegelung an den Dreiecksseiten erhält man X_a', X_b', X_c'. (A, X_c, B, X_c') ist also etwa ein harmonischer Wurf. Dann gilt

- Die Punkte X_a', X_b', X_c' liegen auf einer Geraden $x^* = t(X)$, die *trilineare Polare* von X heisst, Figur 3.12.
- Mit der dualen Konstruktion erhält man, ausgehend von einer allgemein liegenden Geraden y, deren *trilinearen Pol* $Y^* = T(y)$.

Obwohl keine Polarität vorliegt, sind beide Konstruktionen zueinander invers und geben eine eineindeutige Abbildung zwischen den Punkten, die auf keiner Dreiecksseite liegen, und den Geraden, die durch keine Ecke des Dreiecks gehen.

In Möbius-Punktkoordinaten drückt sich die Tatsache des harmonischen Wurfes (A, X_c, B, X_c') durch die Formel

$$\mu_{12}(X_c') = -\mu_{12}(X_c)$$

aus. Mit homogenen Punktkoordinaten erhält man

Satz 3.6
Die trilineare Polare $t(X)$ eines Punktes X mit homogenen Punktkoordinaten

$$\sigma(X) = (x_1 : x_2 : x_3)$$

schneidet die Seiten des Koordinatendreiecks in den Punkten X_a', X_b', X_c' mit den Möbius-Koordinaten

$$\mu_{12}(X_c') = -\frac{x_2}{x_1}$$

und so weiter. Analoges gilt dual für die Geradenkoordinaten $\rho(y)$ einer Geraden y und deren trilinearen Pol.

Man betrachte nun ein Punktsystem und dazu eine Gerade y mit Gleichungskoordinaten

$$\sigma(y) := (u_1 : u_2 : u_3).$$

Ein Punkt X' mit den Koordinaten

$$\sigma(X') = (x_1' : x_2' : x_3')$$

liegt nun genau dann auf der Geraden y, wenn

$$x_1'u_1 + x_2'u_2 + x_3'u_3 = 0$$

ist. Der Schnittpunkt X_c' der Geraden mit der c-Achse erfüllt $x_3' = 0$, somit gilt

$$\mu_{12}(X_c') = -\frac{x_2'}{x_1'} = -\frac{u_1}{u_2}$$

und analog für die Schnittpunkte mit den anderen Seiten. Das ergibt mit Satz 3.6 den Satz 3.7.

Satz 3.7
In einem Punktkoordinatensystem gilt: Hat eine allgemein liegende Gerade y die Gleichungskoordinaten

$$\sigma(y) := (u_1 : u_2 : u_3),$$

so hat ihr trilinearer Pol $Y^* = T(Y)$ die Punktkoordinaten

$$\sigma(Y^*) = \left(\frac{1}{u_1} : \frac{1}{u_2} : \frac{1}{u_3}\right)$$

und umgekehrt.

Analoges gilt im Geradensystem. Zusammen:

– Die Gleichungskoordinaten einer Geraden sind die reziproken Werte der Punktkoordinaten ihres trilinearen Poles.
– Die Gleichungskoordinaten eines Punktes sind die reziproken Werte der Geradenkoordinaten ihrer trilinearen Polaren.

3.9 Zusammenhang der Koordinatensysteme

Will man nun Punkte und Geraden mit Koordinaten beschreiben, ist es sachgemäss, für Punkte Punktkoordinaten σ und für Geraden Geradenkoordinaten ρ zu verwenden. Obwohl es nicht notwendig, aber zweckmässig ist, geht man von einem, beiden Systemen gemeinsamen, Koordinaten-Dreieck-Dreiseit aus, wobei entsprechend bezeichnete Ecken und Seiten sich gegenüberliegen. Ferner ist ein Einheitspunkt E für die Punktkoordinaten σ und eine Einheitsgerade e für die Geradenkoordinaten ρ in allgemeiner Lage zu wählen. Ein derartiges Koordinatensystem wird *Punkt-Geraden-Koordinatensystem* genannt. Im Weiteren sei ein solches zugrunde gelegt. Mit analogen Schlussweisen folgt der Satz 3.8.

Satz 3.8
1. Für den trilinearen Pol $E^* = T(e)$ der Einheitsgeraden beziehungsweise für die trilineare Gerade $e^* = t(E)$ des Einheitspunktes gilt

$$\sigma(E^*) = \rho(e^*) := (\alpha : \beta : \gamma), \qquad \alpha\beta\gamma \neq 0.$$

Die Punktkoordinaten des trilinearen Pols der Einheitsgeraden und die Geradenkoordinaten der trilinearen Polaren des Einheitspunktes stimmen überein.
2. Ein Punkt X mit den Punktkoordinaten

$$\sigma(X) = (x_1 : x_2 : x_3)$$

und eine Gerade y mit den Geradenkoordinaten

$$\rho(y) = (\eta_1 : \eta_2 : \eta_3)$$

sind genau dann inzident, wenn mit obigen Koeffizienten α, β, γ

$$\frac{1}{\alpha}x_1\eta_1 + \frac{1}{\beta}x_2\eta_2 + \frac{1}{\gamma}x_3\eta_3 = 0 \qquad (3)$$

gilt.

Zu dem gegebenen Punkt-Geraden-Koordinatensystem nennt man die mit den Koeffizienten α, β, γ gebildete Diagonalmatrix

$$\Lambda := \operatorname{diag}(\alpha, \beta, \gamma)$$

charakteristische Matrix.

Liest man $\sigma(X), \rho(y)$ je als Spaltenvektoren, so drückt sich die Inzidenzrelation (3) über das Skalarprodukt durch

$$\langle \sigma(X), \Lambda^{-1}\rho(y) \rangle = \langle \rho(y), \Lambda^{-1}\sigma(X) \rangle = 0 \qquad (4)$$

aus. Aus dem Vergleich mit (1) und (2) für die Inzidenzrelation im Punkt- beziehungsweise Geradensystem allein folgt der Satz 3.9.

Satz 3.9
Die Gleichungskoordinaten und die Punkt- beziehungsweise Geradenkoordinaten gehen durch Multiplikation mit der charakteristischen Matrix auseinander hervor,

$$\begin{aligned} \sigma(y) &= \Lambda^{-1}\rho(y), \\ \rho(X) &= \Lambda^{-1}\sigma(X). \end{aligned}$$

Links stehen die Gleichungskoordinaten, rechts die Geraden- beziehungsweise die Punktkoordinaten.

Wählt man (E, e) als trilinear polares Paar, so ist $e^* = e$ und $E^* = E$ und damit

$$\rho(e^*) = \sigma(E^*) = (1 : 1 : 1),$$

die charakteristische Matrix Λ ist somit die Einheitsmatrix I. Daraus folgt schliesslich Satz 3.10.

Satz 3.10
Die Gleichungskoordinaten und die jeweiligen Geraden- beziehungsweise Punktkoordinaten stimmen genau dann überein, wenn die Einheiten E, e ein trilinear polares Paar bezüglich des Koordinatendreiecks bilden.

Damit ergibt sich, dass die zunächst verwendeten *Gleichungskoordinaten für eine Gerade genau mit den so genannten Geradenkoordinaten übereinstimmen*, wobei ein speziell gewähltes auf das Punktsystem zugeschnittenes Geradensystem im Hintergrund steht.

Man kann nun aber Punktkoordinaten und Geradenkoordinaten je bezüglich einem Koordinatendreieck und einem davon völlig unabhängigen Koordinatendreiseit und Einselementen bestimmen. Die Inzidenzrelation wird dann auch eine Bilinearform, aber mit allgemeiner regulärer Koeffizientenmatrix, die sich leicht aus den die Koordinatensysteme beschreibenden Daten gewinnen lässt. Um dies zu sehen, gehe man von einem Dreieck

A, B, C mit Einheitspunkt E und einem Dreiseit a', b', c' mit Einheitsgerade e' aus. Man ergänze dies jeweils zu einem harmonischen Punkt-Geraden-System: Zum ersten gehören harmonische Punkt-Geraden-Koordinaten $\sigma(X)$, $\rho(y)$, zum zweiten analog $\sigma'(X), \rho'(y)$. Ferner legen nach dem Fundamentalsatz die jeweils vier allgemeinen Geraden a, b, c, e beziehungsweise a', b', c', e' genau eine Kollineation φ in der Ebene fest, für die

$$\varphi(a) = a', \varphi(b) = b', \varphi(c) = c', \varphi(e) = e'$$

gilt. φ wird bezüglich der Geradenkoordinaten ρ' durch eine reguläre 3×3-Matrix G gegeben, wobei man die Koordinaten als Spaltenvektoren zu interpretieren hat. Es gilt dann für jede Gerade y

$$\rho'(\varphi(y)) = G \cdot \rho'(y).$$

Da die Koordinatenbestimmung auf harmonischer Lage beruht, die unter Projektivitäten, speziell unter Kollineationen, erhalten bleibt, hat man

$$\rho'(\varphi(y)) = \rho(y).$$

Damit ergibt sich

Satz 3.11
Mit der Matrix G, welche die zwischen den Koordinatendreiseiten vermittelnde Kollineation φ darstellt, gilt für jede Gerade y

$$\rho(y) = G \cdot \rho'(y).$$

Beschreibt man dann Punkte X durch Koordinaten σ des einen Systems und Geraden y durch die Koordinaten ρ' des anderen, so liefern die beiden Sätze zusammen

Satz 3.12
Der Punkt X und die Gerade y sind genau dann inzident, wenn

$$\langle \sigma(X), G \cdot \rho'(y) \rangle = 0,$$

oder, was gleichwertig ist mit der transponierten Matrix G^T, wenn

$$\left\langle G^T \cdot \sigma(X), \rho'(y) \right\rangle = 0.$$

Gibt man sich eine reguläre Matrix G vor und wählt man Geraden a', b', c', e' für ein Koordinatensystem, so kann man dazu das Koordinatensystem a, b, c, e so bestimmen, dass die zugehörige Kollineation φ gerade über die Matrix G realisiert wird, das heisst, dass dann in der Inzidenzrelation von Satz 3.12 genau die vorgegebene Matrix G auftritt.

3.10 Koordinaten und Polaritäten

Eine Polarität in der Ebene ist eine involutorische Projektivität, die Punkte in Geraden und umgekehrt überführt und für die nicht alle entsprechenden Paare inzident sind. Involutorisch heisst, die Polarität zweimal angewendet ergibt die Identität. Eine Polarität ist durch ein Polardreieck und ein weiteres Paar von sich entsprechenden Punkt und Gerade eindeutig gegeben. Man betrachte nun Polaritäten, die das gegebene Koordinatendreieck als Polardreieck haben. Es genügt dann ein weiteres Paar, eine Polarität eindeutig zu bestimmen. Man kann etwa die Einheiten E, e respektive die dazu trilinear polaren e^*, E^* wählen. Es interessieren dann insbesondere die Polaritäten

$$\pi_{(E,e^*)}, \pi_{(E^*,e)}, \pi_{(E,e)},$$

die jeweils das Koordinatendreieck als Polardreieck und das im Index notierte Paar als polares Paar haben. Ausgedrückt in Punkt- und Geradenkoordinaten wird der Übergang vom Pol zur Polaren und umgekehrt durch die Multiplikation mit einer invertierbaren 3×3-Matrix M beschrieben.

$$\pi : X \mapsto y := \pi(X)$$

bedeutet

$$\rho(y) = M\sigma(X).$$

Ein Punkt X und seine Polare $\pi(X)$ sind dann wegen (4) inzident, genau wenn

$$\left\langle \rho(\pi(X)), \Lambda^{-1}\sigma(X) \right\rangle = \left\langle M\sigma(X), \Lambda^{-1}\sigma(X) \right\rangle = 0. \qquad (5)$$

Da das Koordinatendreieck Polardreieck ist, ist M eine Diagonalmatrix, und deren Diagonalelemente können durch Einsetzen von E beziehungsweise e wegen $\sigma(E) = \rho(e) = (1 : 1 : 1)$ leicht bestimmt werden. Man erhält

– für $\pi_{(E,e^*)}$: Es ist $M = \Lambda$ und (5) wird zu

$$0 = \left\langle \Lambda\sigma(X), \Lambda^{-1}\sigma(X) \right\rangle = \left\langle \sigma(X), \sigma(X) \right\rangle.$$

Dies ist nicht erfüllbar, Pol und Polare sind nie inzident, die Polarität heisst elliptisch.

– für $\pi_{(E^*,e)}$: Es ist $M = \Lambda^{-1}$ und (5) wird zu

$$0 = \left\langle \Lambda^{-1}\sigma(X), \Lambda^{-1}\sigma(X) \right\rangle.$$

Auch dies ist nicht erfüllbar, Pol und Polare sind nie inzident, eine elliptische Polarität.

– für $\pi_{(E,e)}$: Es ist $M = I$ und Pol und Polare haben den gleichen Vektor als Punkt- beziehungsweise als Geradenkoordinaten, die Polarität drückt sich durch Umdeuten aus. (5) wird zu

$$0 = \langle \sigma(X), \Lambda^{-1}\sigma(X) \rangle .$$

Da die Vorzeichen der Diagonalelemente (α, β, γ) von Λ keinerlei Beschränkung unterliegen, können sowohl elliptische wie hyperbolische Polaritäten vorkommen.

3.11 Projektive Koordinaten in drei Dimensionen

Entsprechend kann die Konstruktion auf den Raum ausgedehnt werden. Figur 3.13 zeigt die Situation für den Raum. Vier Punkte bilden ein Koordinatentetraeder für die Möbius-Punktkoordinaten, vier Ebenen ein Vierflach für die Möbius-Ebenenkoordinaten. Wenn die beiden Gebilde inzident sind und die Nummerierung geeignet gewählt wird, so ergeben sich entsprechend wie im zweidimensionalen Fall besonders einfache Koordinatenbeziehungen. Die Rolle der Geraden wird von der Ebene übernommen, die Inzidenz zwischen Punkt und Ebene wird analog formuliert wie zwischen Punkt und Gerade in der Ebene. Koordinaten für eine Gerade sind im Raum aber wesentlich schwieriger einzuführen als in der Ebene.[10] Entscheidend bei den projektiven Koordinaten ist, dass sie ohne jegliche metrischen Vorstellungen und unabhängig vom Parallelenaxiom eingeführt werden können.

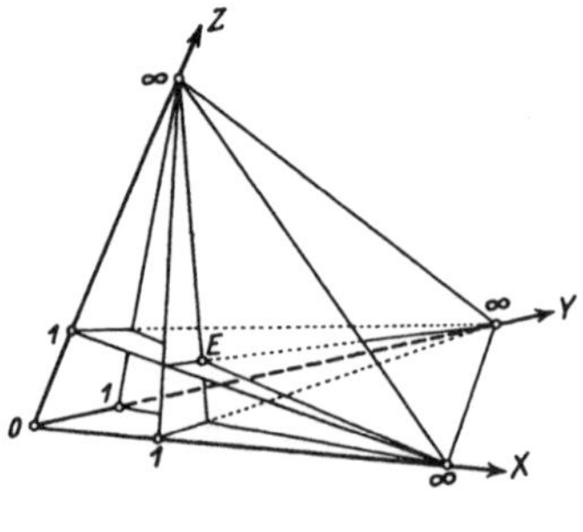

FIGUR 3.13. Projektives Koordinatensystem im Raum, Quelle Klein [56]

- Projektive Koordinaten können ohne metrische Hilfsmittel mit Verbinden und Schneiden in allen Dimensionen in Raum und Gegenraum eingeführt werden.
- Eindimensionale Gebilde werden in projektiven Koordinaten durch lineare Gleichungen beschrieben.

[10] Genaueres bei F. Klein [57]

4 Projektive Massbestimmung

INHALT: Das Doppelverhältnis von vier Elementen als projektive Invariante; euklidische Abstandsformel, isotrope Geraden, Minimalgeraden, imaginäre Kreispunkte, imaginärer Kugelkreis, euklidische Winkelformel; der euklidische Winkel als Logarithmus eines Doppelverhältnisses, die quadratischen Gebilde; nichtausgeartete projektive Massbestimmungen, ausgeartete Massbestimmungen; projektives Messen; der Modellbegriff.

4.1 Doppelverhältnisse

Um zu zeigen, dass die euklidische Geometrie eine spezialisierte projektive Geometrie ist, dass die euklidische Geometrie aus der projektiven durch eine zusätzliche Festlegung entsteht, müssen verschiedene Grundlagen bereitgestellt werden. Nimmt man dann die Spezialisierung anders vor, erhält man weitere metrische Geometrien, die elliptische, die hyperbolische und andere. Es gibt achtzehn grundsätzlich verschiedene Varianten.[1] Die projektive Auffassung von metrischer Geometrie ergibt dann die Möglichkeit, den Raum als Idee zu realisieren.

Als Grundlagen sind bereitzustellen: erstens das Doppelverhältnis von vier Elementen eines Büschels ausgedrückt in projektiven Koordinaten, zweitens die Theorie der Kurven zweiten Grades und drittens die Defini-

[1] Vergleiche F. Klein [56].

tion der Längen- und Winkelmessung in der projektiven Geometrie zuerst allgemein und schliesslich auch spezialisiert in der euklidischen Geometrie.

Das Doppelverhältnis von vier auf einer Geraden liegenden Punkten X, Y, Z, T ist in der Elementarmathematik erklärt als

$$DV(X,Y,Z,T) = \frac{XZ}{YZ} : \frac{XT}{YT}.$$

Die einzelnen Grössen sind die mit dem richtigen Vorzeichen versehenen euklidischen Längen der verschiedenen Strecken, welche durch die vier Punkte X, Y, Z, T auf der Geraden festgelegt sind.[2] Wenn speziell -1 als Wert entsteht, nennt man die vier Punkte in harmonischer Lage und umgekehrt.

Vier Punkte können auf 24 verschiedene Arten auf einer Geraden angeordnet werden. Für jede Lage kann ein Doppelverhältnis berechnet werden. Es gibt aber nur sechs verschiedene Doppelverhältnisse, da je vier gleich herauskommen. Wenn feststeht, welche der Punkte Paare bilden, gibt es nur noch zwei Werte, die noch zueinander reziprok sind.[3] Alle diese Bemerkungen gelten auch für das Doppelverhältnis von vier Ebenen eines Büschels.

Als Nächstes wird eine analytische Darstellung des Doppelverhältnisses von vier Punkten einer Geraden gesucht. Dazu führt man auf der Geraden ein *projektives* Koordinatensystem[4] ein und wählt zwei Punkte X und Y mit den Koordinaten $x_1 : x_2$ und $y_1 : y_2$ aus.[5] Die übrigen Punkte auf der Geraden lassen sich dann in der folgenden Form darstellen

$$\rho\xi_i = \lambda_1 x_i + \lambda_2 y_i, \quad i = 1,2, \quad \rho \neq 0.$$

Da es nur auf die Verhältnisse ankommt,

$$\rho\xi_i = x_i + r y_i, \quad i = 1,2, \quad \rho \neq 0.$$

Damit wird jedem Punkt auf der Geraden ein bestimmter Wert $r = \lambda_2 : \lambda_1$ zugeordnet. Etwa für X, $r = 0$ und für Y, $r = \infty$. Gibt man dem Parameter r zwei feste Werte, etwa λ und μ, erhält man zwei Punkte mit den Koordinaten

$$z_1 : z_2 = (x_1 + \lambda y_1) : (x_2 + \lambda y_2), \quad t_1 : t_2 = (x_1 + \mu y_1) : (x_2 + \mu y_2).$$

Satz 4.1
Voraussetzung: Gegeben seien die vier Punkte X, Y, Z, T auf einer Geraden

---

[2] Diese Darstellung auf Basis der euklidischen Geometrie wird nur für den Anschluss an den üblichen Begriff des Doppelverhältnisses gebraucht, nicht aber für die projektive Begründung des Doppelverhältnisses.

[3] F. Klein [56], §7

[4] Siehe Kapitel 3.

[5] Man schreibt die Koordinaten in Verhältnisform, weil sie jeweils nur bis auf eine Konstante bestimmt sind.

mit den projektiven Koordinaten $x_i, y_i, x_i + \lambda y_i, x_i + \mu y_i$, $i = 1, 2$.
Behauptung: Das Doppelverhältnis der vier Punkte X, Y, Z, T lässt sich mit

$$DV(X,Y,Z,T) = \frac{\lambda}{\mu}$$

berechnen.
Beweis: Die Koordinaten der vier Punkte X, Y, Z, T ergeben aus den beiden Verhältnissen $z_1 : z_2$ und $t_1 : t_2$ je eine lineare Gleichung für die beiden Grössen λ und μ. Daraus erhält man

$$\frac{\lambda}{\mu} = \frac{\begin{vmatrix} x_1 & z_1 \\ x_2 & z_2 \end{vmatrix} \begin{vmatrix} y_1 & t_1 \\ y_2 & t_2 \end{vmatrix}}{\begin{vmatrix} x_1 & t_1 \\ x_2 & t_2 \end{vmatrix} \begin{vmatrix} y_1 & z_1 \\ y_2 & z_2 \end{vmatrix}}.$$

Ist der zweite Fundamentalpunkt unendlichferner Punkt, folgt mit affinen Koordinaten

$$x = x_1 : x_2, \quad y = y_1 : y_2, \quad z = z_1 : z_2, \quad t = t_1 : t_2,$$

und das obige Verhältnis drückt sich so aus

$$\frac{\lambda}{\mu} = \frac{\begin{vmatrix} x_1 : x_2 & z_1 : z_2 \\ 1 & 1 \end{vmatrix} \begin{vmatrix} y_1 : y_2 & t_1 : t_2 \\ 1 & 1 \end{vmatrix}}{\begin{vmatrix} x_1 : x_2 & t_1 : t_2 \\ 1 & 1 \end{vmatrix} \begin{vmatrix} y_1 : y_2 & z_1 : z_2 \\ 1 & 1 \end{vmatrix}}$$

$$= \frac{z - x}{z - y} : \frac{t - x}{t - y} = \frac{XZ}{YZ} : \frac{XT}{YT} = DV(X,Y,Z,T).$$

Damit ist die Behauptung für den Spezialfall bewiesen. Wendet man eine Projektivität, in projektiven Koordinaten eine homogene lineare Transformation, auf die geometrische Anordnung an, ergibt sich beim Verhältnis von λ zu μ bei jeder der vier Determinanten die Transformationsdeterminante als Faktor, die sich aber weghebt.[6] □

Folgerung: Das Doppelverhältnis der vier Punkte einer Geraden ist eine projektive Invariante.

[6] Eigentlich wäre bereits der Quotient von zwei Determinanten eine Invariante. Da aber die projektiven Koordinaten nur bis auf eine Konstante bestimmt sind, würde der Wert des Verhältnisses von dieser Konstanten abhängen. Beim Doppelverhältnis mit den vier Varianten hebt sich der Einfluss der Konstanten weg.

Die Berechnung des Doppelverhältnisses von irgendwelchen Elementen eines Büschels, vier Geraden durch einen Punkt in der Ebene oder vier Ebenen im Raum durch eine Gerade lässt sich völlig analog durchführen. Man hat entsprechende Koordinaten zu verwenden. Umgekehrt lassen sich, wie bereits dargestellt, auch die projektiven Koordinaten durch Doppelverhältnisse ohne Umweg über ein affines Koordinatensystem direkt ermitteln.[7]

4.2 Die euklidischen Abstandsformeln

Auf einer Geraden nehme man affine Koordinaten. Die Einheitsstrecke sei gleich der Längeneinheit. Der Abstand zweier Punkte x und x' ist dann $r = x - x'$ oder mit homogenen Koordinaten $x = x_1 : x_2$, $x' = x'_1 : x'_2$

$$r = \frac{x_1}{x_2} - \frac{x'_1}{x'_2} = \frac{x_1 x'_2 - x'_1 x_2}{x_2 x'_2}.$$

In der Ebene oder im Raum verwende man entsprechend ein rechtwinkliges Parallelkoordinatensystem, dessen Einheitsstrecken auf allen Achsen gleich sind. Der Abstand zweier Punkte x, y und x', y' in der Ebene ist

$$r = \pm\sqrt{(x - x')^2 + (y - y')^2}.$$

Satz 4.2
Behauptung: Die Punkte $P'(x'_1, x'_2, x'_3)$, $x'_3 \neq 0$, der Ebene, die von einem festen Punkt $P(x_1, x_2, x_3)$, mit $x_3 \neq 0$, einen verschwindenden Abstand $r = 0$ haben, liegen auf zwei durch P gehenden *isotropen* Geraden oder *Minimalgeraden.*
Beweis: Aus dem Abstand r zweier Punkte x, y und x', y' in der Ebene folgt mit homogenen Koordinaten $x = x_1 : x_3$, $y = x_2 : x_3$

$$r = \frac{\pm\sqrt{(x_1 x'_3 - x_3 x'_1)^2 + (x_2 x'_3 - x_3 x'_2)^2}}{x_3 x'_3}.$$

Der Zähler von r zerfällt in zwei Gleichungen

$$x_1 x'_3 - x_3 x'_1 = i(x_2 x'_3 - x_3 x'_2), \quad x_1 x'_3 - x_3 x'_1 = -i(x_2 x'_3 - x_3 x'_2).$$

Da der Punkt P fest ist, stellen sie je eine durch den Punkt P gehende Gerade dar. In affinen Koordinaten

$$-x' + iy' + c = 0, \quad -x' - iy' + c = 0. \qquad \square$$

In der Ebene gehen also durch jeden endlich liegenden Punkt P zwei ausgezeichnete imaginäre Geraden. Alle eigentlichen Punkte dieser Geraden

[7] Siehe Kapitel 3 und F. Klein [56], Kapitel 1, §7 und §8.

haben verschwindenden Abstand von P. Auch alle Punkte auf den Minimalgeraden haben paarweise verschwindenden Abstand. Auf den Minimalgeraden ist also keine Längenmessung möglich.

Die Menge der Minimalgeraden zerfällt, wie man aus den affinen Gleichungen sieht, in zwei Scharen je untereinander paralleler Geraden. Vom projektiven Standpunkt aus kann man deshalb von zwei Geradenbüscheln reden, die durch je einen Punkt der unendlichfernen Geraden laufen.

Definition: Diese beiden Punkte heissen die beiden imaginären *Kreispunkte* der Ebene.[8]

Man erhält sie am einfachsten als Schnittpunkte der beiden Geraden $x + iy = 0$ und $x - iy = 0$ mit der unendlichfernen Geraden. Mit $x = x_1 : x_3$, $y = x_2 : x_3$ sind sie durch die beiden Gleichungen

$$(x+iy)(x-iy) = (x_1 : x_3 + i(x_2 : x_3))(x_1 : x_3 - i(x_2 : x_3)) = 0, \quad x_3 = 0,$$

$$(x_1 + ix_2)(x_1 - ix_2) = x_1^2 + x_2^2 = 0, \quad x_3 = 0$$

oder durch die Koordinaten $1 : i : 0$ und $1 : -i : 0$ festgelegt. Aus der Entfernungsformel folgt auch, dass alle eigentlichen Punkte der Ebene einen unbestimmten, nicht etwa unendlich grossen Abstand von den beiden Kreispunkten haben. Man kann es auch umgekehrt formulieren: eine Gerade ist isotrop, wenn sie durch einen Kreispunkt geht. Aus diesem Grunde kann die unendlichferne Gerade selbst auch als isotrop bezeichnet werden. Sie ist die einzige der isotropen Geraden, die durch beide Kreispunkte geht.

Im Raume ist die Situation ganz analog.

Satz 4.3

Behauptung: Im Raum gehen durch einen eigentlichen Punkt nicht nur zwei, sondern einfach unendlich viele Minimalgeraden, die Erzeugenden eines nullteiligen Kegels. Je zwei dieser Kegel lassen sich durch Parallelverschiebung zur Deckung bringen, sie schneiden deshalb ausnahmslos die unendlichferne Ebene in demselben nullteiligen Kegelschnitt, der als der imaginäre *Kugelkreis* des Raumes bezeichnet wird.[9]

Beweis: Für den festen Punkt $P(x_1, x_2, x_3, x_4)$, $x_4 \neq 0$, erhält man für verschwindenden Abstand eines beliebigen Punktes $P'(x_1', x_2', x_3', x_4')$

$$(x_1x_4' - x_4x_1')^2 + (x_2x_4' - x_4x_2')^2 + (x_3x_4' - x_4x_3')^2 = 0, \quad x_4 \neq 0, \quad x_4' \neq 0$$

oder affin

$$(x - x')^2 + (y - y')^2 + (z - z')^2 = 0,$$

[8] Man kann leicht zeigen, dass sämtliche Kreise in der Ebene durch diese beiden Punkte gehen, deshalb der Name. Siehe Abschnitt 4.4.

[9] Man kann auch hier leicht zeigen, dass alle Kugeln des Raumes durch den Kugelkreis gehen. Siehe Abschnitt 4.4.

was einen nullteiligen Kegel darstellt, dessen Spitze im Punkt P liegt. Die Kegel sind in allen Punkten offensichtlich kongruent. Man erhält deshalb den Kugelkreis am einfachsten durch Schnitt des Kegels

$$x^2 + y^2 + z^2 = 0$$

mit der unendlichfernen Ebene. In homogenen Koordinaten

$$x_1^2 + x_2^2 + x_3^2 = 0, \quad x_4 = 0. \qquad \square$$

Wie in der Ebene hat jedes eigentliche Punktepaar einer Minimalgeraden einen verschwindenden Abstand. Alle Punkte des Kugelkreises haben andererseits einen unbestimmten Abstand von den eigentlichen Punkten. Man bezeichnet deshalb eine Gerade als isotrop, wenn sie mindestens einen Punkt mit dem Kugelkreis gemeinsam hat. Insbesondere sind also alle unendlichfernen Geraden des Raumes als isotrop zu bezeichnen.

4.3 Die euklidischen Winkelformeln

In analoger Art kann man die euklidischen Winkelformeln untersuchen. In der Ebene wird der Winkel α zwischen den beiden Geraden mit den Geradenkoordinaten $u_1 : u_2 : u_3$ und $u'_1 : u'_2 : u'_3$ durch die beiden Formeln gegeben

$$\cos\alpha = \pm\frac{u_1u'_1 + u_2u'_2}{\sqrt{u_1^2 + u_2^2}\sqrt{u_1'^2 + u_2'^2}}, \qquad \sin\alpha = \pm\frac{u_1u'_2 - u_2u'_1}{\sqrt{u_1^2 + u_2^2}\sqrt{u_1'^2 + u_2'^2}}.$$

Falls der Zähler von $\cos\alpha$ verschwindet, liegen die beiden Geraden harmonisch zu den beiden isotropen Geraden, ihr Doppelverhältnis mit diesen ist -1. Wenn der Zähler von $\sin\alpha$ verschwindet, gilt $u_1 : u_2 = u'_1 : u'_2$ und die beiden Geraden sind parallel. Wenn schliesslich der Nenner verschwindet, ist, falls $u_1^2 + u_2^2 = 0$, die Gerade u, und falls $u_1'^2 + u_2'^2 = 0$, die Gerade u' isotrop. Denn nach dem Bisherigen stellen die beiden Gleichungen die Gleichungen des Kreispunktepaares in Geradenkoordinaten dar. Die Geraden, deren Koordinaten diese Gleichung erfüllen, müssen somit durch einen der beiden Kreispunkte hindurchgehen, also isotrop sein.

Weitere Beziehungen zu den isotropen Geraden kann man so zusammenfassen:[10] Parallele isotrope Geraden ergeben einen unbestimmten Winkel. Zwei isotrope nichtparallele eigentliche Geraden bestimmen einen unendlich grossen Winkel. Der Winkel zwischen einer eigentlichen isotropen Geraden und einer nicht isotropen Geraden ist unendlich gross. Wenn keine der beiden Geraden isotrop ist, erhält man immer einen endlichen Winkel.

[10] Einzelheiten sind bei F. Klein [56], Teil 2, Kapitel IV, §2 zu finden.

Der Winkel verschwindet genau dann, wenn beide Geraden parallel sind. Zwei Geraden stehen senkrecht aufeinander, wenn sie zu den beiden isotropen Geraden in ihrem Schnittpunkt harmonisch liegen. Die entsprechenden Beziehungen von Ebenen im Raum kann man sich leicht klarmachen.

4.4 Kreispunkte und Kugelkreis

Die Diskussion der euklidischen Abstands- und Winkelformeln haben ergeben, dass sie in der Ebene und im Raum in enger Beziehung zu einem quadratischen Gebilde stehen, das allerdings ausgeartet ist, wie man sagt. Kreispunkte und Kugelkreis gehorchen einem quadratischen Ausdruck, dem aber kein normaler Kegelschnitt oder keine normale Fläche zweiten Grades entspricht, sondern der, wie man sehen wird, ausgeartet ist. Auf der Geraden, also in einer Dimension, hat man den doppelt zählenden unendlichfernen Punkt, der auch ein quadratisches Gebilde darstellt. Diese so genannten fundamentalen Gebilde spielen im Weiteren eine ganz wichtige Rolle. So kann man leicht einsehen, dass bei euklidischen Bewegungen diese Fundamentalgebilde invariant bleiben. Da bei den Bewegungen und Umlegungen alle Längen ungeändert bleiben, muss bei ihnen die Gesamtheit der Minimalgeraden, auf denen jede endliche Strecke die Länge null hat, in sich selbst übergeführt werden. Das Gleiche gilt für die Ähnlichkeitstransformationen, bei denen jede Länge mit einem konstanten Faktor multipliziert wird. Deshalb müssen bei den betrachteten Transformationen auch diejenigen Elemente in sich selbst übergehen, die allen Minimalgeraden gemeinsam sind. Das sind aber gerade die beiden Kreispunkte in der Ebene oder der Kugelkreis im Raum.

Die Namen dieser beiden fundamentalen Gebilde sind folgendermassen begründet. In kartesischen Koordinaten lauten die Gleichungen von Kreis und Kugel allgemein bei geeigneten Konstantenwerten

$$\text{Kreis:} \quad x^2 + y^2 + 2Ax + 2By + C = 0,$$

$$\text{Kugel:} \quad x^2 + y^2 + z^2 + 2Ax + 2By + 2Cz + D = 0.$$

In homogenen Koordinaten

$$\text{Kreis:} \quad x_1^2 + x_2^2 + 2Ax_1x_3 + 2Bx_2x_3 + Cx_3^2 = 0,$$

$$\text{Kugel:} \quad x_1^2 + x_2^2 + x_3^2 + 2Ax_1x_4 + 2Bx_2x_4 + 2Cx_3x_4 + Dx_4^2 = 0.$$

Die Schnittpunkte eines Kreises mit der unendlichfernen Geraden $x_3 = 0$ beziehungsweise die Schnittkurve einer Kugel mit der unendlichfernen Ebene $x_4 = 0$ sind durch die Gleichungen

$$x_1^2 + x_2^2 = 0, \quad x_3 = 0,$$

$$x_1^2 + x_2^2 + x_3^2 = 0, \quad x_4 = 0,$$

bestimmt. Das sind genau die Beziehungen für die Kreispunkte respektive für den Kugelkreis. Man erhält also das Resultat:

Satz 4.4
Jeder Kreis der Ebene geht durch die beiden Kreispunkte und jede Kugel des Raumes durch den Kugelkreis.

Die Umkehrung gilt auch, wenn man eventuelle Ausartungen und Realitätsfragen unterschlägt.

Satz 4.5
Jede Kurve zweiter Ordnung, die durch die beiden Kreispunkte geht, ist ein Kreis. Jede Fläche zweiter Ordnung, die durch den Kugelkreis geht, ist eine Kugel.

4.5 Der Winkel als Logarithmus eines Doppelverhältnisses

Die obige euklidische Winkelformel wird nun in Beziehung gebracht zu den fundamentalen Gebilden, Kreispunkte in der Ebene und Kugelkreis im Raum. Zu diesem Zweck wird sie so umgeformt, dass sie als Doppelverhältnis erscheint.

Satz 4.6
Voraussetzung: Seien u und u' zwei Geraden in der Ebene.
Behauptung: Die Masszahl des euklidischen Winkels zwischen u und u' ist gleich dem mit $i/2$ multiplizierten Logarithmus des Doppelverhältnisses, welches die beiden Geraden mit den beiden durch den Schnittpunkt gehenden isotropen Geraden bestimmen.[11]
Beweis: Durch den Schnittpunkt von u mit u' gehen die beiden Minimalgeraden J und J'. Die vier Geraden u, u', J, J' besitzen ein Doppelverhältnis, das berechnet wird. Analog wie eine Punktreihe hat ein Geradenbüschel durch den Schnittpunkt von u mit u' in den laufenden Koordinaten die Gestalt

$$\sum_{k=1}^{3} u_k x_k + \lambda \sum_{k=1}^{3} u'_k x_k = 0.$$

Die beiden Geraden dieses Büschels, die durch die beiden Kreispunkte $1 : i : 0$ und $1 : -i : 0$ gehen, werden durch eine der folgenden Beziehungen festgelegt

$$u_1 \cdot 1 + u_2 \cdot i + u_3 \cdot 0 + \lambda(u'_1 \cdot 1 + u'_2 \cdot i + u'_3 \cdot 0) = 0,$$

---

[11] E. Laguerre [60]

$$u_1 \cdot 1 - u_2 \cdot i + u_3 \cdot 0 + \lambda(u'_1 \cdot 1 - u'_2 \cdot i + u'_3 \cdot 0) = 0.$$

Daraus folgt das Doppelverhältnis der vier Geraden

$$DV(u, u', J, J') = \frac{\lambda_1}{\lambda_2} = \frac{u_1 + iu_2}{u'_1 + iu'_2}\frac{u'_1 - iu'_2}{u_1 - iu_2}.$$

Auf der anderen Seite folgt aus den obigen Winkelformeln

$$e^{-i\omega} = \cos\omega - i\sin\omega = \pm\frac{u_1u'_1 + u_2u'_2 - i(u_1u'_2 - u_2u'_1)}{\sqrt{u_1^2 + u_2^2}\sqrt{u_1'^2 + u_2'^2}}$$

$$= \pm\frac{(u_1 + iu_2)(u'_1 - iu'_2)}{\sqrt{u_1^2 + u_2^2}\sqrt{u_1'^2 + u_2'^2}} = \pm\frac{\sqrt{u_1 + iu_2}\sqrt{u'_1 - iu'_2}}{\sqrt{u_1 - iu_2}\sqrt{u'_1 + iu'_2}}.$$

Man erhält somit

$$e^{-2i\omega} = DV(u, u', J, J')$$

oder

$$\omega = \frac{i}{2}\ln DV(u, u', J, J'). \quad \square$$

Aus der Herleitung folgt auch sofort die Invarianz der Masszahl des Winkels ω bei euklidischen und affinen Transformationen, weil die Kreispunkte invariant bleiben. Das überraschende Resultat Laguerres ist für das weitere Vorgehen ganz entscheidend. Mit Hilfe dieses Satzes lassen sich die metrischen Begriffe der euklidischen Geometrie einfach zu denen der nichteuklidischen Geometrie verallgemeinern.

Ein Spezialfall sei noch erwähnt, wenn die beiden Geraden u und u' senkrecht aufeinander stehen. Dann ist das Doppelverhältnis -1. In der Tat gilt

$$\omega = \frac{i}{2}\ln(-1) = \frac{i}{2}(2k+1)i\pi, \quad k \in \mathbb{Z}.$$

Ganz gleich geht man bei dem Winkel zweier Ebenen im Raum vor. Es ergibt sich der Satz:

Satz 4.7
Die Masszahl des euklidischen Winkels zwischen zwei Ebenen des Raumes ist gleich dem mit $i/2$ multiplizierten Logarithmus des Doppelverhältnisses, welches die beiden Ebenen mit den beiden durch die Schnittgerade gehenden isotropen Ebenen bestimmen.

Eine entsprechende Umformung bei der Distanzformel ist nicht gleich einfach möglich. Da es nur um das Grundsätzliche geht, wird auf die Ausführung verzichtet.[12]

---

[12] Einzelheiten bei F. Klein [56], Teil 2, Kapitel IV, §3

4.6 Die quadratischen Gebilde

Das weitere Ziel ist nun, die bei den euklidischen metrischen Formeln sich ergebenden fundamentalen Gebilde wie Kreispunkte und Kugelkreis in der Gesamtheit der quadratischen Gebilde einzuordnen. Es wird nur der räumli-

Übersicht

Allgemeine Fläche (9)

1. Nullteilige Fläche
2. Ovale Fläche
3. Ringartige Fläche

Kegel (8)	*2 Ebenen, 1 Gerade 2 Punkte (8)*	*Kegelschnitt (8)*
4. Spitze reell, Kegel nullteilig 5. Spitze reell, Kegel reell	6. Ebenen reell, Punkte reell 7. Ebenen reell Punkte konjugiert imaginär 8. Ebenen konjugiert imaginär, Punkte reell 9. Ebenen konjugiert imaginär, Punkte konjugiert imaginär	10. Ebene reell, Kegelschnitt nullteilig 11. Ebene reell, Kegelschnitt oval
2 Ebenen, 1 Gerade 1 Punkt (7)	*1 Ebene, 2 Geraden 1 Punkt (7)*	*1 Ebene, 1 Gerade 2 Punkte (7)*
12. Ebenen reell 13. Ebenen konjugiert imaginär	14. Geraden reell 15. Geraden konjugiert imaginär	16. Punkte reell 17. Punkte konjugiert imaginär

1 Ebene, 1 Gerade,
1 Punkt (6)

18. alles reell

FIGUR 4.1. Einteilung der Flächen zweiten Grades

che Fall betrachtet. Ferner wäre zu berücksichtigen, dass in der projektiven Geometrie mit dem Dualitätsgesetz eine Fläche als Punktgebilde, als Ebenengebilde und sogar als beides zusammen betrachtet werden kann. Man spricht dann von Flächen zweiter Ordnung, zweiter Klasse und schliesslich einfach von Flächen zweiten Grades, wenn man beide Aspekte gleichzeitig betrachtet.

Gebilde, die durch 9, 8, 7 oder 6 Konstanten festgelegt sind, werden als nicht ausgeartet, ein-, zwei- oder dreimal ausgeartet bezeichnet, Schema von Figur 4.1. Ausgeartete Gebilde können eventuell nur durch mehrere Gleichungen festgelegt werden. Der Kugelkreis hat in Punktkoordinaten die Gleichung

$$x_1^2 + x_2^2 + x_3^2 = 0, \quad x_4 = 0,$$

in Ebenenkoordinaten

$$u_1^2 + u_2^2 + u_3^2 = 0,$$

also in Ebenenkoordinaten nur eine Gleichung. Diese Verschiedenheit der Anzahl Gleichungen tritt dann auf, wenn die Fläche nicht selbstdual ist.

4.7 Nichtausgeartete Massbestimmungen

Der projektiven Geometrie kann man also eine euklidische Massbestimmung aufprägen, indem man in der Ebene ein nullteiliges Punktepaar

$$x_1^2 + x_2^2 = 0, \quad x_3 = 0,$$

beziehungsweise im Raum einen nullteiligen Kegelschnitt

$$x_1^2 + x_2^2 + x_3^2 = 0, \quad x_4 = 0,$$

auszeichnet und die metrischen Beziehungen, Abstandsformel und Winkelformel als Logarithmen von Doppelverhältnissen bezüglich dieser ausgezeichneten Gebilde formuliert.

Nun dürfte auf der Hand liegen, dass man das exakt gleiche Vorgehen auch mit einem anderen quadratischen Gebilde unternehmen kann. Im Raum wären also siebzehn weitere Möglichkeiten vorhanden, eine Metrik einzuführen. Alle diese Varianten sind im Prinzip der euklidischen Geometrie gleichwertig.

Definition:
1. *Die projektive Geometrie ist die Invariantentheorie der linearen Transformationen in projektiven Koordinaten.*
2. *Eine metrische Geometrie ist die Invariantentheorie der linearen Transformationen in projektiven Koordinaten, die ein quadratisches Gebilde invariant lassen.*

Im Weiteren werden nur nichtausgeartete Fälle von quadratischen Gebilden betrachtet: nullteilige Fläche, ovale Fläche.

Man betrachte zuerst die Bestimmung des *Abstands* zweier Punkte P_1 und P_2 einer Geraden.

Satz 4.8
Voraussetzung: Das nichtausgeartete quadratische Gebilde sei ein ovaler Kegelschnitt. Die Gerade durch P_1 und P_2 schneide das fundamentale Gebilde in einem Punktepaar X, Y, Figur 4.2.
Behauptung: Der durch

$$d = c \ln DV(P_1, P_2, X, Y)$$

definierte Abstand der zwei Punkte P_1 und P_2 in der Ebene hat die üblichen Eigenschaften einer Entfernung. Die Entfernungskonstante c ist für eine bestimmte Massbestimmung charakteristisch.
Beweis:
1. Das Vorzeichen der Entfernung ist durch die Definition nicht festgelegt, denn das Doppelverhältnis von zwei Punktepaaren kann nach dem Bisherigen zwei zueinander reziproke Werte haben. Es gilt aber $\ln \frac{\mu}{\lambda} = -\ln \frac{\lambda}{\mu}$.
2. Der Logarithmus einer komplexen Zahl ist nur bis auf ganze Vielfache von $2\pi i$ bestimmt, deshalb hat die Entfernungsdefinition die Periode $2c\pi i$, eine Vieldeutigkeit, die man bereits aus der euklidischen Winkelmessung kennt.
3. Die Strecke P_1P_2 vermehrt um die Strecke P_2P_3 ergibt eine Strecke der Länge P_1P_3, da

$$DV(P_1, P_2, X, Y)DV(P_2, P_3, X, Y) = DV(P_1, P_3, X, Y).$$

4. $P_1 = P_2$ ergibt $DV(P_1, P_1, X, Y) = 1$, und damit ist der Abstand P_1P_1 gleich null.
5. Aus

$$DV(P_1, P_2, X, Y) = 1 : DV(P_2, P_1, X, Y)$$

folgt unmittelbar $P_1P_2 = -P_2P_1$. □

Das Doppelverhältnis der vier Punkte ist projektiv invariant, insbesondere bleibt es invariant, wenn man sich auf Transformationen beschränkt, die das fundamentale Gebilde in sich überführen. Man nennt derartige Transformationen *starre Transformationen* der Massbestimmung, da bei ihnen alle Längen ungeändert bleiben.

Analoge Überlegungen kann man für das Geraden- und das Ebenenbüschel machen. Auch hier zeichnet man zwei Elemente des Büschels als fundamental aus. Wieder wird ein Doppelverhältnis gebildet. Sind v und w die fundamentalen Elemente und soll die Masszahl des Winkels zwischen u_1 und u_2 berechnet werden, so gilt

$$W = c' \ln DV(u_1, u_2, v, w).$$

Auch hier hat man eine Winkelkonstante c', die bei einer Massbestimmung fest ist.

Den geometrischen Ansatz für die Abstandsformel und die Winkelformel zeigt Figur 4.2.

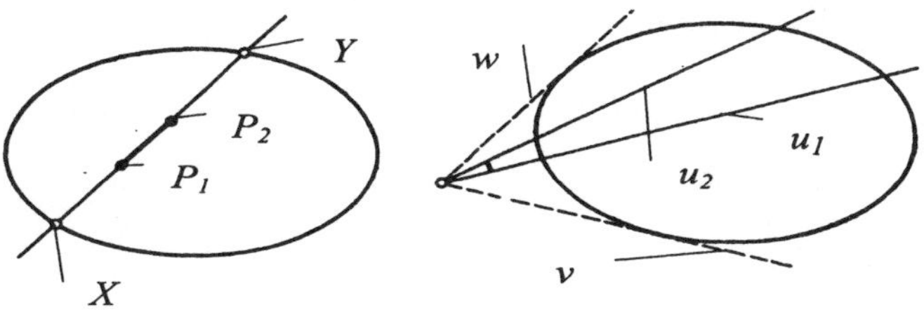

FIGUR 4.2. Geometrischer Ansatz für Abstand und Winkel. Der Abstand zweier Punkte P_1 und P_2 ergibt sich als Logarithmus des Doppelverhältnisses der vier Punkte P_1, P_2, X, Y. Den Winkel zwischen zwei Geraden erhält man als Logarithmus des Doppelverhältnisses der vier Geraden u_1, u_2, v, w.

Der Abstand zweier Punkte im Raum wird bestimmt, indem man die Verbindungsgerade mit der fundamentalen Fläche zum Schnitt bringt und die Entfernung nach der hierdurch auf der Verbindungsgeraden festgelegten Massbestimmung definiert. Analoges gilt für den Winkel zweier Ebenen.[13]

Als Nächstes werden die analytischen Beziehungen für die Entfernungsformel und die Winkelformel bestimmt, wenn Punkte oder Geraden konkret gegeben sind, beginnend in einer Dimension auf einer Geraden.

Satz 4.9

Voraussetzung: Eine Gerade gehe durch die Punkte y und z. Ihre beiden Fundamentalpunkte, ein nicht ausgeartetes Fundamentalgebilde zweiten Grades, seien mit projektiven Koordinaten x_i beschrieben mit

$$\langle x, x\rangle = \sum_{i,k=1}^{2} a_{ik}x_i x_k = a_{11}x_1^2 + 2a_{12}x_1x_2 + a_{22}x_2^2 = 0,$$

wobei

$$a_{ik} = a_{ki}, \quad \det(a_{ik}) \neq 0.$$

Diese Gleichung definiert ein Punktepaar mit den Koordinaten

$$\frac{x_1'}{x_2'} = -\frac{a_{12}}{a_{11}} + \frac{\sqrt{a_{12}^2 - a_{11}a_{22}}}{a_{11}}, \quad \frac{x_1''}{x_2''} = -\frac{a_{12}}{a_{11}} - \frac{\sqrt{a_{12}^2 - a_{11}a_{22}}}{a_{11}}.$$

[13] Die euklidische Massbestimmung hat gegenüber den nichtausgearteten ihre Besonderheiten, da ihr fundamentales Gebilde ausgeartet ist. In der Ebene besteht es als Ordnungsgebilde aus einer doppelt zählenden Geraden, als Klassengebilde aber aus einem Punktepaar. Deshalb ist der euklidische Winkel in der gleichen Weise wie bei den nichtausgearteten Massbestimmungen definiert, da von jedem eigentlichen Punkt zwei fundamentale Geraden ausgehen, während der Ausdruck für die Entfernung eine völlig andere Gestalt hat, weil auf jeder eigentlichen Geraden nur ein einziger fundamentaler Punkt liegt. Analoges gilt im Raum.

Behauptung: Die Masszahl des Abstands der beiden Punkte y und z ergibt sich zu

$$d(y,z) = 2ic \arccos \frac{\langle y,z\rangle}{\sqrt{\langle y,y\rangle \langle z,z\rangle}} = 2ic \arcsin \frac{\sqrt{\langle y,y\rangle \langle z,z\rangle - \langle y,z\rangle^2}}{\sqrt{\langle y,y\rangle \langle z,z\rangle}}$$

oder

$$d(y,z) = 2ic \arctan \frac{\sqrt{\langle y,y\rangle \langle z,z\rangle - \langle y,z\rangle^2}}{\langle y,z\rangle}.$$

Beweis: Die Koordinaten aller Punkte der Geraden durch y und z sind gegeben mit

$$\rho x_i = y_i + \mu z_i, \quad \rho \neq 0.$$

Die beiden Werte μ_1 und μ_2, die zu den fundamentalen Punkten x', x'' gehören, folgen aus der fundamentalen Gleichung

$$\rho^2 \langle x,x\rangle = \langle y+\mu z, y+\mu z\rangle = \sum_{i,k=1}^{2} a_{ik}(y_i + \mu z_i)(y_k + \mu z_k) = 0,$$

und nach Potenzen von μ geordnet,

$$\rho^2 \langle x,x\rangle = \sum_{i,k=1}^{2} a_{ik} y_i y_k + 2\mu \sum_{i,k=1}^{2} a_{ik} y_i z_k + \mu^2 \sum_{i,k=1}^{2} a_{ik} z_i z_k = 0$$

oder

$$\langle y,y\rangle + 2\mu \langle y,z\rangle + \mu^2 \langle z,z\rangle = 0.$$

Die $\langle .,.\rangle$-Grössen sind konstant, da die Koeffizienten a_{ik} fest gegeben sind und die y- und z-Werte ebenso fest sind. Die Entfernung der beiden Punkte ergibt sich aus dem Verhältnis der beiden Lösungen μ_1 und μ_2 zu

$$\begin{aligned} d(y,z) &= c \ln DV(y,z,x',x'') = c \ln \frac{\mu_1}{\mu_2} \\ &= c \ln \frac{\langle y,z\rangle + \sqrt{\langle y,z\rangle^2 - \langle y,y\rangle \langle z,z\rangle}}{\langle y,z\rangle - \sqrt{\langle y,z\rangle^2 - \langle y,y\rangle \langle z,z\rangle}}. \end{aligned}$$

Die Formel kann noch weiter vereinfacht werden, wenn man Folgendes berücksichtigt. Es gilt

$$\cos\varphi = \frac{1}{2}\left(e^{i\varphi} + e^{-i\varphi}\right).$$

Ferner ist

$$\frac{1}{2}\frac{a+1}{\sqrt{a}} = \frac{1}{2}(e^{\ln\sqrt{a}} + e^{-\ln\sqrt{a}}) = \frac{1}{2}(e^{\frac{i}{2i}\ln a} + e^{-\frac{i}{2i}\ln a}) = \cos\left(\frac{1}{2i}\ln a\right),$$

und

$$\ln a = 2i \arccos \frac{1}{2} \frac{a+1}{\sqrt{a}}.$$

Es folgt

$$\sqrt{\frac{\langle y,z\rangle + \sqrt{\langle y,z\rangle^2 - \langle y,y\rangle\langle z,z\rangle}}{\langle y,z\rangle - \sqrt{\langle y,z\rangle^2 - \langle y,y\rangle\langle z,z\rangle}}} + \sqrt{\frac{\langle y,z\rangle - \sqrt{\langle y,z\rangle^2 - \langle y,y\rangle\langle z,z\rangle}}{\langle y,z\rangle + \sqrt{\langle y,z\rangle^2 - \langle y,y\rangle\langle z,z\rangle}}} =$$

$$= \frac{\langle y,z\rangle + \sqrt{\langle y,z\rangle^2 - \langle y,y\rangle\langle z,z\rangle} + \langle y,z\rangle - \sqrt{\langle y,z\rangle^2 - \langle y,y\rangle\langle z,z\rangle}}{\sqrt{\left(\langle y,z\rangle - \sqrt{\langle y,z\rangle^2 - \langle y,y\rangle\langle z,z\rangle}\right)\left(\langle y,z\rangle + \sqrt{\langle y,z\rangle^2 - \langle y,y\rangle\langle z,z\rangle}\right)}},$$

somit

$$\frac{a+1}{\sqrt{a}} = 2\frac{\langle y,z\rangle}{\sqrt{\langle y,y\rangle\langle z,z\rangle}}.$$

Daraus ergibt sich

$$d(y,z) = 2ic \arccos \frac{\langle y,z\rangle}{\sqrt{\langle y,y\rangle\langle z,z\rangle}},$$

und mit

$$\arccos u = \arcsin \sqrt{1-u^2}, \quad \arccos u = \arctan \frac{\sqrt{1-u^2}}{u},$$

folgt die Behauptung. □

Die Winkelformel erhält man völlig analog. Ebenso analog verfährt man in der Ebene und im Raum. Der einzige Unterschied in der Formel ist, dass weiter summiert werden muss.

Bei geeigneter Wahl des Koordinatensystems beschreibt sich ein Gebilde zweiten Grades als Summe von reinen Quadraten. In diesem Fall vereinfacht sich die Entfernungsformel wie folgt. In der Ebene sei etwa

$$x_1^2 + x_2^2 + \varepsilon x_3^2 = 0, \quad \varepsilon = \pm 1,$$

die Gleichung der nullteiligen oder ovalen Fundamentalkurve. Die Entfernungsformel ergibt sich zu

$$d(y,z) = 2ic \arccos \frac{y_1 z_1 + y_2 z_2 + \varepsilon y_3 z_3}{\sqrt{(y_1^2 + y_2^2 + \varepsilon y_3^2)(z_1^2 + z_2^2 + \varepsilon z_3^2)}}$$

$$= 2ic \arctan \frac{\sqrt{(y_1^2 + y_2^2 + \varepsilon y_3^2)(z_1^2 + z_2^2 + \varepsilon z_3^2) - (y_1 z_1 + y_2 z_2 + \varepsilon y_3 z_3)^2}}{y_1 z_1 + y_2 z_2 + \varepsilon y_3 z_3}.$$

4.8 Ausgeartete Massbestimmungen

Am Beispiel der Massbestimmung auf einer Geraden wird jetzt noch gezeigt, wie man durch einen Grenzübergang aus einer nicht ausgearteten Massbestimmung eine ausgeartete bekommt.

Auf der Geraden gibt es nur ein einziges ausgeartetes Gebilde, den doppelt zählenden Punkt. Das Fundamentalgebilde sei also ein doppelt zählender Punkt. Da in diesem Fall die verschwindende Determinante der Gleichung

$$\langle x, x\rangle = \sum_{i,k=1}^{2} a_{ik}x_i x_k = a_{11}x_1^2 + 2a_{12}x_1x_2 + a_{22}x_2^2 = 0, \qquad a_{ik} = a_{ki},$$

die Gestalt $\det(a_{ik}) = a_{11}a_{22} - a_{12}^2 = 0$ hat, wird

$$\langle y, y\rangle \langle z, z\rangle - \langle y, z\rangle^2 = 0.$$

Die Entfernungsformel nimmt den Wert $c \ln 1 = 0$ an. Verwendet man die arcsin-Formel für die Entfernung zweier Punkte, erhält man

$$d(y, z) = 2ic \arcsin \frac{(y_1z_2 - z_1y_2)\sqrt{a_{11}a_{22} - a_{12}^2}}{\sqrt{\langle y, y\rangle \langle z, z\rangle}}.$$

Lässt man die beiden Fundamentalpunkte zusammenrücken, indem man a_{12}^2 immer mehr $a_{11}a_{22}$ annähert, geht

$$\langle x, x\rangle = a_{11}x_1^2 + 2a_{12}x_1x_2 + a_{22}x_2^2$$

in das Quadrat des Ausdrucks $\sqrt{a_{11}}x_1 + \sqrt{a_{22}}x_2$ über, so dass

$$\sqrt{\langle y, y\rangle} = \sqrt{a_{11}}y_1 + \sqrt{a_{22}}y_2, \qquad \sqrt{\langle z, z\rangle} = \sqrt{a_{11}}z_1 + \sqrt{a_{22}}z_2$$

wird. Da ferner bei dem Grenzübergang das Argument des arcsin gegen null geht, kann der arcsin durch sein Argument ersetzt werden. Es ergibt sich

$$d(y, z) = 2ic\sqrt{a_{11}a_{22} - a_{12}^2}\,\frac{y_1z_2 - y_2z_1}{(\sqrt{a_{11}}y_1 + \sqrt{a_{22}}y_2)(\sqrt{a_{11}}z_1 + \sqrt{a_{22}}z_2)}.$$

Man erhält einen definierten Grenzwert, wenn man den gegen null gehenden Faktor $2i\sqrt{a_{11}a_{22} - a_{12}^2}$ mit der Konstanten c, die entsprechend anwachsen muss, zu einer endlichen Konstanten k vereinigt. Es folgt

$$d(y, z) = k\frac{y_1z_2 - y_2z_1}{(\sqrt{a_{11}}y_1 + \sqrt{a_{22}}y_2)(\sqrt{a_{11}}z_1 + \sqrt{a_{22}}z_2)}.$$

Der doppelt zählende Fundamentalpunkt hat dabei die Gleichung

$$\langle x, x\rangle = (\sqrt{a_{11}}x_1 + \sqrt{a_{22}}x_2)^2 = 0,$$

er hat deshalb die Koordinaten

$$x_1 : x_2 = -\sqrt{a_{22}} : \sqrt{a_{11}}.$$

Legt man den fundamentalen Doppelpunkt in den unendlichfernen Punkt der Geraden, erhält man

$$d(y,z) = \frac{k}{a_{22}} \frac{y_1 z_2 - y_2 z_1}{y_2 z_2},$$

in Übereinstimmung mit dem bereits erhaltenen Resultat.

Analog kann man aus einer nicht ausgearteten Massbestimmung eine ausgeartete Massbestimmung im Raum erhalten, wenn man das nicht ausgeartete Fundamentalgebilde entsprechend ausarten lässt.

4.9 Die Bedeutung der projektiven Metrik für das Messen

Achtzehn qualitativ verschiedene Massbestimmungen sind also im Raum möglich, welche durch geeignete Grenzübergänge stetig ineinander übergeführt werden können. Es liegt somit eine Reihe von Möglichkeiten vor, eine Metrik im projektiven Raum einzuführen, den Raumbegriff zu individualisieren, so dass er den gegebenen Phänomenen angepasst ist, ein völlig anderes Vorgehen, als wenn man Phänomene einfach in einen a priori euklidischen Raum einbettet.

Mit dem Begriff Messen engstens verbunden ist das Problem des Abtragens einer starren Länge. Auch wenn dieser Begriff an der Erfahrung mit starren Körpern gebildet wird, beinhaltet er projektiv geometrisch mehr als das fortgesetzte Anlegen einer Messlatte, es ist mathematisch gesehen eine Spezialisierung einer projektiven Transformation. *Die Gruppe der projektiven Transformationen, die Punkte in Punkte und Geraden in Geraden überführen und das ausgezeichnete Gebilde zweiten Grades invariant lassen, wird nach dem Erlanger Programm*[14] *als Bewegungsgruppe aufgefasst, und ihre Invariantentheorie ergibt die Strecken- und Winkelmessung. Ein Element der Gruppe nennt man eine Bewegung.*

In dieser Auffassung des Messens ist das euklidische Messen nur ein Spezialfall, der bei der lokalen Längenmessung bei starren Körpern der Erfahrung entspricht; der Spezialfall entsteht, wenn man als absolutes Gebilde den Kugelkreis auszeichnet. Ob im Bereich anderer Zusammenhänge auch diese spezielle Art des Messens angebracht ist, bleibt offen, dazu gehört eine Erfahrung im Experiment. *Die euklidische Längenmessung kann deshalb nicht begründet als allgemeingültig postuliert werden.*

[14] Siehe F. Klein [55], S. 460ff., und Abschnitt 12.2.

4.10 Der Modellbegriff

Zwei Arten von Modellbegriffen[15] sind zu unterscheiden, der *mathematische* und der *physikalische*. Der physikalische Modellbegriff gehört zur Philosophie der Physik. Der mathematische Modellbegriff knüpft an die Axiomatisierung eines mathematischen Gebietes an und gehört in das Gebiet der Metamathematik. Auch hier muss man zwei Fälle unterscheiden: die *klassisch-formale Axiomatisierung* im Sinne der «Grundlagen der Geometrie» des frühen David Hilbert und die *symbolisch-formale Axiomatisierung* im Rahmen eines symbolischen Kalküls, meist der Prädikatenkalkül erster Stufe, gemäss dem späteren Hilbert.

Nur die erste Art der Axiomatisierung kommt im vorliegenden Zusammenhang in Betracht.[16] Sie schält aus einem Gebiet der Mathematik, hier der projektiven Geometrie, die notwendigen und hinreichenden Beziehungen der Grundelemente Punkt, Gerade und Ebene heraus, aus denen alle übrigen Beziehungen formal ableitbar, also beweisbar sind. Diese Basis-Beziehungen sind die Axiome; man kann sie in Anlehnung an Goethe Urphänomene[17] nennen. Sie bezeichnen die Grundelemente und legen deren elementare Beziehungen wie Inzidenz und Anordnung implizit fest.

Eine Axiomatisierung findet in der Regel innerhalb eines inhaltlich bestimmten Gebietes der Mathematik statt und steht historisch meist am Ende einer die grundlegenden mathematischen Begriffe und Sätze entfaltenden Entwicklung, so auch in der projektiven Geometrie. Bei ihrer Axiomatisierung geht man zunächst von der unmittelbaren Erfahrung von Punkten, Geraden und Ebenen aus, versucht jedoch die Sätze und insbesondere die Beweise so ideell-begrifflich zu formalisieren, dass diese Erfahrung keine Rolle spielt, sondern nur die rein begrifflichen Relationen der axiomatisch festgelegten Grundbegriffe mit den daraus entwickelten Relationen und Begriffen. Es stellt sich heraus, dass die Axiome und alle daraus ableitbaren Beziehungen von der Ausgangs-Erfahrung tatsächlich unabhängig sind, wodurch die ursprüngliche Erfahrung «strukturiert» und zugleich in ihrer Bedeutung relativiert wird. Zudem eröffnet sich die Möglichkeit, auch andere an die Erfahrung angelehnte oder von ihr abgeleitete Grundelemente

---

[15] Dieser Abschnitt ist ein leicht bearbeiteter Beitrag von R. Ziegler.

[16] In der zeitgenössischen Literatur zur mathematischen Logik, Metamathematik und Philosophie der Mathematik wird fast ausschliesslich der zweite Standpunkt eingenommen, auch wenn dies nicht immer explizit erwähnt wird. Hier wird jedoch die durch die Symbolisierung geforderte prinzipielle «Aufschreibbarkeit» der Axiome als eine weder notwendige noch sachgemässe Einschränkung erachtet, siehe P. Finsler [31]. Eine Verwirrung kann dadurch entstehen, dass die Symbolisierung oder Kalkülisierung der mathematischen Begriffe und Relationen oft «Formalisierung» genannt wurde und wird, eine Bezeichnung, die streng genommen nur der klassisch-formalen Axiomatisierung vorbehalten sein sollte, da dort die rein formale Struktur im Gegensatz zu den konkreten Inhalten der Modell-Elemente im Vordergrund steht.

[17] Siehe L. Locher [65], [70].

herauszugreifen, welche denselben Axiomen genügen und damit dieselben ableitbaren Sätze zulassen. Man spricht dann von verschiedenen *Modellen* dieser Axiome.

So gibt es etwa für die auf den Fall der hyperbolischen nichteuklidischen Geometrie spezialisierten Axiome der projektiven Geometrie unter anderem das Cayley-Klein-Modell[18], das Poincaré-Modell, ferner das arithmetische oder Koordinaten-Modell. Axiomatisch sind diese Modelle nicht zu unterscheiden, da in ihnen die gleichen Beziehungen gelten, dieselben Sätze beweisbar sind. Seinen tieferen Grund hat dies in der Tatsache, dass das Axiomensystem der projektiven Geometrie – im Gegensatz etwa zu den Axiomen der Gruppentheorie – *kategorisch* ist:[19] alle Modelle dieses Axiomensystems hinsichtlich der beweisbaren Sätze sind zueinander isomorph.

Aus dem gleichen systematischen Grund impliziert ein sachgemässes Koordinaten-Modell eines Axiomensystems keinerlei zusätzliche Strukturen, die nicht bereits den übrigen Modellen zukommen, und umgekehrt. Es repräsentiert genau denselben begrifflichen Gehalt wie das ursprüngliche, der unmittelbaren Erfahrung am nächsten stehende Modell und enthält dasselbe in arithmetischer Ausdrucksweise, was das ursprüngliche Modell geometrisch umfasst. Insbesondere wird durch die Einführung projektiver Koordinaten im Sinne eines arithmetischen Modells keinerlei Metrik impliziert, falls diese nicht bereits axiomatisch festgelegt wurde, wie etwa bei den Axiomen der euklidischen oder hyperbolischen Geometrie.

Was formal-axiomatisch nicht unterscheidbar ist, ist deshalb nicht überhaupt ununterscheidbar. Es bedarf jedoch zusätzlicher Kriterien, um eine Unterscheidung von Modellen vorzunehmen und um die Auswahl *eines* Modells zu rechtfertigen.[20] Streng genommen muss man damit aus dem reinen Begriffsorganismus der Mathematik aussteigen und die physikalische Erkenntnis auf Grund individueller Sinneserfahrung mit einbeziehen. Dabei wird klar, dass man mit dem Poincaré-Modell der hyperbolischen Geometrie kaum Anschluss an die gewöhnliche physikalische Erfahrung finden kann.[21]

Angesprochen wird damit der *physikalische Modellbegriff*, der zunächst nichts anderes beinhaltet als die gedankliche Aufstellung eines Begriffs-

[18] F. Klein [55]

[19] Siehe dazu O. Veblen, J. W. Young [118], § 13. Diese Eigenschaft gilt für das in einem Prädikatenkalkül erster Stufe symbolisierte Axiomensystem der projektiven Geometrie nicht mehr. Es sind dann Nicht-Standard-Modelle möglich, unter anderem auch Modelle mit nur abzählbar vielen Elementen. Dies ist eine der fundamentalen Konsequenzen der Symbolisierung, insbesondere des Theorems von Löwenheim-Skolem, und zugleich einer der Hauptgründe, weshalb dieser Gesichtspunkt hier nicht in Betracht gezogen wird.

[20] Zum Modellbegriff und seinen Möglichkeiten und Grenzen siehe R. Ziegler [121], Kapitel VII. Dort findet sich auch eine geometrische Diskussion verschiedener Modelle der euklidischen und hyperbolischen Geometrie.

[21] In anderen Fachgebieten ist die Situation natürlich eine andere. Man vergleiche dazu auch G. Kienle [54].

zusammenhangs, mit dem die konkrete physikalische Erfahrung geordnet werden soll. In der mathematischen Physik verwendet man in erster Linie mathematische Begriffe, mathematische Modelle sind die Folge. Über die erkenntniswissenschaftliche Bedeutung dieser Modelle kann man unterschiedlicher Auffassung sein. Für die einen sind es *nur* Modelle, das heisst subjektive Erkenntnisbrillen, nur regulative Konstruktionen, und für die anderen konstitutive Naturprinzipien, was hier vertreten wird. Im zweiten Fall muss dem konkreten Inhalt eines Modells mehr Aufmerksamkeit gewidmet werden. Es kommt nun nicht mehr nur darauf an, dass das Modell, etwa das des euklidischen Erfahrungsraumes, funktioniert durch exakte experimentelle Bestätigung von Voraussagen des Modells und seines Zusammenhangs mit anderen Modellen, sondern auch darauf, dass die innere Natur des Modells, seine konkreten mathematischen Inhalte und deren gegenseitigen Beziehungen, mit der Erfahrungswelt einen sachgemäss interpretierbaren Zusammenhang haben. Auch wenn das nicht immer befriedigend erreicht werden mag, das dabei zu verfolgende Ziel steht fest.

Das an die Sinneserkenntnis, an Phänomene anknüpfende Modell dient der konkreten Verbindung mit der physikalischen Erfahrung und Begriffsbildung, während das dazu isomorphe Koordinaten-Modell die Verbindung zu den in Gleichungen ausdrückbaren Naturgesetzen und zu den Messresultaten gestattet.

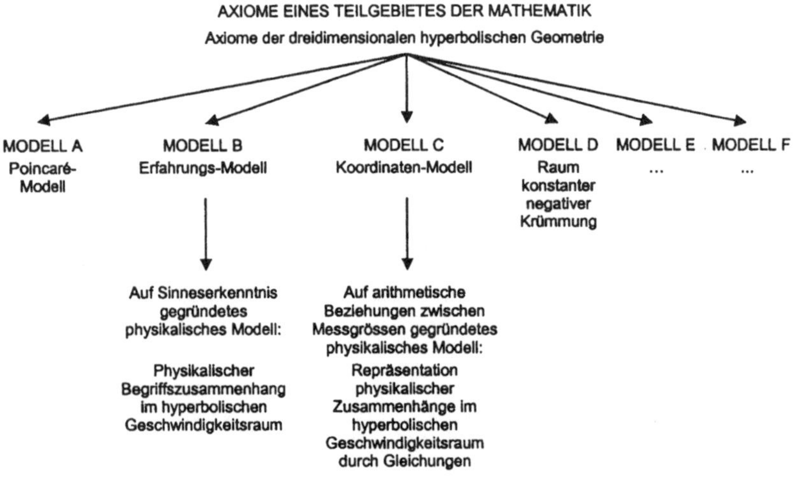

FIGUR 4.3. Individualisierung eines Axiomensystems zu einem physikalischen Modell

Aus einem mathematischen Modell wird also ein physikalisches Modell, wenn man aufgrund allgemeiner Erkenntnisprinzipien und konkreter Bezüge zur Sinneserfahrung aufzeigen kann, dass dieses Modell für die konstitutiv aufgefasste Ordnung eines wohlbestimmten Erfahrungsbereiches sachgemäss ist.

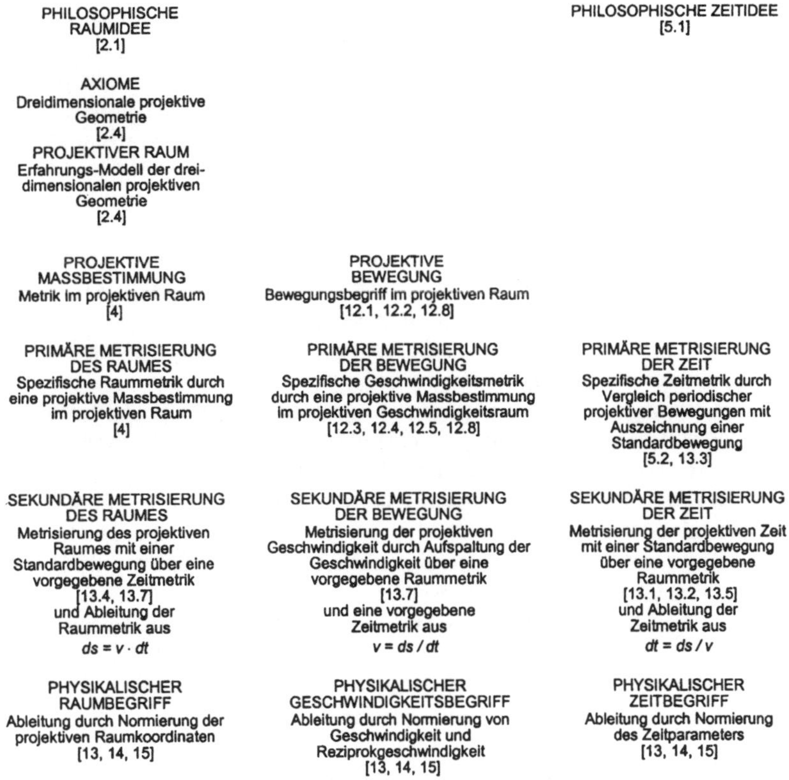

FIGUR 4.4. Von oben nach unten: Schrittweise Individualisierung der philosophischen Raum- und Zeitidee zum physikalischen Raum-, Geschwindigkeits- und Zeitbegriff. In Klammern stehen die Nummern der Kapitel und Abschnitte, in denen das entsprechende Thema abgehandelt wird.

Neben dem allgemeinen Individualisierungsprozess von einem mathematischen Axiomensystem über dessen Modelle bis zu einem physikalischen Begriffszusammenhang hat man es mit dem konkreten Übergang von der philosophischen Raum- und Zeitidee zu einem physikalischen Raum- und Zeitbegriff zu tun. Eine zentrale Rolle spielt dabei das Konzept der Bewegung und der damit gegebenen Geschwindigkeit. Zwischen Erfahrungs-Modell und Koordinaten-Modell wird nicht mehr unterschieden, sie werden in der Regel miteinander identifiziert.

Mit dem allgemeinen Spezialisierungsprozess eines Axiomensystems zum physikalischen Modell lässt sich schliesslich der Begriff der projektiven Bewegung entwickeln und damit eine Individualisierung der philosophischen Zeitidee durchführen. Das Konzept der projektiven Massbestimmung liegt dann sowohl der Spezialisierung der Raumidee zu einer metrischen Geometrie, als Raummass, zugrunde wie dem Übergang zu einem Geschwindigkeitsmass. Der letzte Schritt besteht in dem durch physikalische Phänomene und menschenkundliche Aspekte nahegelegten Übergang zum physikalischen Raum-, Geschwindigkeits- und Zeitbegriff als physikalisch relevante Erkenntniszusammenhänge, das heisst im Sinne von konstitutiv aufgefassten physikalischen Modellen, Figur 4.4.

- Ein metrischer Raum ist ein spezialisierter projektiver Raum.
- Es gibt achtzehn qualitativ verschiedene Möglichkeiten, einen projektiven Raum zu einem metrischen zu machen.
- Im metrischen Raum gibt es neben Lage und Anordnung Winkel- und Längenmessung.
- Bewegungen der metrischen Geometrie sind die projektiven Punkttransformationen, die eine ausgezeichnete Fläche zweiten Grades, ausgeartet oder nicht, invariant lassen.
- Zwei verschiedene metrische Geometrien können aus axiomatischen Gründen nicht auseinander hergeleitet werden, sie können nur durch verschiedenartige Spezialisierung aus der projektiven Geometrie erhalten werden.
- Der Modellbegriff ist mit der Auffassung des Erkenntnisprozesses gemäss dem realistischen Idealismus verträglich. Ein Modell wird als Resultat eines Individualisierungsprozesses eines allgemeinen Begriffssystems aufgefasst.

5

Zeit und Zeitmetrik

INHALT: Der Zeitbegriff im Verhältnis zum Subjekt: der Zeitbegriff Kants, Machs und Steiners; Konsequenz der Trennung von Subjekt und Objekt für den Zeitbegriff; physikalische Zeit; die absolute Zeit nach dem Einfachheitsprinzip; Erklärungsfähigkeit einer Theorie als Kriterium für einen Zeitbegriff; organische Zeiten.

5.1 Der Zeitbegriff

Nimmt man das Subjekt als Referenz für den Zeitbegriff, können im Wesentlichen drei verschiedene Ansichten vertreten werden. Erstens kann die Zeit als etwas vom Subjekt völlig Unabhängiges betrachtet werden, zweitens als etwas nur Subjektives, nur durch die menschliche Organisation Bedingtes, und drittens kann man die dazwischen liegende Ansicht finden, dass die Zeit mit der Welt und mit dem Subjekt zusammenhängt. Von der ersten Art ist die Zeitauffassung in der mathematischen Physik. Die Zeit hat in diesem Wissenschaftsgebiet den Charakter eines Parameters, mit dessen wertmässiger Änderung die Werte der verschiedenen Grössen variieren. Keinerlei Beziehung der Zeit zum Subjekt wird in Betracht gezogen, sie ist starr und hat euklidischen Charakter, die relativistischen Veränderungen stehen noch nicht zur Diskussion.[1]

Von der zweiten Art ist die Zeitauffassung Kants. Kant vertrat die Ansicht, dass die Zeit a priori in den menschlichen Vorstellungen liege, dass sie eine von vornherein gegebene menschliche Anschauung sei. Die Eindrücke, die ein Mensch von den Dingen von aussen bekomme, erhielten ihre räumliche und zeitliche Ordnung erst durch die sinnliche Wahrnehmung. Raum und Zeit gehörten nach Kant nicht den Dingen an. Es sei die menschliche Organisation allein, die veranlasse, dass, wenn die Dinge auf seine Sinne wirken, die Erfahrungen in räumliche oder zeitliche Zusammenhänge gebracht werden.

In der Spanne zwischen der physikalischen Zeitauffassung und der kantschen liegen die machsche und die steinersche. Für Mach und Steiner hat die Zeit mit der Welt und dem erkennenden Menschen zu tun, allerdings verschiedenartig.

Mach[2] befasst sich mit den Definitionen Newtons zu Raum und Zeit. Er zitiert Newton:

> «Die absolute, wahre und mathematische Zeit verfliesst an sich und vermöge ihrer Natur gleichförmig und ohne Beziehung auf irgend einen äusseren Gegenstand. Sie wird auch mit dem Namen Dauer belegt. ...»

Mach scheint es, als ob Newton hier seiner Absicht, nur das Tatsächliche zu untersuchen, untreu würde. Denn für Mach heisst, wenn ein Ding A sich mit der Zeit ändert, dass die Umstände des Dinges A von den Umständen eines anderen Dinges B abhängen. Die Schwingungen eines Pendels gingen in der Zeit vor, wenn seine Auslenkung von der Lage der Erde im planetarischen Zusammenhang zum Beispiel abhinge. Bei diesen Beobachtungen aber brauche man nicht auf die Abhängigkeit von der Lage der Erde zu achten, man könne das Pendel mit irgendeinem andern Ding vergleichen, man könne sogar finden, dass für jede Lage des Pendels die eigenen Gedanken und Empfindungen andere seien. So scheine die Zeit etwas Besonderes zu sein, von deren Verlauf die Pendellage abhinge, während alle anderen Dinge, welche man zum Vergleich nach freier Wahl herbeiziehe, eine zufällige Rolle zu spielen schienen. Aber alle Dinge hingen miteinander zusammen. Man könne nicht die Veränderungen der Dinge an der Zeit messen. Die Zeit sei eine Abstraktion, zu der man durch die Veränderung der Dinge gelange. Eine Bewegung nenne man gleichförmig, wenn gleiche Wegzuwüchse gleichen Wegzuwüchsen einer Vergleichsbewegung entsprächen. Eine Bewegung könne nur gleichförmig sein in Bezug auf eine andere, nicht

[1] Eine gewisse Ausnahme machen die Interpretationen der Quantenmechanik mit der heisenbergschen Unbestimmtheitsrelation.

[2] E. Mach [73]

gleichförmig an sich. Ebensowenig könne man von einer «absoluten Zeit» unabhängig von jeder Veränderung sprechen. Diese absolute Zeit könne an keiner Bewegung gemessen werden, sie habe keinen praktischen und keinen wissenschaftlichen Wert, sie sei ein müssiger metaphysischer Begriff. ... Zur Vorstellung der Zeit gelange man durch den Zusammenhang des Inhalts des Erinnerungsfeldes mit dem Inhalt des Wahrnehmungsfeldes. ...

Auch wenn Mach keine absolute Trennung von Subjekt und Objekt voraussetzt, beschränkt sich der Zusammenhang der Zeit mit dem Menschen im Wesentlichen auf einen Abstraktionsprozess. Seiner positivistischen Weltanschauung entsprechend berücksichtigt er nicht wirklich, was Steiner in aller Konsequenz tut, den entscheidenden Anteil des menschlichen Denkens.

Steiners Zeitbegriff[3] ist wie sein Raumbegriff weder mathematisch noch physikalisch oder metaphysisch. Er steht in engem Zusammenhang mit seiner Kritik am im 19. Jahrhundert gefassten Konzept der «konstanten Materie». Sie sei ein unzutreffender Lösungsvorschlag, der veränderlichen Summe der wechselnden Geschehnisse, als die sich die Welt der Erfahrung präsentiert, etwas Bleibendes, Beharrendes unterzulegen. So bilde die unzerstörbare Materie[4] eine Art bleibendes präexistentes Raum-Zeit-Gefäss, in dem sich die wechselnden Veränderungen abspielten.

Diese Auffassung hänge mit dem unzutreffenden Umgang mit den Begriffen Wesen und Erscheinung zusammen, denn für das Bewusstsein stelle sich die konkrete Erfahrung von Zeit etwa folgendermassen dar: Hängt ein Faktum B von einem anderen Faktum A ab, so versteht man dieses zweite Faktum B nur dann, wenn man seinen Inhalt aus dem des ersten Faktums A ideell hervorgehen lassen kann. Dies ist bis dahin eine weder zeitliche noch räumliche Tatsache, sondern eine allgemeine Notwendigkeit für das Verstehen einer Abfolge auf der inhaltlichen Ebene des Wesens. Wenn nun das zweite Faktum B in Erscheinung treten soll, muss jedoch A bereits in Erscheinung getreten sein, sodass das Faktum B in seiner Abhängigkeit von A wahrzunehmen ist. Es entsteht so die Abfolge von Erscheinungen, A muss von seiner Erscheinung zurücktreten und B die Erscheinung ermöglichen, ihm also Platz machen. Erst hier, in der Abfolge der Erscheinungen, tritt eine Erfahrung von *vorher, nachher* oder *gleichzeitig* auf. Die Zeit ist «der sinnenfällige Ausdruck für den Umstand, dass die Tatsachen ihrem Inhalt nach voneinander in einer Folge abhängig sind». Sie ist dabei nicht an das Wesen der Dinge gebunden, das Wesen ist ideellen Inhalts und nicht zeitabhängig, sondern sie entsteht mit seiner Erscheinung, gehört der Welt der Erscheinungen an.

---

[3] R. Steiner [99]

[4] In der modernen Physik ist die Materie allerdings nicht unzerstörbar, sie kann zerstrahlen; an ihre Stelle tritt die Energie, die erhalten bleibt.

Nur wenn der Schritt von der sinnenfälligen zeitlichen Erscheinung zum nicht-zeitlichen Wesen nicht getan werde, müsse irrigerweise eine sinnenfällige bleibende Erscheinung wie die «konstante Materie» postuliert werden, die selbst als Zeitgefäss alle Veränderungen überdaure.

Die Definitionen und Ansichten, was Zeit ist, schwanken also je nach Autor zwischen den beiden Extremen von physikalischer Definition der Zeit, die unabhängig vom menschlichen Bewusstsein ist, und einer psychologischen Definition. Bei dieser wird versucht, den Zeitbegriff anhand von Bewusstseinserlebnissen des Menschen oder gar durch eine durch die menschliche Organisation definierte Anschauung mehr oder weniger unabhängig von äusseren Gegebenheiten zu fassen. Man sieht die verschiedenen erkenntnistheoretischen Standpunkte. Die eine Seite verlegt die Zeit in eine vom Menschen abgetrennte Aussenwelt, eine andere Richtung platziert sie in bestimmte menschliche Bereiche. Grund dafür dürfte die dem entsprechenden Erkenntnisstandpunkt zugrunde liegende Trennung von Subjekt und Objekt sein. In diesem Spannungsfeld der Zeitauffassungen nimmt der Zeitbegriff Steiners wieder eine Mittelstellung ein, er entspricht der Einheit von Subjekt und Objekt, dem Standpunkt des realistischen Idealismus. Das erkennende Subjekt ist mit seinem Denken am ideellen Erfassen beteiligt, insofern kann die Zeit nicht als etwas vom Subjekt Losgelöstes betrachtet werden, das Subjekt kann sich nicht absolut von der Zeit trennen. Auf der anderen Seite liegt bei zeitlichen Betrachtungen eine Erscheinungswelt vor, insofern kann die Zeit nicht als etwas vom Objekt Losgelöstes betrachtet werden. Auch bei der Erfahrung von Zeit spielen Subjekt und Objekt Hand in Hand.

5.2 Wege zu einer physikalischen Zeit

Wie konkretisiert man nun eine Zeit und eine Zeitmetrik?[5] Zu einer echten Zeitmessung gelangt man durch gewisse Erfahrungen, die teils subjektiven, teils objektiven Charakter haben. Dazu betrachtet man einen konkreten physikalischen Vorgang, eine wohldefinierte Folge von Zustandsänderungen eines physikalischen Systems. Er bestimmt durch die Anordnung der Zustände eine zeitliche Reihenfolge und damit eine Zeitrichtung, eine Trichotomie[6] ist gegeben. Eine beliebige, aber ordnungstreue Zahlenordnung kann als Zeitskala dienen, sie ist eine topologische Zeit und geht der metrischen voraus. Verschiedene solche Skalen sind topologisch äquivalent, wobei es vorteilhaft ist, wenn die topologische Zeit additiv ist: Zerlegt man einen Prozess in zwei aufeinanderfolgende Teilprozesse, soll die topologische Zeit

---

[5] Man vergleiche P. Mittelstaedt [78].

[6] Eine Dreiteilung, etwa a, b, c, ist gegeben und damit eine Reihenfolge.

des Gesamtprozesses durch die Summe der Teilzeiten ermittelt werden können.

Zur Festlegung eines Zeitmasses, einer metrischen Zeit, wählt man zwei Grundtypen von Vorgängen, periodische und monotone. Als periodisch werden Vorgänge bezeichnet, die eine bestimmte Aufeinanderfolge von Zuständen immer wieder durchlaufen. Die Zeitspanne, in der diese Zustände einmal durchlaufen werden, heisst Periode des betreffenden Vorgangs. Die Definition einer metrischen Zeit besteht dann in der Festsetzung, dass die Periode sich nicht ändert und als Zeiteinheit gilt.

Die periodischen Vorgänge erlauben eine *primäre Metrisierung* der Zeit, da man nicht auf die Metrik eines andern Begriffs angewiesen ist. Nachteilig ist, dass die Unterteilung der Periode in kleinere Zeitintervalle nur mit Hilfe anderer periodischer Vorgänge möglich ist, deren Perioden nach Definition in konstantem Verhältnis stehen.

Ein monotoner Vorgang durchläuft eine Reihe von Zuständen nur einmal. Man erklärt durch einen monotonen Vorgang eine metrische Zeit, indem man festsetzt, dass die gegebene Standardbewegung gleichförmig sei, in gleichen Zeitintervallen gleiche Wegstrecken durchlaufen würden. Für diese Art Metrisierung muss die Metrik eines andern Begriffs, die der Länge zum Beispiel, vorausgesetzt werden. Der Vorteil der *sekundären Metrisierung* der Zeit durch Bewegung besteht darin, dass, falls beliebig kleine Wegstrecken ausgemessen werden können, entsprechend kleine Zeitintervalle messbar sind.

Beide Zeitmetrisierungen sind nur bis auf einen konstanten Faktor bestimmt, bei der ersten ist wählbar, welchen konstanten Wert man der Periode gibt, bei der zweiten ist zwar die Konstanz der Geschwindigkeit gegeben, aber nicht ihr Zahlenwert. Die Wahl der Periode respektive des Zahlenwertes der Geschwindigkeit ergibt die Festsetzung der Grösse der Zeiteinheit.

Konkretisiert wird eine Zeitdefinition durch das Prinzip einer Uhr. Bei der analogen Uhr hat man eine Verknüpfung der beiden Grundtypen zur Festlegung eines Zeitmasses. Die Drehbewegung des Uhrzeigers als periodischer Vorgang wird mit dem Zifferblatt sekundär metrisiert. Die Drehbewegung des Zeigers wird als gleichförmig definiert und das Zifferblatt nach den Gesetzen der euklidischen Geometrie in eine bestimmte Anzahl gleicher Winkel aufgeteilt. Damit erhält man ein Zeitmass, bei dem Zeitpunkt und Zeitdauer bestimmt werden können.

5.3 Das Einfachheitsprinzip

In der Auffassung der Mechanik mit der Trennung von Subjekt und Objekt zeichnet sich keine Bewegung durch ihre physikalischen Eigenschaften vor anderen Bewegungen aus, die Zeitmetrik muss sich aber an einer konkreten

Bewegung orientieren. Deshalb ist auch keine Zeitmetrik vor einer andern auszuzeichnen. Das Mass der Zeit ist somit durch mechanische Vorgänge allein nicht festgelegt, es müsste durch Gesichtspunkte, die von aussen an die Theorie herangetragen werden, spezifiziert werden.

So weit scheint es, als dass gleichsam beliebige Zeitmasse in Frage kommen können. Dass dies zumindest in der Physik nicht der Fall ist, ergibt sich aus Grundprinzipien der Wissenschaft, wie dem Einfachheitsprinzip und der Erklärungsfähigkeit einer Theorie, die im Folgenden betrachtet werden; sie bringen eine grosse Einschränkung der Möglichkeiten für ein sinnvolles Zeitmass.[7]

Das *Einfachheitsprinzip* von Poincaré, eine erste Zeitkonvention, besagt: Die Zeit muss so definiert werden, dass die Gleichungen der Mechanik so einfach werden wie möglich. Poincaré beschränkt dieses Prinzip nicht auf die Metrik der Zeit und auch nicht auf die klassische Mechanik, er sieht es als ein leitendes Prinzip an, nach dem beim Aufbau physikalischer Theorien theoretische Ausdrücke, die von der Erfahrung her nicht bestimmt sind, festgelegt werden. Es handelt sich dabei um ein von aussen an die Theorie herangetragenes Prinzip, welches nicht etwa die erfahrungsgemässe Richtigkeit der Theorie verbessert, sondern nur deren Verwendbarkeit. Ein Beispiel:

Die Gleichung

$$m\ddot{x} = K$$

beschreibt eine eindimensionale Bewegung in einem Inertialsystem. K ist eine äussere Kraft, die durch etwas Reales, etwa eine Feder, verursacht werde. Die Zeit t, auf die die Bewegung bezogen wird, ist die absolute Zeit der klassischen Mechanik. Hat man keine äussere Kraft K, hat die allgemeine Lösung der obigen Gleichung die Form

$$x(t) = a + bt,$$

eine gleichförmige geradlinige Bewegung, welche man auch inertial nennt. Der lineare Zusammenhang zwischen Zeit und durchlaufenem Weg ermöglicht es, eine inertiale Bewegung als Uhr für die absolute Zeit zu verwenden.

Der Einfachheit wegen sei angenommen, dass K konstant sei, weder von Weg und Zeit noch von der Geschwindigkeit abhänge, wie zum Beispiel bei der vereinfachenden Beschreibung des freien Falls.

Geht man durch eine eineindeutige, zweimal differenzierbare Funktion

$$T = f(t), \qquad t = F(T)$$

zu einer topologisch gleichwertigen Zeit T über, ergibt sich aus der obigen newtonschen Bewegungsgleichung eine neue, eine auf die Zeitmetrik T

[7] Wir fassen Ausführungen P. Mittelstaedts [78] zusammen.

bezogene Gleichung

$$\frac{m}{F'(T)^3}(F'(T) \cdot x'' - F''(T) \cdot x') = K,$$

wobei $'$ jetzt die Ableitung nach T bedeutet. Offensichtlich ist die auf die absolute Zeit t bezogene Gleichung einfacher als letztere. Die absolute Zeit ist also durch die grössere Einfachheit der entsprechenden Bewegungsgleichung ausgezeichnet, wobei die Auszeichnung mehrdeutig ist, weil eine Transformation der Zeitmetrik mit linearen Funktionen auf Bewegungsgleichungen von gleicher Einfachheit führt.

Da die mechanischen Vorgänge von sich aus keine bestimmte Zeitkoordinate auszeichnen, sollte es möglich sein, sich von der Unbestimmtheit in der Wahl der Zeit dadurch zu lösen, dass man eine Formulierung der Mechanik anstrebt, die invariant ist gegenüber der obigen Zeittransformation von t auf T. Das lässt sich bewerkstelligen, wenn man von den newtonschen Bewegungsgleichungen zu den kanonischen Gleichungen des homogenen Hamilton-Formalismus übergeht. Diese Gleichungen sind invariant gegenüber derartigen Zeittransformationen und hängen daher nicht mehr von konventionellen Festsetzungen der Zeitmetrik ab.[8] Es wird sich auch zeigen, dass der homogene Formalismus noch aus einem ganz anderen Grund sehr interessant ist: er erlaubt es nämlich, den projektiven Urgrund der Mechanik offen zu legen.[9]

5.4 Die Erklärungsfähigkeit einer Theorie

Mit einem andern Prinzip[10] bestreiten Vertreter der modernen Wissenschaftstheorie die vollständige Konventionalität aller Zeitmasse. Nach ihrer Meinung zeichnen die Beziehungen der formalen Struktur zur Erfahrung von sich aus ein bestimmtes Zeitmass aus. Es ist dies die *Erklärungsfähigkeit* der Theorie. Damit ist die in der Formulierung einer Theorie enthaltene Möglichkeit gemeint, empirische Vorgänge aller Art durch Ursachen zu erklären, die ihrerseits empirisch nachweisbar sind.

Zur Erläuterung betrachte man wieder die Bewegungsgleichung eines Massenpunktes, der unter dem Einfluss einer äusseren Kraft K steht,

$$m\ddot{x} = K,$$

bezüglich der absoluten Zeit t. Da im kräftefreien Fall die Bewegung gleichförmig verläuft, wird die Abweichung von der Gleichförmigkeit durch das Wirken einer äusseren Kraft erklärt. Die Theorie ist dann so konzipiert, dass

---

[8] Siehe P. Mittelstaedt [77].

[9] Siehe dazu Kapitel 14.

[10] Wir folgen weiter P. Mittelstaedt [78].

jede Abweichung von der Gleichförmigkeit durch eine bestimmte Kraft erklärt werden kann, die empirische Realität besitzt, wie etwa die Federkraft. Man kann dann leicht demonstrieren, dass diese klaren Verhältnisse bei anderer Formulierung der Mechanik nicht mehr existieren.

Man nehme neben der newtonschen Zeit t als anderes Zeitmass T die mittlere Sonnenzeit, welche durch die Erddrehung bestimmt wird. Die Beziehung zwischen t und T wird durch eine komplizierte Funktion $T = f(t)$ bestimmt, welche nichtlinear ist. Diese siderische Zeit der Erde ist gegenüber t verlangsamt wegen der Gezeitenwirkungen. In einem stark vereinfachten Modell betrachte man eine gedämpfte Rotationsbewegung mit der Bewegungsgleichung

$$\ddot{\varphi} = -k\dot{\varphi}$$

für den zeitlich veränderlichen Winkel φ. k ist die Dämpfungskonstante. Die siderische Zeit T ist durch die Bedingung definiert, dass die Winkelgeschwindigkeit $\dot{\varphi}$, Ableitung nach T, konstant ist. Es folgt für die Funktion $f(t)$ die Differentialgleichung

$$\ddot{f} = -k\dot{f},$$

mit der allgemeinen Lösung

$$T = f(t) = c \cdot \exp(-kt) + d,$$

ein exponentieller Zusammenhang zwischen den beiden Zeiten t und T.

Nun lässt sich die obige Bewegungsgleichung eines Massenpunktes auch bezüglich der Zeit T formulieren. Man erhält

$$mx'' = \frac{K}{f'(t)^2} - m \cdot f''(t) \cdot \frac{x'}{f'(t)^2}.$$

Im Spezialfall, dass die Kraft K verschwindet, lautet die Bewegungsgleichung in Bezug auf T

$$mx'' = -m \cdot f''(t) \cdot \frac{x'}{f'(t)^2} = m \cdot G(T) \cdot x'.$$

Die im Sinne Newtons kräftefreie Bewegung ist bezüglich T nicht gleichförmig, sondern beschleunigt. Deutet man die rechte Seite der Gleichung als Kraft, welche die Beschleunigung des Massenpunkts erklärt, ergibt sich eine allgemeine, geschwindigkeitsabhängige Scheinkraft $m \cdot G(T) \cdot x'$. Sie ist universell, wirkt auf alle Körper gleich. Da man keinen realen Ursprung für diese Kraft angeben kann und da sie durch andere Wahl der Zeitmetrik sogar zum Verschwinden gebracht werden kann, bezeichnet man sie als Scheinkraft.

Der Wechsel von der absoluten Zeit t zu einem Zeitmass T, das mit t nichtlinear verknüpft ist, verkleinert die in der Bewegungsgleichung liegenden Möglichkeiten, einen Bewegungsvorgang durch Einwirkung von Kräften auf den bewegten Körper zu erklären. Universelle Scheinkräfte bewirken, dass eine grosse Klasse von Bewegungen unerklärt bleiben, weil sie im Bereich einer auf T bezogenen Mechanik nicht erklärungsbedürftig sind. Die newtonsche Mechanik besitzt die herausragende Eigenschaft, dass sie die nicht erklärbaren Bewegungen auf die geradlinigen gleichförmigen Bewegungen beschränkt. Die Erklärungsfähigkeit einer mechanischen Theorie hängt somit entscheidend davon ab, auf welches Zeitmass man die Bewegungen bezieht. Das obige Prinzip fordert nun umgekehrt, dass die Zeitmetrik so gewählt wird, dass die Erklärungsfähigkeit einer Theorie möglichst gross wird.

In den vorangehenden Überlegungen war die Voraussetzung, dass die Bewegungen jeweils auf ein Inertialsystem bezogen werden. Auch die newtonschen Bewegungsgleichungen nehmen nur in einem Inertialsystem die speziell einfache Form an. Da Inertialsysteme meist durch die Forderung definiert werden, dass sich kräftefreie Massenpunkte geradlinig und gleichförmig bewegen, ergibt sich für diese Voraussetzung eine gewisse Schwierigkeit. Die absolute metrische Zeit würde bei der Definition des Begriffs Inertialsystem bereits vorausgesetzt. Die Schwierigkeit lässt sich umgehen, weil man Inertialsysteme auch durch die schwächere, die Zeitmetrik nicht voraussetzende Forderung definieren kann, dass sich kräftefreie Massenpunkte auf Geraden bewegen. Diese Definition ist allerdings nur ausreichend, wenn man sie auf alle drei Raumrichtungen bezieht. Ohne Kenntnis der absoluten Zeit lässt sich dann empirisch feststellen, dass alle kräftefreien und nach Definition geradlinig bewegten Massenpunkte relativ zueinander gleichförmig bewegt sind.[11]

Die Diskussion der Zeitmetrik im Bereich der Mechanik bestätigt in gewisser Weise die Richtigkeit der Auffassung, Subjekt und Objekt nicht zu trennen, auch für die mathematische Physik. Das Prinzip der Einfachheit und erst recht dasjenige der Erklärbarkeit sind Produkt der denkerischen Auseinandersetzung mit den mechanischen Gegebenheiten. Die absolute Zeit mit dem Prinzip der Erklärbarkeit eingeführt ist offensichtlich ein im Denken erfasster Begriff, also etwas, was ohne menschliches Denken überhaupt nicht erscheint. Das Problem, das es zu lösen gilt, ist natürlich, jeweils beurteilen zu können, wie viel des Subjekts berücksichtigt werden darf und muss, so dass man noch von Wissenschaft sprechen kann.

5.5 Organische Zeiten

Andere Beispiele von Zeitauffassungen findet man in den organischen Wissenschaften. Eine besonders interessante soll geschildert werden, auch wenn man nicht alle verwendeten Begriffe ohne weiteres versteht.

[11] So weit Mittelstaedt.

Preuss[12] führt eine Art organischer Zeit ein, die aus dem Verhältnis aus organischer Umsatzenergie zu totalem dynamischem Weltmoment gegeben wird. Der organische lebendige Stoff, sagt Preuss, unterhalte eine fortdauernde Bewegung. Bewegung aber verbrauche Kraft, setze Kraft um. Durch die Umsetzung der Kraft werde der lebendige Stoff desorganisiert, es entstehe unorganische Materie. Die organische Materie sei proportional der bewegenden Kraft. Diese könne am stattgehabten Umsatz in unorganische Materie gemessen werden, und Preuss stellt folgende mathematische Beziehung auf: Die Summe der organischen Umsatzenergie im Weltall zur Zeit t_0 sei Q_0, der unorganische Umsatz derselben während des Zeitelements dt sei dQ_0, die entsprechenden Grössen zu einer andern Zeit t_1 seien Q_1 und dQ_1. Dann gilt nach dem Gesetz der Proportionalität zwischen Kraft und Arbeit

$$\frac{dQ_0}{Q_0} = \frac{dQ_1}{Q_1},$$

woraus folgt

$$\ln Q_0 + c_0 = \ln Q_1 + c_1$$

oder

$$Q_0 \exp(c_0) = Q_1 \exp(c_1).$$

Daraus folgert Preuss, dass es zu allen Zeiten ein konstantes dynamisches Weltmoment gebe, welches die Summe der Weltenergie selber sein müsse. Die Grössen c_0 und c_1 sind die mit t_0 und t_1 bezeichneten Zeiten. Wenn man das dynamische Weltmoment mit S bezeichnet, wird allgemein gelten

$$Q \exp(t) = S.$$

Daher ist sowohl die Summe aller Materie wie aller Weltenergie keine unendliche Grösse im mathematischen Sinn, sondern endlich, wenn auch an der Grenze alles Messbaren. Dieser Umstand, sagt Preuss, mache erst das von Robert Mayer gefundene physikalische Äquivalenzgesetz möglich, das Gesetz von der Erhaltung der Kraft im allgemeinen Sinne. Eigentlich müsste es heissen «Gesetz der Umsetzung der Materie», da alle Bewegung im Weltall aus der anfänglichen organischen Stoffumsatzbewegung resultiere. Somit sei keine Bewegung möglich, mit welcher nicht die Überführung einer Summe Materie in einen andern Zustand verbunden sei.

Aus der obigen Gleichung folgt sofort

$$t = \ln \frac{S}{Q}.$$

Benützt man sie für zwei verschiedene Zustände Q_0 und Q_1, ergibt sich

$$t_1 - t_0 = \ln \frac{S}{Q_1} - \ln \frac{S}{Q_0} =$$

---

[12] Die folgende von H. Preuss [86] vorgeschlagene Zeitauffassung steht der steinerschen in den «Einleitungen ...» [99] nahe.

$$= \ln\left(\frac{S}{Q_1} : \frac{S}{Q_0}\right) = \ln\frac{Q_0}{Q_1}.$$

Diese Zeitdefinition genüge den Anforderungen der Zeitstrecken, dass man sie entsprechend addieren und subtrahieren könne, weil sie eine projektive Massbestimmung der Zeit ist, nämlich der Logarithmus eines Doppelverhältnisses.[13]

Wenn man die absolute Weltzeit in Jahren haben wollte, sagt Preuss, müsste man den Ausdruck für t mit einer Konstanten k multiplizieren, so dass man für ein konventionelles Zeitmass hätte

$$t = k \cdot \ln\frac{S}{Q}.$$

Die absolute Zeiteinheit ist verflossen, sobald die organische Energie Q zur Weltenergie S das Verhältnis $1 : e$ hat, wie aus der letzten Gleichung unmittelbar folgt. Könnte man diesen verflossenen Zeitraum in Jahren finden, so wäre k bestimmt. Aber die auch nur angenäherte Bestimmung sei noch nicht möglich. Die Konstante k hänge mit der Konstanten in der nichteuklidischen Geometrie, mit dem Krümmungsmass des Raumes und der Grösse der Atome der unorganischen Materie zusammen.[14]

Verwandte Zeitauffassungen wie bei Preuss findet man in der organischen Naturwissenschaft. Backmann[15] beschäftigt sich etwa mit Wachstumsfragen und der Zeit in der organischen Welt. Auch wenn er versucht, mit der relativistischen Raum-Zeit-Auffassung einig zu gehen, kommt er dazu, den verschiedenen Organismen eine Art individuellen Zeitmassstab zuzuordnen. Er unterscheidet unter den unendlich vielen Zeiten, die es auch nach der Relativitätstheorie gibt, zwei Hauptarten: die kinematische oder physikalische und die dynamische. Die erstere fliesst dahin und wird durch die in gleichen Abständen angeordnete Reihe der ganzen Zahlen repräsentiert. Die dynamische Zeit ist eine logarithmische Zeit. Sie tritt in zwei Hauptformen auf, die beide einheitliche Zeitformen sind: in der dynamischen der toten Welt und der dynamischen der lebenden Welt. Sie sind die Eigenzeit der Welt und die Eigenzeit der Organismen. Formal sind sie identisch. Dass anderes Tempo im Wachstum und Lebenslauf bei den verschiedenen Organismen entsteht, beruht nach Backmann auf dem Wert der Konstanten der Funktion. Backmann und andere scheinen Ansätze gefunden zu haben, dass Entitäten in der organischen Welt ihre eigene Zeit realisieren.[16]

---

[13] Für die projektive Massbestimmung vergleiche man Kapitel 4.

[14] Meint Preuss das plancksche Wirkungsquantum? So weit W. H. Preuss [86].

[15] G. Backmann [5]

[16] Steiner deutet das in einer Fragenbeantwortung [108] an.

• Die Zeit ist keine Anschauungsform, sondern ein Begriff, ein Erkenntnismittel.
• Die Zeit gehört der Erscheinungswelt an.
• Sie tritt da auf, wo das Wesen einer Sache in die Erscheinung tritt.
• Das Wesen einer Sache ist nur ideell erfassbar.
• Ein nicht adäquater Zeitbegriff kann Wegbereiter sein zu einer Auffassung der Materie als unzerstörbarem, die Veränderungen mit der Zeit überdauernden Dasein.
• Die absolute Zeit bringt nach dem Einfachheitsprinzip von Poincaré die Bewegungsgleichungen der newtonschen Mechanik in die einfachste Form.
• Die Erklärungsfähigkeit sagt etwas über die Möglichkeit der Formulierung einer Theorie über Vorgänge aus, die durch Ursachen zu erklären sind, die empirisch nachweisbar sind.
• In den organischen Wissenschaften werden bereits projektive Zeiten verwendet.

6
Geschwindigkeit und Energie

INHALT: Der Geschwindigkeitsbegriff Einsteins, Steiners Geschwindigkeitsbegriff ohne Trennung von Subjekt und Objekt; physikalische Grössen; operative Definition der Geschwindigkeit, zirkuläre Schlussweisen; Sinne und Realitätsgrad, aristotelischer Zeit- und Geschwindigkeitsbegriff, Zeit als Zahl; der Energiebegriff der Physik: ein nominalistischer Begriff, der Energieerhaltungssatz als mathematische Regel zur Problemlösung; die Energieauffassung von J. R. Mayer.

6.1 Der Geschwindigkeitsbegriff

Wie für die Begriffe Raum und Zeit ist auch für die Geschwindigkeit herauszuarbeiten, wie sie zum Erkenntnisprozess steht: was ist objektiv, was ist subjektiv, was ist Phänomen und was ist Gedanke?

In einer seiner Abhandlungen schreibt Einstein den folgenden Abschnitt:[1]

> «Wenn ich ohne schwere Bedenken und eingehende Erläuterungen die Aufgabe der Mechanik so formuliere: Die Mechanik hat zu beschreiben, wie die Körper mit der Zeit ihren Ort im Raume ändern, so nehme ich einige Todsünden gegen den heiligen Geist der Klarheit auf mein Gewissen. Diese Sünden sollen zunächst aufgedeckt werden.»

[1] A. Einstein [27], S. 12

Einstein führt dann aus, dass es der genauen Definition der Begriffe Raum und Zeit bedarf, um die Bewegung eines Körpers zu beschreiben. Lässt man etwa einen Stein aus einem fahrenden Eisenbahnwagen fallen, ist für die mathematische Beschreibung des Vorgangs der Beobachterstandpunkt zu definieren. Ein mitfahrender Beobachter erhält eine Gerade als beobachtete Bahnkurve, der Aussenstehende auf dem Bahnsteig eine Parabel.

Jeder, der sich etwas mit Physik beschäftigt hat, wird diesen Aussagen natürlich zustimmen. Es sind mathematische und auch physikalische Fakten, an denen es nichts zu rütteln gibt. Die Analyse soll also nicht an dieser Stelle ansetzen. Die Aussage «wie der Körper mit der Zeit seinen Ort im Raume ändert» ist hier wichtig. Raum und Zeit sind die beiden Komponenten, mit denen man die Bewegung eines Körpers beschreibt, die Geschwindigkeit wird an erster Stelle noch gar nicht erwähnt, sie ist erst von sekundärem Interesse. Eine Geschwindigkeit besitzt nach der üblichen Sichtweise ein Körper erst dann, wenn er seine Lage in Bezug auf andere Körper im Raum mit der Zeit ändert. Die Geschwindigkeit v kann, wenn sie konstant ist, als Quotient einer Wegstrecke s und eines Zeitintervalls t berechnet werden, $v = s/t$. Vorausgesetzt bleibt eine klare Definition der Wegstrecke und des Zeitintervalls. Diese Auffassung ist so tief verwurzelt, dass allgemein angenommen wird, eine Geschwindigkeitsdefinition ohne Abstützung in Raum und Zeit sei völlig sinnlos. Die Geschwindigkeit wird also nur als abgeleitete Grösse gedacht, ihr Begriff wird überhaupt nur in Verbindung mit den Begriffen Raum und Zeit als denkbar aufgefasst. Dass man auch keine Veranlassung sieht, bei dieser Auffassung ein Fragezeichen zu setzen, beruht darauf, dass man einen Schnitt zwischen Subjekt und Objekt macht, der Beobachter wird beim Bilden des Geschwindigkeitsbegriffs ausgeklammert.

Es stellt sich nun allerdings die Frage, ob man neben diese Auffassung nicht noch eine andere stellen kann, bei der *das Subjekt berücksichtigt wird, und zwar gerade so weit, dass eine zusätzliche Klärung der Begriffe erreicht wird, ohne dass aber die Allgemeingültigkeit beeinträchtigt wird.*

Man kann dies erreichen, wenn man bei einer Analyse des Geschwindigkeitsbegriffs berücksichtigt, was beim Erkenntnisprozess Phänomene sind und was den Anteil des Denkens ausmacht. Es ist nicht zu erwarten, dass in Bezug auf die Formeln andere Resultate herauskommen würden, aber die Rangfolge der Begriffe könnte sich ändern. Die «Todsünden», von denen Einstein spricht – auch wenn seine Bemerkung natürlich wahr ist –, treffen bei einer anderen erkenntnistheoretischen Position vielleicht noch gar nicht den essentiellen Punkt. Und damit kommt man zum Geschwindigkeitsbegriff Steiners.

Auf der erkenntnistheoretischen Ebene stehen Raum und Zeit in einem Zusammenhang mit dem Beobachter, mit dem erkennenden Subjekt[2], Raum und Zeit haben Ideencharakter, sie gehören nicht in der gleichen Art wie die Geschwindigkeit vollständig und ausschliesslich einer objektiven Aussenwelt an. Raum und Zeit werden wohl als Begriffe an den Dingen der Welt gefasst, beim Erkennen der Geschwindigkeit ist das zwar auch der Fall, wie bei jeder Erkenntnis. Raum und Zeit sind aber immer nur begrifflich aufs Äusserste reduzierte Sekundärphänomene des primären Phänomens des Erscheinens einer Sache. *Ein sich bewegender Körper ist ein Phänomen, welches das Erscheinen von Raum und Zeit ermöglicht.* Das Subjekt selbst schafft durch seine Begriffsbildung die Bedingung für das Erscheinen von Raum und Zeit. Raum und Zeit sind deshalb näher beim Subjekt als eine Geschwindigkeit.[3]

Wenn man Subjekt und Objekt trennt, argumentiert man allgemein so: Die Formel für die Geschwindigkeit $v = s/t$ besagt, man hätte als Objektives ausserhalb des Subjekts irgendwo eine durchlaufene Strecke s und eine gegebene objektive Zeit t, während welcher die Strecke durchlaufen worden ist, und dann dividiere man die reale Strecke s durch die reale Zeit t und bekomme die Geschwindigkeit v als Quotient, als Resultat einer Rechnung, das heisst als etwas nicht Reales. Raum und Zeit sind in dieser Sicht offensichtlich von höherem Realitätsgrad als die Geschwindigkeit.

Wenn man Subjekt und Objekt nicht trennt, hat man den Erkenntnisprozess beim Bilden des Geschwindigkeitsbegriffs zu berücksichtigen, man erhält eine andere Rangordnung der drei Begriffe. Als wirklich Objektives hat man einen bewegten Körper, einen Körper mit einer Geschwindigkeit. Beim Erkennen des bewegten Körpers spaltet man die Grösse Geschwindigkeit v in zwei Dinge auf, die Ideencharakter haben. Der bewegte Körper schafft in dem Sinne Raum, als er sich von einem Punkt zum andern bewegt. Gleichzeitig registriert der Beobachter ein Fortschreiten der Zeit, sei das durch eine konkrete Uhr, sei es durch sein inneres Empfinden. Das einzig wirklich Objektive unter den drei Grössen ist in dieser Sicht die Geschwindigkeit. Die Grössen s und t bekommt man nur durch Spaltung der einheitlichen Grösse v in zwei Dinge, die nicht völlig unabhängig vom Subjekt sind. Setzt man hier «objektiv» mit «wirklich» gleich, kann man auch sagen, die Wirklichkeit, nämlich dass man einen Körper mit einer gewissen Geschwindigkeit durch den Raum fliegen sieht, wandelt man im Denken in Abstraktionen um: man betrachtet zuerst den Weg und davon getrennt als zweites die Zeit, während welcher dieser Weg durchmessen wird. Aber Raum und Zeit werden von der Geschwindigkeit gemacht. Sie sind Grössen, die man erst durch den Auffassungsprozess geschaffen hat; der Raum ist kein Behälter. Ausserhalb des Subjekts hat man nur die Geschwindigkeit

[2] Vergleiche Kapitel 2 und 5.

[3] R. Steiner [105], S. 97ff.

als Reales, von ihr kann man sich abtrennen. Von Raum und Zeit aber kann man sich nicht abtrennen, die sind mit dem Erkenntnisprozess des Subjekts verbunden. Dasjenige, womit man verbunden ist, darf man aber bei einer objektiven Analyse nicht den äusseren Körpern zuschreiben. Man muss es allerdings benützen, um zur Vorstellung eines bewegten äusseren Körpers zu kommen. Durch Raum und Zeit, mit denen man innig verbunden ist, kann man die Geschwindigkeit eines Körpers erkennen, Raum und Zeit sind an das Subjekt gebundene Erkenntnisinstrumente. Die Grösse v kann man wohl ausdrücken als Quotient von s und t, sie ist aber nicht bloss der Quotient aus s und t. Das, was man durch die Zahl v ausdrückt, ist durch sich selbst ein Objektives oder Reales, dessen Wesen darin besteht, eine Geschwindigkeit zu haben.

Abzugrenzen ist diese Sicht von der Auffassung Kants. Im Sinne Kants würde man sagen: Raum und Zeit sind Anschauungsformen der menschlichen Organisation. Man ordne die Dinge der Welt, also insbesondere die Geschwindigkeit, gemäss der eigenen Organisation nach räumlichen und zeitlichen Gesichtspunkten. Im Unterschied zu Kant werden Raum und Zeit nicht als Anschauungsform, sondern als Erkenntnisinstrumente gesehen. Indem man das Objektive, die Geschwindigkeit, wahrnimmt, gebraucht man beim Erkenntnisprozess Raum und Zeit. Diese sind gleichzeitig in einem und ausser einem, da sie als Ideen durch den Erkennenden an der Aussenwelt gebildet werden, während die Geschwindigkeit als Phänomen durch sich selbst besteht, ausser einem ist.

6.2 Physikalische Grössen

Weitere Gesichtspunkte zum Geschwindigkeitsbegriff erhält man aus den Regeln, wie man mit physikalischen Grössen umgeht, wie man diese erweitert und wie man mit ihnen rechnet.

Unter einer physikalischen Grösse versteht man quantitativ bestimmbare Merkmale und Eigenschaften von Dingen, Zuständen oder Vorgängen. Grössen sind somit keine Objekte, Dinge, Zustände oder Vorgänge selbst, sondern man abstrahiert durch sie die Eigenschaften von Objekten zum Zweck ihrer quantitativen Erfassung und Beschreibung. Mit physikalischen Grössen lässt sich das Verhalten der Umwelt quantitativ erfassen, Beobachtungen und Messergebnisse können damit formuliert und Gesetzmässigkeiten und Theorien können aufgestellt werden. Man erklärt Grössen als gleichartig, wenn sinnvoll Summen und Differenzen gebildet werden können. Damit setzt man allerdings ein naives Erkennen der Gleichartigkeit bereits voraus, denn andererseits sagt man auch, dass nur gleichartige Grössen addiert und subtrahiert werden können.

Der Oberbegriff Grössenart fasst verschiedene Grössen mit unterschiedlichem Sachbezug zusammen, die auch unterschiedliche, aber verwandte

Merkmale erfassen können. Zum Beispiel die Grössenart Länge kann als Höhe, als Breite, als Durchmesser und so weiter auftreten. Grössen gleicher Art werden auch als Grössen gleicher Dimension bezeichnet, allerdings besteht zwischen Grössenart und Dimension ein Unterschied. Grössen gleicher Dimension können Grössen verschiedener Art sein, wie etwa die verschiedenen Energieformen, aber Grössen gleicher Art sind immer Grössen gleicher Dimension.

Eine Grösse ist eine Variable, deren Werte man als Grössenwert bezeichnet. Quantitatives Vergleichen zweier gleichartiger Grössen bezeichnet man als Messen. Die ausgewählte Grösse, mit der man vergleicht, heisst Einheit, sie ist eine aus der Menge der gleichartigen Grössen ausgewählte Grösse. Die Messung liefert einen Zahlenwert, der das Vielfache der Einheit angibt, welche die zu messende Grösse hat. Die Grösse ist also gleich der Einheit mal Zahlenwert. Der Zahlenwert gibt eine Quantitäts- und die Einheit eine Qualitätsaussage.

Physikalische Grössen werden mit Gleichungen unter sich in Beziehung gebracht. Im Gegensatz zur Addition und Subtraktion bildet man Produkte und Quotienten von Grössen ohne Einschränkung. Sie dienen dazu, neue Grössen zu erzeugen, wie etwa Quotientengrössen und Verhältnisgrössen. Quotientengrössen entstehen aus der Division von zwei Grössen verschiedener Art, Verhältnisgrössen aus der Division von zwei Grössen gleicher Art. Als Beispiel einer Quotientengrösse gilt die Geschwindigkeit, Quotient aus zurückgelegtem Weg und dazu benötigter Zeit. Als falsch gilt dagegen: Die Geschwindigkeit ist der in der Zeiteinheit zurückgelegte Weg. Man erkläre so die Geschwindigkeit als Weg in Bezug auf eine nichtgenannte Zeiteinheit. Verhältnisgrössen sind reine Zahlen, dimensionslose Grössen.

6.3 Operative Definition der Geschwindigkeit

Erkenntnistheoretische Betrachtungen zum Geschwindigkeitsbegriff sind zu unterscheiden von den Bestrebungen nach operativer Definition der physikalischen Grössen. Bei den ersteren geht es um die grundlegende Beziehung der Geschwindigkeit zum Subjekt, bei letzteren um die Art und Weise, wie man die physikalischen Grössen messen kann, ob eine prinzipielle Einschränkung existiert oder nicht und ob die Messungen auch wirklich durchgeführt werden können. Es geht in diesem Abschnitt ausschliesslich um diese Fragen.[4]

Zur operativen Definition der Geschwindigkeit wird der Quotient aus Weg und Zeit entweder über eine endliche Distanz als Durchschnittsgeschwindigkeit oder in differentieller Form als unproblematisch betrachtet.

---

[4] Vergleiche P. Janich [52].

Vorbedingung ist nur, dass Längen und Zeit durch entsprechende Messverfahren festgelegt sind. Die Alternativen, dass entweder Länge oder Zeit durch ein Messverfahren operativ definiert wird und die jeweils fehlende andere Grösse aus der Geschwindigkeit einer ausgezeichneten Standardbewegung definiert wird, gelten meistens als dem ersten Vorgehen gleichwertig. Die Frage nach der operativen Zugänglichkeit ist aber damit noch nicht beantwortet, wenn man als Ziel eine vollständige, operative und zirkelfreie Definition sucht.

Wie kann die Masszahl der Geschwindigkeit eines Körpers über eine grössere Strecke, etwa von einigen Kilometern, wirklich ermittelt werden, wenn Massstäbe und Uhren bereits zur Verfügung stehen? Schwierigkeiten, die Dauer der Bewegung zu ermitteln, entstehen nämlich bereits dort, wo die Distanz die Grösse der Uhr wesentlich übersteigt. Drei Geschwindigkeitsbegriffe können unterschieden werden: der mittelalterliche, der klassische und der relativistische.

Der mittelalterliche Begriff bringt die Allgegenwart Gottes zum Ausdruck, es gibt keine Synchronisierungsprobleme für Uhren, die weit entfernt sind voneinander. Eine einzige Uhr reicht für das ganze Universum, es gibt kein Problem, für eine Bewegung zwischen zwei Orten den räumlichen und den zeitlichen Abstand zu messen und daraus die Geschwindigkeit zu ermitteln. Newtons absolute Zeit gehört zu diesem mittelalterlichen Geschwindigkeitsbegriff. Er reicht auch heute noch für das Alltagsleben völlig aus, weil die meisten kinematischen Probleme im Bezugssystem der Erde stattfinden, wo die Erdrotation den Zeitmassstab liefert. Dieser Geschwindigkeitsbegriff führt erst dort auf Schwierigkeiten, wo die Erdrotation als Zeitmass verlassen wird, wenn für die Messungen gleichförmigere Standardbewegungen gesucht werden. Man erhält aber als neues Problem die Synchronisierung von räumlich getrennten Uhren.[5]

Der klassische Geschwindigkeitsbegriff wird auf Galilei zurückgeführt. Aufgrund seines Resultats, dass Pendelschwingungen konstanter Amplitude ein Zeitmass ergeben, konnte er eine federgetriebene Pendeluhr als operativ definiertes Zeitmass realisieren, auch wenn es für moderne Anforderungen zu ungenau wäre. Für die Geschwindigkeit entscheidend ist dann sein Vorschlag von 1636, auf Schiffen Uhren mitzuführen, um durch die Abweichung zu der durch Peilung festgestellten Ortszeit eine Entfernung vom Heimathafen nach geografischer Länge zu ermitteln. Darin kommt, wenn auch nicht von Galilei schon intendiert, der klassische Geschwindigkeitsbegriff zum Ausdruck: Länge der zurückgelegten Strecke bekannt, Zeit durch eine mitgeführte Uhr gegeben und daraus Berechnung der Geschwindigkeit.

Nun ist es aber keineswegs so, dass verschiedene transportierte Uhren über längere Zeit hinweg nicht voneinander abweichen würden, wie das

[5] Siehe Kapitel 7.

Galilei angenommen hatte, abgesehen davon, dass erst im 18. Jahrhundert die Genauigkeit der Uhren so gross war, dass damit eine vernünftige Navigation möglich war. Offenbar ist bis heute methodologisch das Problem des ungestörten Uhrentransports ungelöst. Die Erläuterungen dazu sind methodisch zirkulär und können nur einen Zeitbegriff und damit eine Uhrendefinition anbieten, die die Gültigkeit «empirischer» Theorien bereits zur Voraussetzung hat, und diese setzen Uhrengebrauch bereits voraus. Auch mit protophysikalischen Ansätzen kann nicht nachgewiesen werden, dass zwei zu einem Zeitpunkt genau gleiche Zeit anzeigende Uhren nach unterschiedlicher Geschichte wieder gleiche Zeit anzeigen. Das Kriterium der Ungestörtheit ist offenbar nur für Paare von Uhren gegeben, deren Gang uhrenfrei, also mit geometrischen Mitteln allein direkt verglichen werden können, was nur für nebeneinander liegende Uhren möglich ist.

Diesem Definitionsproblem kann auch durch eine Zusatzdefinition, dass ungestörte Uhren nach getrennter Geschichte wieder die gleiche Zeit anzeigen würden, nicht abgeholfen werden, weil durch die Ungestörtheit der Uhrengang bereits vollständig festgelegt ist. Der galileische Vorschlag, Geschwindigkeiten durch mitbewegte Uhren messbar zu machen, ist also bis heute, operativ gesehen, erfolglos geblieben.

Der relativistische Geschwindigkeitsbegriff fusst auf der operativen Bestimmung der Gleichzeitigkeit räumlich entfernter Ereignisse. Er führt vor allem bei Gleichzeitigkeitsfragen zweier Ereignisse, die nicht auf der Erde stattfinden, sondern die Astronomie und Kosmologie betreffen, zu operativen Schwierigkeiten.[6]

Der Geschwindigkeitsbegriff ist also gar nicht so unproblematisch, wenn man operative Massstäbe anlegt. Immer dann, wenn die Erde als räumliches und zeitliches Bezugssystem aufgegeben wird und eine universell gültige operative Geschwindigkeitsdefinition gesucht wird, treten Schwierigkeiten mit zirkulären Schlussweisen auf. Es drängt sich deshalb die Frage auf, ob diese Probleme mit dem Geschwindigkeitsbegriff nicht von ungeeigneten operativen Vorgehensweisen her kommen. Offenbar sind die beiden anderen Verfahren, Länge und Geschwindigkeit oder Zeit und Geschwindigkeit operativ anzugehen und jeweils die dritte Grösse daraus zu ermitteln, historisch nicht verwendet worden.

Eine operative Geschwindigkeitsdefinition muss noch zusätzlich mit Gewohnheiten des alltäglichen Lebens zurechtkommen. Geschwindigkeit ist jedermann aus dem Alltagsleben auch ohne jede Messkunst etwas Vertrautes, weil man eine äussere Veränderung auf das innere Zeitgefühl bezieht. Für die bekanntesten Veränderungen, etwa die Bewegung eines Radfahrers oder eines Autos, hat man aus der Alltagserfahrung eine Art Standard der Geschwindigkeit erlernt, mit dessen Hilfe man unwillkürlich einzelne

[6] Vergleiche Kapitel 7 und P. Janich [52].

Bewegungen als schnell oder langsam beurteilt. Dieser Bezug auf das innere Zeitgefühl ist wichtig, weil dieses nicht als eine Bewegung empfunden wird, sondern als eine unabhängige Beurteilungsinstanz für Geschwindigkeiten von Bewegungen. Für die operative Definition einer Geschwindigkeit muss deshalb der Rückgriff auf ein inneres Zeitgefühl explizit durch eine methodologische Setzung verhindert werden, weil sonst ein Zirkel entsteht. Geschwindigkeiten sollen durch Vergleich zweier Bewegungen definiert werden.

6.4 Die Bedeutung der Sinne für den Realitätsgrad

Neben dem Erkenntnisprozess hat man, wenn man Subjekt und Objekt nicht trennt, auch die Beteiligung der verschiedenen menschlichen Sinne zu untersuchen. Es dürfte einleuchten, dass das Realitätsempfinden gegenüber einem äusseren Ding sich umso stärker einstellt, je mehr Sinne bei der Wahrnehmung beteiligt sind. Ist nur ein Sinn involviert, zum Beispiel nur der Hörsinn, fällt es einem eher schwer, das erkannte Objekt als real zu bezeichnen. Reine Musik kann einem so begegnen. Sind aber verschiedene Sinne beteiligt, etwa Tastsinn, Eigenbewegungssinn, Gleichgewichtssinn, Geruchssinn und Sehsinn, wie bei einem schweren Körper mit starkem Geruch, wird niemandem einfallen, diesen Körper als irreal zu bezeichnen.

Diese Gesichtspunkte bieten sich auch beim Geschwindigkeitsbegriff an. Wie liegen die Realitätsverhältnisse bei Raum, Zeit und Geschwindigkeit? Benützt man eine analoge Uhr als Referenz, man kann sich eine Zeigeruhr, aber auch den Fixsternhimmel bezüglich des eigenen Standorts oder Bewegungsverhältnisse anderer astronomischer Gebilde denken, hat ihr Sekundenzeiger einen bestimmten Bewegungszustand. Die Sekunde bedeutet, dass der Sekundenzeiger einen bestimmten Winkelraum durchläuft. Die Aussage «Der Körper besitzt eine Geschwindigkeit von 2ms^{-1}» heisst: man vergleicht den Bewegungszustand des Zeigers mit dem Bewegungszustand des Körpers, indem man diese Bewegungszustände jeweils auf eine räumliche Grösse bezieht. An Realem hat man neben den Bewegungszuständen einerseits eine räumliche Distanz, einen Winkelraum oder Ähnliches andererseits.

Als Nächstes betrachte man die Division als Rechenoperation.[7] Es gibt zwei Arten von Divisionen. Erstens eine, die etwa auftritt beim Aufteilen eines Apfels in Teile: 1 Apfel/10 = 1/10 Apfel, wo die Realität, das Ding «Apfel», in 10 Teile geteilt wird, also eine Division durch eine gewöhnliche Zahl, 10, durchgeführt wird. Als Resultat entsteht wieder eine Realität, nämlich ein Apfelteil, 1/10 Apfel.

[7] Wir beziehen uns hier auf Ausführungen R. Steiners [108], S. 136ff.

Zweitens gibt es eine Division, bei der der Zähler und der Nenner etwas Reales, etwas Dingliches bedeuten. Man kann fragen, in wie viele Gruppen von 2 Äpfeln zum Beispiel 20 Äpfel aufgeteilt werden können. 20 Äpfel : 2 Äpfel = 10. Man erhält als Resultat eine reine Zahl, nichts Reales.[8]

Unter diesem Gesichtspunkt kann man die Gleichung zwischen Geschwindigkeit, Weg und Zeit $v = s/t$ betrachten. Man nehme zur Vereinfachung der Betrachtung statt einer Uhr mit sich drehendem Zeiger eine Uhr in Form eines gleichförmig geradlinig sich bewegenden Körpers. Das Ablesen der Zeit bedeutet bei der Analoguhr, dass man die Zeit ablesen kann, die zu einem bestimmten Winkel gehört. Der geradlinig sich bewegende Körper zeige bei einer bestimmten Länge, etwa 1m, die Zeiteinheit 1s. Der Referenzkörper bewege sich also, im üblichen Sinne gesprochen, mit 1ms^{-1}. Der mit der Referenzbewegung zu beurteilende andere Körper überstreicht gleichfalls eine bestimmte Strecke. Um seine Geschwindigkeit zu messen, kann man vereinfachend so vorgehen, dass man beide Körper gleichzeitig am gleichen Punkt O die Bewegung beginnen lässt und die Stelle x markiert, an der sich der zu beurteilende Körper befindet, wenn die Uhr, das heisst der Referenzkörper, die Stelle erreicht hat, die die Bezeichnung 1s trägt. In üblicher Betrachtungsweise beträgt dann die Geschwindigkeit x Längeneinheiten pro Sekunde. Markiert man schliesslich noch die Stelle, die eine bestimmte Wegstrecke y begrenzt, so kann man die beiden Strecken y und x aufeinander beziehen und man erhält eine reine Zahl. Gilt etwa $x = 10\text{m}$ und $y = 20\text{m}$, so erhält man $y : x = 2$. Diese Zahl stellt die Zeit dar, die der Körper braucht, um die Strecke 20m zu durchlaufen. Die Zeit ist somit in dieser Sicht gleich dem Verhältnis zweier Wegstrecken, dem Verhältnis der Wegstrecke 20m zu der Wegstrecke, die der Körper durchlaufen hat, bis der Referenzkörper, die Uhr, 1s erreicht hat. In der üblichen Ausdrucksweise hätte der Körper eine Geschwindigkeit von $20\text{m}/2\text{s} = 10\text{ms}^{-1}$. Die Bezeichnung «Sekunden» ergibt sich erst über die zu verwendende Vereinbarung, dass der Referenzkörper die Stelle 1m nach 1s Zeit erreicht. Die Verhältnisse sind bei einer gewöhnlichen Uhr nicht prinzipiell anders. Beim direkten Vergleichen ergibt sich eine dimensionslose Zahl. Bestimmt man die Zeit, hat man wie oben eine Division der zweiten Art vor sich, wo eine reine Zahl, nichts Reales, Dingliches entsteht.

---

[8] B. Fauser [28] macht darauf aufmerksam, dass das Unterteilen der Division in zwei verschiedene Arten nicht originär auf Steiner zurückzuführen sei. Bereits aus dem Jahre 1852 stamme ein Schulprogramm des Gymnasiums von Stettin von Guenther Grassmann, dem Vater von H. Grassmann, in dem die entsprechende Arithmetik entwickelt und völlig ausgearbeitet wurde. Ferner sei von W. K. Clifford, 1845–1879, bekannt, dass er, möglicherweise wie Hamilton, die Quaternionen als Quotient zweier Vektoren eingeführt und dabei massbehaftete Division und das Teilen durch eine massfreie Zahl unterschieden habe. Möglicherweise ist aber diese Unterscheidung bereits in viel früheren Zeiten bereits gemacht worden.

In der Gleichung $v = s/t$ wird dagegen eine Division vom ersten Typ durchgeführt, wo eine reale Grösse durch eine reine Zahl dividiert wird und wo wieder eine reale Grösse entsteht.

Die Zeit hat nach dieser Betrachtungsweise keine von vornherein gegebene Realität wie eine Strecke, sondern sie ist eine reine Zahl, die eine Beziehung zwischen realen Dingen beschreibt. Diese Sicht ist, auch wenn sie mit der üblichen im Widerspruch steht, in Übereinstimmung mit dem oben dargestellten Realitätsbegriff. Der Raum hat, da bei ihm mehr Sinne aktualisiert sind, einen höheren Realitätsgrad als die Zeit. Genau das spiegelt sich wider in der Auffassung der zwei Arten von Divisionen. Die Zeit wäre also entsprechend der Grössenrechnung eine Verhältnisgrösse.[9] Das Resultat der Betrachtungen ohne Trennen von Subjekt und Objekt steht zu den üblichen Auffassungen natürlich in einem gewissen Widerspruch.

---

[9] Die wesentlichen Punkte dieser Art Geschwindigkeitsbegriff sind bereits bei Aristoteles [4] zu finden. In seiner Physik stehen die Sätze: «Zeit ist die Zahl» – an einer anderen Stelle: «das Mass – der Bewegung nach dem Früher oder Später.» Auch wenn die Arithmetik der griechischen Antike, im Gegensatz zur damals schon weit fortgeschrittenen Geometrie, nicht sehr hoch entwickelt war – Aristoteles hatte wahrscheinlich nur ganze Zahlen zur Verfügung, was natürlich eine gewisse Schwäche der Definition ergibt –, bleibt die Definition heute gleichwohl interessant. Bei Aristoteles ist offenbar Messen nicht das Zählen von Standard-Masseinheiten, die in der zu messenden Grösse enthalten sind, sondern eine Art Feststellung der Gleichheit von Proportionen wie in der Geometrie. Die Textstelle, Physik Z, 233a, ist besonders aufschlussreich, wo es heisst, dass «der schnellere Körper die Zeit, der langsamere die Strecke teilt». Man betrachte dazu die von Aristoteles diskutierte Paradoxie von Zenon, wonach der schnelle Achilles die langsame Schildkröte nicht einholen könne. Man kann etwa Folgendes zusammenfassen (vergleiche P. Janich [52]):

- Achilles benötigt zum Zurücklegen der Hälfte des Abstandes a_0 zur Schildkröte die Zeit t_1.
- In der Zeit t_1 legt die Schildkröte den Weg s_1 zurück.
- Achilles benötigt für die Hälfte des neuen Abstandes $\frac{1}{2}(a_0 + s_1)$ die Zeit t_2.
- In der Zeit t_2 legt die Schildkröte die Strecke s_2 zurück; usw.

Aus dieser Zusammenstellung wird dann klar, was die Bedeutung des obigen Satzes ist, dass «der schnellere Körper die Zeit, der langsamere die Strecke teilt». Ein Teil der Bewegung des Achilles definiert eine Zeitspanne, die ihrerseits wieder für die Bewegung der Schildkröte eine Strecke festlegt. Durch ein künstliches Definieren von Grenzen bei Bewegungen, die gleichwohl weiterlaufen, wird ein Bewegungsvergleich möglich. Man würde sagen: Ein Körper habe die Strecke s_1 zurückgelegt in der gleichen Zeit, in der ein anderer Körper die Strecke s_2 zurückgelegt hat. Hier gibt es keine operativen Probleme, sondern der Streckenvergleich lässt sich etwa analog einem Zahnradpaar oder einem Paar von projektiven Skalen unmittelbar feststellen. Man bestimmt somit eine Zeitdauer durch Vergleich zweier Bewegungen mit Hilfe von künstlich gesetzten Grenzen. Zeit als der für die Physik wichtige Begriff wird damit so gewonnen, dass zwei gleichzeitige Bewegungen geometrisch verglichen werden. Damit ist allerdings das Grundproblem der Zeitmessung noch nicht gelöst, wie Zeitintervalle zu verschiedenen Zeiten verglichen werden können. Dazu braucht es eine ausgezeichnete Standardbewegung. Damit ist die Zeit gegenüber einem Bewegungsvergleich der definitorisch sekundäre Begriff.

6.5 Der Energiebegriff

Bei der Analyse des Zeitbegriffs wurde darauf hingewiesen, dass zu den Zeiten des Materialismus die unzerstörbare Materie eine wichtige Grundlage des Argumentierens war, und seit man weiss, dass die Materie zerstrahlen kann, ist es die Energie. Was ist nun eigentlich Energie? R. Feynman[10] äussert sich etwa folgendermassen zur Bedeutung des modernen Energiebegriffs:

Es gebe ein Gesetz, das alle Naturphänomene beherrsche, welche bis heute bekannt sind, das Gesetz von der Erhaltung der Energie. Soweit man wisse, gebe es keine Ausnahme zu diesem Gesetz, es sei exakt. Das Gesetz besage, dass es eine nummerische Grösse gebe, welche man Energie nennt, die sich bei den vielfachen Ereignissen, die in der Natur vor sich gehen, nicht ändere. Das sei eine sehr abstrakte Idee, ein mathematisches Prinzip. Die Energie besitze eine grosse Anzahl verschiedener Formen, und für jede gebe es eine Formel: Gravitationsenergie, kinetische Energie, Wärmeenergie, elastische Energie, chemische Energie, elektrische Energie, Strahlungsenergie, Kernenergie, Massenenergie. Es sei wichtig einzusehen, dass man in der heutigen Physik nicht wisse, was Energie sei. Eine der Schwierigkeiten mit all den im grossen Massstab ausgeführten Experimenten mit Materie sei allerdings, dass man nicht wirklich die Erhaltung der Energie demonstrieren könne und nicht wirklich reversible Maschinen bauen könne, weil bei jeder Bewegung eines grossen Klumpens eines Stoffes die Atome nicht vollkommen ungestört blieben und somit ein gewisser Betrag von ungeordneter Bewegung in das Atomsystem eingehe. Das könne man nicht sehen, aber messen.

Steiner[11] übt Kritik am Energiebegriff. Man bilde einen physikalischen Begriff, indem man absehe davon, auf das Wesen der physikalischen Erscheinungen einzugehen. Man postuliere den Energiebegriff und sage: Alle physikalischen Erscheinungen seien nur eine Umwandlung dieses Energiewesens. Indem man aus den Begriffen alle Essentialität herauswerfe, glaube man, sicher zu sein, wenigstens sichere Definitionen zu geben.

Mehr noch, es kann direkt festgehalten werden, dass Energie ein nominalistischer Begriff ist. Energie ist ein gemeinsamer Name für die verschiedensten möglichen physikalischen Kräfte – Kraft in einem allgemeinen Sinne genommen. Im Gegensatz dazu ist Baum ein Begriff, der sich auf konkrete Bäume spezialisieren lässt, und die verschiedenen Baumarten zeigen einen inneren Zusammenhang, eben den, Baum zu sein, was im Begriff des Baumes alles enthalten ist. Der Name Energie dagegen ist vergleich-

---

[10] R. Feynmann [29]
[11] R. Steiner [106]

bar dem Wort Zahl, das auch nur Name ist für die verschiedenen Zahlen «eins», «zwei» und so weiter.[12]

6.6 Der Energieerhaltungssatz

Dass der Sinn des Energieerhaltungssatzes eher in den erweiterten Möglichkeiten quantitativer Analysen als in erkenntnismässiger Richtung zu suchen ist, entspricht der Meinung Feynmans, denn er betont die Nützlichkeit dieses Gesetzes bei der Durchführung von Analysen ohne Kenntnis komplizierter innerer Zusammenhänge. Das Prinzip der Energieerhaltung ist also ein Rechenrezept, das erlaubt, bei vielen Problemen der Physik quantitativ richtige Resultate auf relativ einfachem Wege zu erhalten. Zugegeben wird gleichzeitig, dass das Erkenntnismässige in den Hintergrund tritt zugunsten eines quantitativen Verfahrens, es demonstriert die Vorrangigkeit der quantitativen Analyse gegenüber qualitativer Betrachtung, das Bevorzugen der primären Sinnesmerkmale gegenüber den sekundären.

Entstanden ist der Energieerhaltungssatz in der reversiblen Mechanik, wo er aus den Grundbegriffen ableitbar und sogar beweisbar ist. Formal wird er aus der Homogenität der Zeit abgeleitet. Im Lagrange-Formalismus eines abgeschlossenen Systems soll die Lagrange-Funktion nicht explizit von der Zeit abhängen, die Erhaltung der Summe von kinetischer Energie und potentieller Energie ergibt sich. Die weiteren Übertragungen des Energiesatzes auf die gesamte Physik geschah unter dem Einfluss des mechanistischen Denkens. Für die gesamte Physik ist er allerdings nicht mehr beweisbar.

Vom Standpunkt der Naturerkenntnis bedeutet somit das Energieerhaltungsprinzip eine rein im Mathematischen liegende Methode, die Physikalisches nur am Rande streift. Unger[13] schreibt dazu, dass die zeitgenössische Physik durch ihre halbstoffliche Vorstellung der Energie ein überaus wirksames Ordnungsprinzip für viele und verwickelte Verhältnisse besitze. Die Physik der Energie habe sich eine widerspruchslose Pseudowirklichkeit geschaffen, die gegenüber der Sinneswirklichkeit alle Vorzüge leichterer Durchschaubarkeit habe, die man mathematisch handhaben könne. Wenn man jedoch unter «Wirklichkeit» dasjenige verstehe, bei dem die unmittelbare Verbindung von Sinnesqualität und Begriff vollzogen werden könne, habe die Physik ihre Geschlossenheit erkauft durch den Verlust der Wirklichkeit.

---

[12] Man vergleiche dazu R. Steiner [102].

[13] G. Unger [111]

6.7 J. R. Mayers Energieauffassung

In diesem Zusammenhang ist es angebracht, die Auffassungen J. R. Mayers zu erwähnen.[14] Mayer hat als erster das mechanische Wärmeäquivalent bestimmt. Er fand, dass die Wärmeenergie, die nötig ist, um eine bestimmte Menge Wasser zum Beispiel um 10°C zu erwärmen, einer bestimmten Arbeit entspricht, etwa der Arbeit, diese Menge Wasser um 425m zu heben. Das eine kann durch das andere geleistet werden. Er schreibt 1845:

> «Was die Chemie in Beziehung auf die Materie, das hat die Physik in Beziehung auf die Kraft zu leisten. Die Kraft in ihren verschiedenen Formen kennenzulernen, die Bedingungen ihrer Metamorphose zu erforschen, dies ist die einzige Aufgabe der Physik, denn die Erschaffung oder die Vernichtung einer Kraft liegt ausser dem Bereiche menschlichen Denkens und Wollens.»

Mayer erlebt zum Beispiel die Bewegung auf ungewöhnliche Weise: Das Erhobensein eines Kilogramms auf 5m und die Bewegung eines solchen Gewichts mit der Geschwindigkeit von 10ms^{-1} sei ein und dasselbe Objekt. Er sagt: *«Bewegung ist ein Imponderabile, so gut wie Wärme»*.

Aus den wenigen Bemerkungen dürfte ersichtlich sein, dass der Energiesatz nur bedingt auf J. R. Mayer zurückgeführt werden kann. Mayer war der Metamorphosebegriff ebenso wichtig wie der Erhaltungsbegriff. Er erlebte die allgemeine Kraft, von der er spricht, als Realität und nahm sie nicht als abstrakte Grösse, wie man die Energie heute handhabt.

Wenn man, Locher[15] folgend, vom «Gesetz der konstanten Umrechnungsfaktoren» spricht, wird man dem quantitativen Teil des Energiesatzes gerecht, ohne damit in Abstraktion zu verfallen oder eine unzulässige metaphysische Konstruktion zu bilden.

Zusammenfassend lässt sich zum Energiebegriff und zum Energieerhaltungssatz sagen, dass sich damit bequeme Methoden für die quantitativen Analysen ergeben; der Energieerhaltungssatz ist in dieser Hinsicht eines der bewährtesten Mittel. Aus den dargelegten Gründen kann der Energiebegriff nicht in der inhaltlich bekannten Form übernommen werden. Es wird aber nicht behauptet, die quantitativen Beziehungen seien falsch. Vermieden wird nur, von einer abstrakten Energiegrösse zu sprechen, die sich in den verschiedensten physikalischen Erscheinungen offenbart.

Nachdem die Materie mit der einsteinschen Beziehung von Energie und Masse sich in gewisser Weise aufgelöst hat – Materie kann zerstrahlen, sagt man –, tritt die Energie an die Stelle der Materie. Die Energie gehe einzig von der einen Form in eine andere über, ihr totales Mass bleibe laut Energiesatz bestehen, überdauere die Veränderungen aller Art mit der

[14] Siehe L. Locher [69].

[15] L. Locher [69]

Zeit. An die Stelle der Materie tritt ein vollständiges Abstraktum, um den Zeitbegriff zu retten.[16]

- Die Geschwindigkeit ist eine körperimmanente Eigenschaft, die in völliger Objektivität dem Subjekt gegenübertritt.
- Der Gang von ungestört transportierten Uhren für den Zeitvergleich von weit entfernten Orten ist operativ gesehen ein ungelöstes Problem.
- Die operative Definition der Geschwindigkeit in astronomischen Dimensionen ist wegen der ungelösten Uhren-Synchronisation ein ungelöstes Problem.
- Zur zirkelfreien operativen Definition der Zeit darf das innere Zeitgefühl nicht verwendet werden, die Zeit muss aus einem Bewegungsvergleich ermittelt werden.
- Die Zeit ist eine Verhältnisgrösse im Sinne der üblichen Sprechweise, sie ist eine dimensionslose Zahl, da sie einen kleineren Realitätscharakter hat als Raum einerseits und Geschwindigkeit andererseits.
- Damit ist die Geschwindigkeit auch keine Quotientengrösse, also kein Quotient zweier unterschiedlicher Grössen.

- Die Energie ist ein nominalistischer Begriff.
- Der Energiesatz ist ein ausgezeichnet funktionierendes Rechenverfahren.

---

[16] Man kann die Konsequenzen einer bestimmten Art von Zeitbegriff am folgenden Faktum erkennen: Um die Gültigkeit des Energiesatzes beim Betazerfall zu gewährleisten, wurde es notwendig, die Existenz eines Teilchens, des Neutrinos, anzunehmen. Im Jahre 1932 postulierte W. Pauli dieses neue Teilchen, das erst 1957 experimentell nachgewiesen werden konnte. An der genannten Situation wird durch experimentelle Fakten nichts geändert, da sie im jeweiligen Begriffssystem gedeutet werden.

7 Das Problem der Gleichzeitigkeit

INHALT: Synchronisation von entfernten Uhren; Eigenschaften der Lichtausbreitung; Zwei-Wege-Lichtgeschwindigkeit; das Relativitätsprinzip; verallgemeinerte Lorentztransformation; Grenzgeschwindigkeit; Konstanz der Lichtgeschwindigkeit; Lorentzinvarianz der Naturgesetze; Galilei-Transformation.

7.1 Uhren-Synchronisation

Rückt man in der Physik von der absoluten oder mittelalterlichen Zeit ab, die an allen Orten des Raumes gilt, tritt neben der Zeitmetrik das Problem auf, die Gleichzeitigkeit von zwei Ereignissen an zwei verschiedenen Punkten des Raumes zu definieren. Bei einer absoluten Zeit sind zwei Ereignisse genau dann gleichzeitig, wenn sie bei identischen Werten der absoluten Zeit stattfinden. Führt man aber die Zeitmessung auf Bewegung zurück, ist ein Zeitmass nur an dem Ort erklärt, an dem sich die konkrete Uhr befindet. Gleichzeitigkeit entfernter Ereignisse kann nur mit zusätzlichen Festsetzungen definiert werden, die es ermöglichen, dem Zeitpunkt, zu dem ein räumlich entferntes Ereignis stattgefunden hat, einen empirisch prüfbaren Sinn zu geben.

Das bekannteste Verfahren, um die Gleichzeitigkeit in räumlich entfernten Punkten zu definieren, wurde von Einstein[1] angegeben: Im Punkte X

[1] A. Einstein [26]

eines Inertialsystems befinde sich eine Lichtquelle, von der zum Zeitpunkt t_1 ein Lichtsignal in positiver x-Richtung ausgesendet, im Punkte Y desselben Inertialsystems zur Zeit t_2 reflektiert und wieder nach X zurückgesendet werde, wo es zur Zeit t_3 eintreffe. Man kann diese Anordnung benützen, um mit der Uhr im Punkte X eine Uhr im Punkt Y zu synchronisieren. Dazu wird festgesetzt, dass die Uhr in Y im Moment der Reflexion die Zeit

$$t_2 = t_1 + \frac{1}{2}(t_3 - t_1)$$

zeige, die sich aus den Zeitangaben t_1, t_3 in X bei Emission und Absorption des Lichtes berechnen lässt. Die Zeitformel ergibt sich aus der elementaren kinematischen Betrachtung eines mit konstanter Geschwindigkeit bewegten Massenpunktes.

Diese Übereinkunft ist zunächst als Definition der Zeitskala im beliebigen Raumpunkt Y zu verstehen, wenn man von einem festen Punkt X und der dortigen Uhr ausgeht. Alle Uhren in irgendwelchen Raumpunkten lassen sich so mit derjenigen in X synchronisieren. Gleichwohl werden keine expliziten Voraussetzungen über die Lichtausbreitung und über die Lichtgeschwindigkeit gemacht, *vielmehr werden durch das Synchronisierungsverfahren Eigenschaften der Lichtausbreitung erst festgelegt.* Das mag erstaunen, geht man doch allgemein davon aus, dass die Lichtausbreitung eine vorgegebene Eigenschaft des Lichtes sei, die man einfach mathematisch beschreiben müsse. Betrachtungen über den Zusammenhang zwischen Synchronisierungsvorschrift, raumzeitlichen Koordinaten und der Lichtgeschwindigkeit ergeben dieses Resultat;[2] die Lichtausbreitung muss mathematisch mit raumzeitlichen Koordinaten formuliert werden, die sind aber nicht eindeutig, sondern erst durch verschiedene Annahmen festgelegt.

Wenn man mit der einsteinschen Vorschrift entfernte Uhren synchronisiert, definiert man die Zeitkoordinaten so, dass das Licht sich isotrop ausbreitet. Es besteht aber auch die Möglichkeit, andere Synchronisierungsvorschriften zu formulieren, die auf der Freiheit in der Wahl des Koordinatensystems beruhen. Die verallgemeinerte Gleichung

$$t_2 = t_1 + k(t_3 - t_1),$$

mit einem vorerst beliebigen Wert von k, definiert auch eine Uhren-Synchronisation. Wegen der geforderten zeitlichen Reihenfolge von Emission und Absorption muss k ein positiver echter Bruch sein. Die verallgemeinerte Gleichung legt das Verhältnis der Lichtgeschwindigkeiten in beiden möglichen Richtungen fest.

In den Experimenten zur Messung der Lichtgeschwindigkeit wird nun aber nicht die Geschwindigkeit längs eines Weges gemessen, wozu eine Synchronisation räumlich entfernter Uhren erforderlich wäre. Man verwendet

[2] Einzelheiten findet man bei P. Mittelstaedt [78], S. 45ff.

gewöhnlich nur eine Uhr und lässt das Licht den gleichen Weg hin- und zurücklaufen. Bei diesem Versuch ist nur das Geschwindigkeitsmittel von Hin- und Herweg erklärt, man nennt das eine Zwei-Wege-Lichtgeschwindigkeit, für den einzelnen Weg hat man keine Messung. Diese Einschränkung hat ihre Auswirkung. Mit der Zwei-Wege-Lichtgeschwindigkeit lässt sich k nicht festlegen, es wird nur ein Verhältnis zwischen Zeit- und Längenmassstäben bestimmt, die Lichtgeschwindigkeit nur bis auf einen Massstabsfaktor.

Die Grösse k kann auf zwei verschiedene Arten festgelegt werden: entweder man setzt k als echten Bruch beliebig an, oder man wählt k so, dass bestimmte Naturgesetze eine besonders einfache Form annehmen. Da Festsetzungen willkürlichen Charakter haben, bemüht man sich, allgemeine Gesichtspunkte zu gewinnen. Man versucht, Eigenschaften aufzufinden, die allen physikalischen Vorgängen zukommen, etwa Invarianzprinzipien, die Homogenität und die Isotropie des Raumes. Die Homogenität liefert keine neuen Bedingungen.[3] Die Isotropie, die Forderung, dass die Synchronisationsvorschrift keine Richtung auszeichnet, führt auf den Wert $k = 1/2$, die Einstein-Synchronisation, und das unabhängig von einer bestimmten Realisierung der Uhren-Synchronisation durch konkrete Vorgänge wie die Lichtausbreitung.

7.2 Das Relativitätsprinzip

Durch die Synchronisation von Uhren in einem Inertialsystem ist noch nicht bestimmt, wie zwei Uhren in verschiedenen Inertialsystemen sich zueinander verhalten. Neben empirischen Sachverhalten sind konventionelle Festsetzungen erforderlich, um den Gang und die Zeitskala bewegter Uhren vergleichen zu können. Bei derartigen Situationen wird das verschiedenartig formulierbare Relativitätsprinzip zugrunde gelegt. Einstein[4] schreibt:

> «Ist K' ein in Bezug auf K gleichförmig und drehungsfrei bewegtes Koordinatensystem, so verläuft das Naturgeschehen in Bezug auf K' nach genau denselben allgemeinen Gesetzen wie in Bezug auf K.»

Eine andere Formulierung: Verschiedene Inertialsysteme lassen sich nicht durch sich in ihnen abspielende physikalische Vorgänge, interne physikalische Messungen und Beobachtungen unterscheiden.

Ein Inertialsystem kann ohne Zeitmass dadurch charakterisiert werden, dass unbeeinflusste Massenpunkte sich auf geraden Linien bewegen. Man kann empirisch feststellen, dass sich in einem auf diese Art erklärten Inertialsystem eine Zeitkoordinate t so einführen lässt, dass die Bewegung freier

[3] P. Mittelstaedt [78], S. 60
[4] A. Einstein [27], S. 15

Massenpunkte nicht nur geradlinig, sondern auch gleichförmig verläuft. Die Gleichförmigkeit aller Bahnen dieser Art lässt sich sogar mit einem gemeinsamen Zeitmass erreichen.[5]

Physikalisch äquivalent nennt man zwei Vorgänge, deren physikalische Gegebenheiten die gleichen sind, deren naive Beschreibung in beiden Systemen gleich lautet. In zwei Inertialsystemen lassen sich dann Koordinatensysteme $K(x,t)$ und $K'(x',t')$ so einführen, dass physikalisch äquivalente Vorgänge in Bezug auf die Koordinatensysteme durch äquivalente Gleichungen dargestellt werden.

Die Beziehung der Uhren in den beiden Koordinatensystemen wird mit dem Relativitätsprinzip so definiert, dass man eine Transformation von K nach K' bestimmt, die Gleichungen in äquivalente überführt. K und K' werden dann äquivalente Koordinatensysteme genannt. Derartige Transformationen heissen verallgemeinerte Lorentztransformationen, da aus ihnen durch Spezialisierung die bekannten Lorentztransformationen hervorgehen.

7.3 Die Lorentztransformation

Bei der Herleitung der verallgemeinerten Lorentztransformation[6] genügt es, eine Raumkoordinate zu berücksichtigen.

1. In den beiden Inertialsystemen bewegen sich unbeeinflusste Massenpunkte definitionsgemäss geradlinig und gleichförmig. In $K(x,t)$ und $K'(x',t')$ lauten somit die Bahngleichungen

$$x = at + b, \quad x' = At' + B,$$

die gesuchte Transformation überführe Geraden eines x-t-Diagramms in Geraden des x'-t'-Diagramms. Die allgemeinste Transformation, die dies leistet, ist eine gebrochen lineare für beide Koordinaten.

2. Aus dem Relativitätsprinzip folgt die Homogenität von Raum und Zeit, was zur Folge hat, dass man sich auf lineare Beziehungen der Form

$$x' = a_{10}t + a_{11}x + a_1, \quad t' = a_{00}t + a_{01}x + a_0$$

beschränken muss.

3. Da Verschiebungen des Koordinatenursprungs wegen der Homogenität belanglos sind, spezialisiert man sich auf $a_0 = a_1 = 0$. Weil die Koeffizienten dieser linearen Transformation nicht von x und t abhängen, folgt, dass die Geschwindigkeit v, mit der sich das System K' von K aus gesehen bewegt, konstant ist. Inertialsysteme bewegen sich somit geradlinig und gleichförmig relativ zueinander, wie gefordert. Die Koeffizienten der

[5] Siehe P. Mittelstaedt [78], S. 66.

[6] Vergleiche P. Mittelstaedt [78], S. 67ff.

Transformation hängen daher von der konstanten Relativgeschwindigkeit v von K' bezüglich K ab.

4. Wählt man den Nullpunkt der Zeitskala in K so, dass bei $t = 0$ die Systeme K und K' zusammenfallen, so wird der Ursprung des K'-Systems durch $x = vt$ gegeben. Die Transformation hat jetzt die Form

$$x' = k(v)(x - vt), \quad t' = c(v)t + d(v)x.$$

5. Die Forderung nach Isotropie des Raumes, die Unabhängigkeit eines physikalischen Vorgangs von einer speziellen Raumrichtung, im eindimensionalen Fall die Symmetrie bezüglich einer Vorzeichenumkehr von x und v, führt zu

$$x' = k(v)(x - vt), \quad t' = c(v)(t - a(v)vx),$$

wobei $k(v)$, $c(v)$ und $a(v)$ symmetrische Funktionen sind.

6. Nach dem Relativitätsprinzip muss die Relativgeschwindigkeit von K' bezüglich K bis aufs Vorzeichen gleich der Relativgeschwindigkeit von K bezüglich K' sein. Diese Bedingung bedeutet die Gruppeneigenschaft inverse Transformation. Man erhält daraus die Beziehungen

$$k(v) = c(v) = \frac{1}{\sqrt{1 - a(v)v^2}}.$$

Es folgt

$$x' = \frac{x - vt}{\sqrt{1 - a(v)v^2}}, \quad t' = \frac{t - a(v)vx}{\sqrt{1 - a(v)v^2}}.$$

7. Bei drei Inertialsystemen darf keines der drei ausgezeichnet werden. Der Übergang von K zu K' und dann zu K'' soll dasselbe ergeben wie der direkte Übergang von K zu K''. Das bedeutet eine weitere Gruppeneigenschaft, die Transitivität. Man erhält die Beziehung $a(v) = a =$ konstant. Damit haben die Transformationsgleichungen die Form

$$x' = \frac{x - vt}{\sqrt{1 - av^2}}, \quad t' = \frac{t - avx}{\sqrt{1 - av^2}},$$

sie hängen offenbar von den beiden Grössen v und a ab. Der Parameter a hat die Dimension einer reziproken Geschwindigkeit im Quadrat. Die Kausalordnung ergibt, dass a positiv oder null sein muss. Man setzt deshalb und aus Einheitsgründen $a = w^{-2}$. w ist dann eine Geschwindigkeit. Die Transformationsgleichungen erhalten die Form

$$x' = \frac{x - vt}{\sqrt{1 - \frac{v^2}{w^2}}}, \quad t' = \frac{t - \frac{vx}{w^2}}{\sqrt{1 - \frac{v^2}{w^2}}}$$

und heissen *verallgemeinerte Lorentztransformationen* $T(v, w)$.

Aus diesen Gleichungen ergibt sich, dass der Wert von v, bis auf das Vorzeichen, kleiner oder höchstens gleich w sein darf. Die Geschwindigkeit

w hat also den Charakter einer Grenzgeschwindigkeit. Für $w = c$ erhält man den Spezialfall der Lorentztransformation $T(v, c)$

$$x' = \frac{x - vt}{\sqrt{1 - \frac{v^2}{c^2}}}, \quad t' = \frac{t - \frac{vx}{c^2}}{\sqrt{1 - \frac{v^2}{c^2}}}$$

und für $w \to \infty$ den Spezialfall der Galilei-Transformation $T(v, \infty)$

$$x' = x - vt, \quad t' = t.$$

7.4 Bestimmung der Grenzgeschwindigkeit

Als Nächstes ist zu diskutieren, wie die moderne Physik den Wert der Geschwindigkeit w, die in den Transformationsgleichungen als Parameter auftritt, bestimmt. Nach Einstein weiss man, wie die Zeit durch ein Synchronisationsprinzip von einem Raumpunkt zum andern in einem bestimmten Inertialsystem übertragen werden kann, so dass in jedem Punkt des Raumes eine Zeit gegeben ist. Die Physik stellte sich nun auch die Aufgabe, die Zeit von einem Inertialsystem in ein anderes überzuführen, was verschiedenartig realisiert werden kann. Wenn man in beiden Inertialsystemen die Einstein-Synchronisation zugrunde legt, bewerkstelligt die Lorentztransformation im engeren Sinn den Übergang von einem System ins andere. Durch eine andere Synchronisationsmethode kann man die verallgemeinerte Lorentztransformation spezialisieren, wobei sich dann ein absoluter Raum und eine absolute Zeit ergeben.

Man betrachte zuerst die Festlegung des Werts von w nach Einstein. Im Inertialsystem $K(x, t)$ liege die Einstein-Synchronisation vor. Die Transformation $T(v, w)$ ergibt ein Koordinatensystem $K'(x', t')$, das offenbar vom Wert von w abhängt. Die Forderung, dass auch in K' die Einstein-Synchronisation gelten soll, führt auf den Wert $w = c$. c ist die Vakuum-Lichtgeschwindigkeit. Die Transformation $T(v, c)$ liefert also den Übergang von einem Inertialsystem zu einem andern, wenn in beiden nach Einstein die Zeit synchronisiert wird.

Dazu sei L eine Lichtquelle in K. In K lautet die Ausbreitungsgleichung $x = ct$. Transformation mit $T(v, w)$ in ein System K' ergibt

$$x' = c\frac{1 - \frac{v}{c}}{1 - \frac{vc}{w^2}}t'.$$

Die Lichtgeschwindigkeit hat daher in K' die Form

$$c' = c\frac{1 - \frac{v}{c}}{1 - \frac{vc}{w^2}}.$$

Diese Beziehung beschreibt in K' die Lichtausbreitung einer in K ruhenden Lichtquelle L. Um die Formel für die Lichtausbreitung einer in K'

ruhenden Quelle zu erhalten, benötigt man zusätzliche Erkenntnisse über die Lichtausbreitung.

7.5 Konstanz der Lichtgeschwindigkeit

Das meistens verwendete Prinzip von der Konstanz der Lichtgeschwindigkeit lautet: In einem Inertialsystem ist die Gleichung für die Lichtausbreitung einer Lichtquelle unabhängig vom Bewegungszustand dieser Quelle. Es gilt als experimentell gesichert und wird aus der Theorie der elektromagnetischen Wellen hergeleitet.

Wendet man das Prinzip von der Konstanz der Lichtgeschwindigkeit auf zwei Lichtquellen L und L' an, wobei L in K und L' in K' ruhe, kann man in K für beide Lichtquellen die gleiche Ausbreitungsgleichung anschreiben $x = ct$ und in K' für beide $x' = c't'$. In K' soll auch die Einstein-Synchronisation verwendet werden. Zwei Uhren in den Punkten X', Y' des Systems K' sind nach diesem Prinzip synchronisiert, wenn

$$t'_2 = t'_1 + \frac{1}{2}(t'_3 - t'_1)$$

gilt. Dabei wird das Licht der Quelle L' in K' mit der Ausbreitungsgeschwindigkeit c' verwendet. Berechnet man t'_2 mit dem Wert von c' und der Ausbreitungsgleichung in den Koordinaten von K', ergibt sich

$$t'_2 = t'_1 + k(t'_3 - t'_1), \quad k = \frac{1}{2}\left(1 + \frac{v}{c}\right)\frac{1 - \frac{vc}{w^2}}{1 - \frac{v^2}{w^2}}.$$

Soll in K' auch die Einstein-Synchronisation gelten, muss der Faktor k gleich $1/2$ werden, woraus $w = c$ folgt.

Folgerung: Die Einstein-Synchronisation in beiden Inertialsystemen zusammen mit dem Relativitätsprinzip und dem Prinzip der Konstanz der Lichtgeschwindigkeit führt auf die Lorentztransformation $T(v, c)$.

Die Beziehung zwischen dem Faktor k in der Synchronisationsformel und der Grenzgeschwindigkeit w bedarf einiger Bemerkungen. Transformationen von einem Inertialsystem ins andere, welche mit dem Relativitätsprinzip verträglich sind, ergeben $a = w^{-2}$, a ist also unabhängig von der Geschwindigkeit des Systems K' bezüglich K, die Transformationen $T(v, w)$ zu allen Systemen K' können unabhängig von deren Geschwindigkeit v mit dem gleichen Parameterwert w durchgeführt werden. Der in einem System K' induzierte k-Wert ergibt sich dann durch obige Gleichung und hängt im Allgemeinen von v ab. Nur wenn $w^2 = c^2$ ist, gilt unabhängig vom System $k = 1/2$. Ein fester Wert von $k \neq 1/2$ für alle Systeme K' unabhängig von v ergäbe in obiger Gleichung einen von v abhängigen Wert von w in Widerspruch zum Relativitätsprinzip. Verwendet man eine verallgemeinerte

Lorentztransformation $T(v, w)$ mit w verschieden von c, ist k entsprechend der obigen Gleichung von der Geschwindigkeit v des betrachteten Systems abhängig.

Die Art und Weise der Synchronisation kann den Eindruck der Willkür erwecken. Um das zu vermeiden, suchten die Physiker Prinzipien und Postulate, aus denen der Wert der Konstanten k oder der der Grenzgeschwindigkeit w folgten. Zur Isotropie-Forderung für die Lichtausbreitung kommen noch das Zwei-Wege-Licht-Prinzip und die Synchronisation durch langsamen Transport von Eigenzeit-Uhren[7]. Alle drei Postulate führen mit dem Relativitätsprinzip auf die Einstein-Synchronisation und damit auf die Lorentztransformation $T(v, c)$.

Im Grunde spielt es keine Rolle, ob man den Wert k frei festsetzt oder ob man nach Postulaten sucht, die zu diesem k-Wert führen; eine gewisse Konventionalität bleibt. Gesichtspunkte der Einfachheit und Erklärbarkeit werden berücksichtigt. Alle drei zitierten Postulate tragen freie Festsetzungen in sich, die Isotropie kann kaum zwingend begründet werden, das Zwei-Wege-Licht-Prinzip beruht auf dem Aspekt der Einfachheit, und die dritte Variante enthält die nicht zu begründende Annahme, dass bewegte Uhren immer Eigenzeit anzeigen.

7.6 Die Lorentzinvarianz der Naturgesetze

Man sucht deshalb allgemeine Prinzipien, die allen Vorgängen zukommen und naturgesetzliche Eigenschaften tragen; Invarianzprinzipien und das Relativitätsprinzip sind von dieser Art.

Die Grenzgeschwindigkeit w soll mit Hilfe von zwei physikalisch äquivalenten Vorgängen P und P' bestimmt werden, die in den beiden Inertialsystemen K und K' ablaufen. Der Wert von w wäre empirisch so festzulegen, dass P' in K' durch Gleichungen beschrieben wird, die denjenigen gleichwertig sind, welche P in K darstellen. Es gibt aber leider kein Kriterium, mit dem man entscheiden kann, ob ein Vorgang P' in K' dem Vorgang P in K physikalisch gleichwertig ist. Zwischen P und P' könnten nämlich Unterschiede bestehen, die sich auf die Festsetzung von w auswirken und die man nur feststellen könnte, wenn man ein zu K gleichwertiges Koordinatensystem in K' bereits hätte. Die vollständige physikalische Äquivalenz kann also nicht nachgewiesen werden, abgesehen von experimentellen Ungenauigkeiten.

Deshalb beschränkt man sich auf den Vorgang der Lichtausbreitung, man glaubt, im Postulat von der Konstanz der Lichtgeschwindigkeit einen Vorgang zu haben, der äquivalent ist in beiden Inertialsystemen. Es erlaubt w

---

[7] P. Mittelstaedt [78], S. 121ff. Auch der Begriff Eigenzeit wird in diesem Buch ausführlich beschrieben.

zu bestimmen, man fasst es als Repräsentanten für eine allgemeine Lorentz-Invarianz der Naturgesetze auf.

> «Der wirkliche und physikalisch unverzichtbare Grund für die Wahl $w = c$ ist also die vom speziellen Vorgang unabhängige und stets vorhandene Lorentzinvarianz der Naturgesetze, die durch die Wahl geeigneter Koordinaten besonders deutlich zum Ausdruck gebracht wird.»[8]

7.7 Die Galilei-Transformation

Für eine Spezialisierung der verallgemeinerten Lorentztransformation auf die Galilei-Transformation geht man von den Transformationsgleichungen für $T(v, w)$ aus, betrachtet den Spezialfall $w \to \infty$ und erhält die bereits oben angeführten Transformationsgleichungen. Wieder ist die Frage der Uhren-Synchronisation aktuell und der Vorgang der Lichtausbreitung von Interesse. Man erhält für $w \to \infty$ mit der Lichtgeschwindigkeit c' im System K' für den Parameter k bei der Uhren-Synchronisation

$$c' = c\left(1 - \frac{v}{c}\right), \quad k = \frac{1}{2}\left(1 + \frac{v}{c}\right).$$

Durch diesen Wert von k und die einsteinsche Methode der Synchronisation ist ein Verfahren gegeben, mit dem im Inertialsystem K' die absolute Zeit $t' = t$, welche durch die Galilei-Transformation induziert wird, im Prinzip empirisch realisiert werden kann. Es ist also durchaus möglich, eine absolute Gleichzeitigkeit empirisch zu realisieren. Der einzige Unterschied zur Einstein-Synchronisation, welche relative Gleichzeitigkeit ergibt, liegt darin, dass die Synchronisationsvorschrift des Galilei-Systems immer auf ein «ruhendes» Inertialsystem bezogen werden muss, da k die Relativgeschwindigkeit v des Systems K' gegenüber K enthält. Verwendet man eine absolute Zeit und absolute Gleichzeitigkeit, ist man an das Vorhandensein eines ausgezeichneten Inertialsystems gebunden, das man mit dem absoluten Raum gleichsetzen kann. Ein absolutes Inertialsystem, und damit eine absolute Zeit, kann aber wegen des zugrunde liegenden Relativitätsprinzips in dieser Theorie nur durch eine Konvention ausgezeichnet werden. Die Synchronisation durch Lichtsignale ist natürlich im Falle der Galilei-Transformation unnötig, man zieht die Synchronisation durch langsam transportierte Uhren vor.[9] Der Begriff Gleichzeitigkeit lässt sich auch bei einem Verzicht auf das Relativitätsprinzip beibehalten.

---

[8] P. Mittelstaedt [78], S. 123

[9] Vergleiche Abschnitt 6.3.

7.8 Zusammenfassung

Die Lorentztransformationen beruhen auf dem Relativitätsprinzip, dem Prinzip von der Konstanz der Lichtgeschwindigkeit und der einsteinschen Uhren-Synchronisation. Die gesamträumliche Konstruktion einer Gleichzeitigkeit trägt alle Zeichen des Bemühens, die physikalischen Phänomene in einem behälterartigen euklidischen Raum anzusiedeln, in dem Umgebungsverhältnisse wie bei der alltäglichen Raumvorstellung gelten. Das Relativitätsprinzip entspringt der konsequenten Trennung von Subjekt und Objekt, ein Inertialsystem könnte mit diesem Ansatz nur physikalisch ausgezeichnet werden, etwa durch die kosmische Hintergrundstrahlung, ein Subjekt hätte keinen Platz. Trennt man Subjekt und Objekt nicht, wird von selbst das Inertialsystem des Beobachters ausgezeichnet.

Schon das Problem der Lichtausbreitung zeigt, dass es nicht möglich ist, Empirisches und Gedankliches wirklich zu trennen. Einerseits legen erst die Koordinaten die Art der Lichtausbreitung fest, und andererseits fordert man Isotropie und Homogenität der Lichtausbreitung. Dass es unmöglich ist, die Lichtgeschwindigkeit – irgendeine Geschwindigkeit – auf einem längeren Weg von A nach B zu messen, weil dazu bereits eine Synchronisation der Zeit vorausgesetzt werden muss, die ihrerseits mit Licht durchgeführt werden soll, macht alles noch schwieriger.

Erst die Rekursion auf die allgemeine Lorentzinvarianz der Naturgesetze ergibt ein gedankliches Fundament, das weit genug reicht. Die Lorentzinvarianz bleibt aber eindeutig ein Postulat – was nicht weiter schlimm ist, gibt es doch in der Physik viele erfolgreiche Postulate –, auch wenn sich die mathematischen Beziehungen der relativistischen Physik längst tausendfach an den empirischen Fakten bewährt haben.

- Physikalisch lässt sich kein Inertialsystem auszeichnen.
- Relativitätsprinzip, Konstanz der Lichtgeschwindigkeit und die einsteinsche Uhren-Synchronisation führen auf die Lorentztransformationen.
- Die Uhren-Synchronisation wird mit Licht durchgeführt.
- Die Form der Lichtausbreitung kann erst aufgrund der verwendeten Koordinaten beschrieben werden.
- Die Koordinaten können aber erst durch Annahme einer bestimmten Lichtausbreitungsart definiert werden.
- Ohne Uhren-Synchronisation kann nur die Zwei-Wege-Lichtgeschwindigkeit definiert werden.
- Die Messung einer Einweg-Geschwindigkeit in astronomischen Dimensionen ist folglich eine ungelöste Aufgabe.
- Die Lorentzinvarianz der Naturgesetze ist deshalb ein Postulat, das aber mit der Erfahrung gut übereinstimmt.

8 Zur speziellen Relativitätstheorie

INHALT: Experimentelle Grundlagen; kontroverse Theorie; Probleme bei der Herleitung aus der klassischen Physik; Interpretation der Raum-Zeit-Koordinaten; einsteinsche und lorentzsche Deutung der Lorentztransformation; projektive Massbestimmung in der Kinematik; Einführung einer kinematischen Metrik mit physikalischen Fakten; Fragen zum Raum-Zeit-Kontinuum in der Mikrophysik.

8.1 Empirische Grundlagen

Das newtonsche Raum-Zeit-Konzept war bis zum Beginn des 20. Jahrhunderts Grundlage der Physik, obwohl schon in der zweiten Hälfte des 19. Jahrhunderts mit den Maxwellgleichungen eine nicht Galilei-invariante Theorie bekannt war. Die mehr und mehr experimentell bestätigte Theorie Maxwells vermochte aber schliesslich die Forscher zur Ansicht zu bringen, dass das newtonsche Raum-Zeit-Konzept eine Näherung einer anderen, vollkommeneren Theorie sein musste. Michelson und Morley zeigten dann, dass es nicht möglich ist, die Bewegung der Erde um die Sonne mit Hilfe eines Interferenzexperiments nachzuweisen, die Vorstellung eines im absoluten Raum ruhenden Äthers musste aufgegeben werden, eine ernste Krise der Physik war die Folge.[1]

[1] Man vergleiche H. Dehnen [19].

Der Michelson-Morley-Versuch wurde später mit grösserer Genauigkeit erneut durchgeführt[2], wieder mit negativem Ausgang. Dies und weitere Schwierigkeiten in der Elektrodynamik bewegter Körper war für Albert Einstein Veranlassung für seine Arbeiten.

Die mathematische Struktur der speziellen Relativitätstheorie wird also schon durch die Übereinstimmung der Aussagen der Elektrodynamik mit verschiedenen Experimenten gestützt; dazu gehören: der mit steigender Genauigkeit und unter verschiedenen Bedingungen ausgeführte Versuch von Michelson und Morley, der Dopplereffekt, der fizeausche Mitführungsversuch und die Aberration, vor allem aber die quadratisch von der Geschwindigkeit abhängenden Effekte, wie etwa die Beobachtung des transversalen Doppler-Effekts an Kanalstrahlen. In der Astronomie konnte gezeigt werden[3], dass das Prinzip von der Konstanz der Lichtgeschwindigkeit mit sehr hoher Genauigkeit, heutige relative Genauigkeit 10^{-9}, aus der Beobachtung an Doppelsternen folge: Würde die Lichtgeschwindigkeit von der Bewegung der Lichtquelle abhängen, so würde das Licht von verschiedenen Stellen der Bahn des Doppelsterns mit verschiedenen Geschwindigkeiten zur Erde gelangen. Bei der Grösse der Entfernung des Doppelsterns bewirken schon kleinste Geschwindigkeitsdifferenzen erhebliche Differenzen in den Laufzeiten. Deshalb müsste es möglich sein, die beiden Komponenten eines Doppelsterns an mehreren Stellen ihrer Bahn gleichzeitig wahrzunehmen, was aber überhaupt nicht der Fall ist, ebenso wenig sind Einflüsse auf die Pulsfolge von pulsierenden Doppelsternen zu beobachten. Ein späterer Einwand gegen dieses Doppelsternargument gilt heute durch die Beobachtung bei verschiedenen Wellenlängen bis in den Röntgenbereich als widerlegt.[4]

Die Konstanz der Lichtgeschwindigkeit ist im irdischen Labor mit der relativen Genauigkeit von 10^{-4} durch Messung der Geschwindigkeit des Lichts, emittiert beim Zerfall sehr schneller π^0-Mesonen, bestätigt worden; Laborexperimente mit gegenteiligem Resultat sind in der Zwischenzeit widerlegt worden.

Man ist allgemein der Meinung, dass die theoretischen Vorhersagen der speziellen Relativitätstheorie durch die Experimente genauestens bestätigt werden, etwa die Energieformel durch Paarerzeugung und Paarvernichtung von Elementarteilchen durch elektromagnetische Strahlung oder durch den Massendefekt in der Physik der Atomkerne, mit dem verheerenden Beispiel der Kernwaffen. Die Massenformel ist für den Betrieb der gigantischen Maschinen zur Beschleunigung von Elektronen und Protonen auf sehr hohe Energien, also bei Geschwindigkeiten nahe der Lichtgeschwindigkeit, von entscheidender Bedeutung.

---

[2] D. Miller und E. Morley 1904

[3] durch W. de Sitter

[4] Siehe H. Dehnen [19].

Die Zeitdilatation wird in Zusammenhang mit den Myonen der Höhenstrahlung gebracht, weil diese die Erdoberfläche sonst vor ihrem Zerfall gar nicht erreichen würden. Durch Flüge um die Erde[5] in östlicher und westlicher Richtung wurde die Zeitdilatation mit Atomuhren gemessen, eine Zeitdifferenz gegenüber einer erdfesten Uhr von $-6 \cdot 10^{-8}$ sec für den Ostflug und von $2.7 \cdot 10^{-7}$ sec für den Westflug ergab sich. Hier verbirgt sich allerdings noch ein Anteil der allgemein relativistischen Theorie. Damit betrachtet man auch das Zwillingsparadoxon als experimentell erhärtet.

Neuere Erfahrungen bei Radiogalaxien und Quasaren schienen der Theorie zu widersprechen, da bei der Expansion von Radiodoppelquellen scheinbar Überlichtgeschwindigkeiten auftraten. Legt man aber vollständig relativistische Modelle zugrunde, kommt man ohne Überlichtgeschwindigkeiten aus.

8.2 Kontroverse Theorie

Eine auch heute noch wachsende, bereits umfangreiche Literatur zur speziellen Relativitätstheorie[6] zeigt, dass deren gedanklicher Gehalt trotz der experimentellen Bestätigungen der mathematischen Struktur noch immer zu Diskussionen Anlass gibt; es ist bislang offenbar nicht gelungen, eine befriedigende Beziehung zur klassischen Physik zu schaffen. Woran mag das liegen? Zum einen mögen es die oft zu sehr herausgehobenen Gedankenexperimente und teils auch wirklichen makroskopischen Experimente sein mit den ungewohnten Veränderungen von Strecken und Zeitintervallen, zum Beispiel das Zwillingsparadoxon, zum anderen sind es die Schwierigkeiten der Herleitung des relativistischen Formalismus aus der klassischen Physik.

Zum ersten: Die wahre Bedeutung der speziellen Relativitätstheorie liegt wohl nicht bei den makroskopischen Experimenten, sondern bei der mikroskopischen Anwendung und vor allem bei der Lorentzinvarianz bestimmter Naturgesetze.[7]

8.3 Logische Schwierigkeiten bei der Herleitung

Bei der Herleitung der Theorie muss man unterscheiden, ob man von der klassischen Kinematik ausgeht und dann zur relativistischen Physik kommt, oder ob man wie bei der verallgemeinerten Lorentztransformation[8] $T(v, w)$

---

[5] J. Hafele und R. Keating [41]

[6] K. Hentschel [45]

[7] Vergleiche das vorangehende Kapitel.

[8] Siehe Kapitel 7.

mit Gesichtspunkten wie Isotropie des Raumes und Gruppeneigenschaften die Transformationsgleichungen erhält.

Bei der Herleitung aus der klassischen Kinematik zeigen sich die Schwierigkeiten am ehesten beim Geschwindigkeitsbegriff, besonders bei der Addition von Geschwindigkeiten. In der Herleitung aus der klassischen Kinematik addiert man die Geschwindigkeiten v mit der Lichtgeschwindigkeit c mit $v+c$ rein klassisch. Alle Argumentationen finden im Rahmen der klassischen Kinematik statt, sonst müsste man den Übergang zu etwas anderem feststellen. Schliesslich entsteht die relativistische Additionsformel, die eine durchaus andere Art der Addition zweier Geschwindigkeiten darstellt,

$$v' = \frac{v_1 + v_2}{1 + \frac{v_1 v_2}{c^2}}.$$

Die Addition von v und c ergibt hier c im Gegensatz zu $v + c$ in der klassischen Addition. Die Herleitung wäre mit der relativistischen Formel gar nicht durchzuführen, weil viele Ausdrücke trivial werden.

Es ist in der Tat so, dass vom Standpunkt der Logik bei der Herleitung der relativistischen Formel aus der klassischen Kinematik der Geschwindigkeitsbegriff, respektive die Vorschrift, wie man Geschwindigkeiten addieren soll, im Laufe der Herleitung verändert wird, was zum Vorwurf der logischen Inkonsistenz führt.[9] Bei Herleitungen sind Begriffsinhalte beizubehalten; wenn ein Begriffsinhalt verändert werden muss, gilt die Herleitung als logisch nicht konsistent. Nun werden wohl die meisten Physiker entgegnen, dass sich die relativistische Physik längst auch hinsichtlich des Formalismus bewährt habe, die theoretischen Berechnungen stimmen mit den Resultaten der Experimente überein. Man kann also nicht behaupten, dass die spezielle Relativitätstheorie falsch sei. Der Physiker sagt einfach «relativistisch gerechnet» oder «klassisch gerechnet», um darzustellen, dass es offenbar zwei verschiedene Möglichkeiten gibt, eine Addition von Geschwindigkeiten durchzuführen. Wie lässt sich dann aber das Problem der Herleitung lösen? Die Antwort sei vorweggenommen: *Aus der klassischen Kinematik kann es aus axiomatischen Gründen keine konsistente Herleitung der relativistischen Kinematik geben, jede Herleitung ist heuristisch.* Macht man bei der Herleitung den subtilen Unterschied zwischen projektiven Skalen und Mass[10], betrachtet man also die Grössen v und c als Skalenwerte, so kann die axiomatische Schwierigkeit umgangen werden.

Besser ist es, wenn man die verallgemeinerten Lorentztransformationen mit Gruppeneigenschaften und physikalischen Prinzipien ermittelt. Bei diesem Vorgehen operiert man auf einer Ebene, die der klassischen und der relativistischen Kinematik gemeinsam ist, und erhält so eine Gruppe $T(v, w)$, aus der durch Wahl von w entweder die klassische Kinematik, $w \to \infty$, oder mit $w = c$ die relativistische entsteht; man versucht nicht, die eine aus der

[9] B. Gut [40]

[10] Siehe Kapitel 3 und 4.

andern herzuleiten. *Die gemeinsame Ebene ist die projektive Geometrie,* wie sich zeigen wird.

8.4 Interpretation der Koordinaten

Rückt man, wie das in der speziellen Relativitätstheorie gemacht wird, von der Idee eines absoluten Raumes und einer absoluten Zeit ab, besteht eine noch heute nicht geklärte Schwierigkeit mit der wirklichen Bedeutung der lorentztransformierten Koordinaten. Man betrachte etwa drei Inertialsysteme K, K', K'', wo v_1 die Relativgeschwindigkeit von K bezüglich K' und v_2 die Relativgeschwindigkeit von K bezüglich K'' sei. Die transformierten Koordinaten von K' auf K ergeben im Allgemeinen nicht den gleichen Massstab wie die von K'' auf K.

$$x = \frac{x' - v_1 t'}{\sqrt{1 - \frac{v_1^2}{c^2}}} \neq \frac{x'' - v_2 t''}{\sqrt{1 - \frac{v_2^2}{c^2}}} = x, \text{ für } v_1 \neq v_2.$$

Den transformierten Koordinaten, nicht die eigentlichen Invarianten oder systeminternen Messungen sind gemeint, kann deshalb nicht eine Bedeutung im üblichen Sinne zuerkannt werden; sie haben nur einen Sinn zusammen mit den Ausgangskoordinaten, sie sind *perspektiver* Natur. Die Situation ist ähnlich wie bei Parallelverschiebungen von Vektoren auf gekrümmten Flächen, bei der Verwendung von transformierten Koordinaten müsste laufend spezifiziert werden, ob es sich um Beobachtbares vom Standpunkt K in K oder K' respektive K'' handelt, was konsequent nicht durchgeführt werden kann.

Bemerkenswert ist, dass die Raum-Zeit-Koordinaten x, y, z, t und deren transformierte kaum verwendet werden, wenn man relativistische Rechnungen zu praktischen Versuchen der Mikrophysik, nicht zu Gedankenexperimenten, macht; Geschwindigkeiten, Impulse oder Feldstärken werden bestimmt, nicht Raum-Zeit-Koordinaten.[11] Dass in den Maxwellgleichungen die Raum-Zeit-Koordinaten auftreten, wird noch zu diskutieren sein. Raum-Zeit-Koordinaten werden auch in den Feynman-Diagrammen verwendet, diese sind aber eher symbolischer Natur. Die Problematik des Beobachterstandpunkts und die Tatsache, dass Raum-Zeit-Koordinaten bei Versuchen in der Mikrophysik nicht nötig sind, sind zwei Fakten, die in der noch darzustellenden Interpretation der Lorentzgruppe von erheblicher Bedeutung sind.

---

[11] Es gibt sogar Autoren, die das Raumzeit-Kontinuum am liebsten abschaffen würden, siehe Abschnitt 8.8.

8.5 Einstein versus Lorentz

Warum man heute die einsteinsche Theorie trotz vieler Einwände immer noch als richtig ansieht, folgt am besten aus der skizzenhaft dargestellten Meinung eines der grossen Physiker des 20. Jahrhunderts, P. A. M. Dirac:[12]

Die Geschwindigkeit eines Körpers habe nur eine Bedeutung bezüglich der Geschwindigkeit von irgend etwas, es sei nur die Geschwindigkeitsdifferenz eine wohldefinierte Grösse. Trotzdem ergebe sich die Frage, ob ein absoluter Nullpunkt der Geschwindigkeiten existiere. Eine Antwort könnten aber nur Experimente liefern, wie etwa das berühmte Experiment von Michelson und Morley, welches aber keine entsprechende Auszeichnung eines Nullpunkts ergeben habe. Zu jener Zeit war die beste physikalische Theorie die Maxwelltheorie, und man konnte die Invarianz der Maxwellgleichungen bezüglich der Lorentztransformationen demonstrieren. Dann postulierte Einstein, dass alle Inertialsysteme gleichwertig seien und dass man sich bei den Lorentztransformationen eine neue Auffassung von Raum und Zeit aneignen müsse, der Beginn der Relativitätstheorie. Lorentz lehnte damals die einsteinsche Auffassung ab, obwohl er die Lorentztransformationen entdeckt hatte, in der Meinung, dass *ein* System das richtige wäre und die anderen nur mathematische Fiktionen wären. Lange Zeit hatte man keine Grundlage für eine Entscheidung, welches das richtige System sei, deshalb wurde Einsteins Sicht allgemein angenommen und Minkowskis mathematische Formulierung danach auf die ganze Physik erweitert.

Doch in neuerer Sicht habe Lorentz mit der natürlichen Mikrowellen-Hintergrundstrahlung eine Stütze. Man fasst sie als Überbleibsel der Strahlung von einigen Zentimetern Wellenlänge auf, welche bei der Geburt des Universums entstanden sei. Sie kommt bei *einem* bestimmten Beobachter aus allen Richtungen gleichmässig an, bei einem andern, relativ zum ersten bewegten, kommt sie stärker aus der Richtung, in der er sich bewegt, und weniger stark von seiner Rückseite. Somit existiere ein ausgezeichneter Standpunkt, und man könne eigentlich sagen, dass Einsteins Ansicht falsch sei und Lorentz recht habe, was man aber nicht tue. Einsteins Bedeutung liege auf anderem Felde. Obwohl seine Thesen im absoluten Sinne an Bedeutung verloren hätten, blieben die von ihm eingeführten Lorentztransformationen fundamental, sie blieben gültig, auch wenn die gedanklichen Voraussetzungen Einsteins mit der modernen Technologie teilweise überholt seien. Die Bedeutung der Lorentztransformationen liege darin, dass sich eine lorentzinvariante Beziehung zwischen einem Partikel und einer Welle ergibt, die Welle-Teilchen-Beziehung von de Broglie[13], welche für die Entwicklung der Quantenmechanik wegbereitend war.

---

[12] P.A.M. Dirac [21]

[13] Siehe Kapitel 11.

Eine weitere Entdeckung, der Elektronenspin, ergab sich bei der Suche nach einer Bewegungsgleichung für ein Elektron im Rahmen der Lorentztheorie und der Quantenmechanik. Dann dachte man an die Existenzmöglichkeit der Antimaterie, all dies waren Konsequenzen der Lorentztransformationen. Zusammenfassend könne man sagen, dass der Hauptgrund, warum die Physik an die spezielle Relativitätstheorie glaubt, der sei, dass die Lorentztransformationen eine derartig gewaltige Konsequenz hatten.[14]

Mit den irreduziblen Darstellungen der Lorentzgruppe erhält man eine Klassifikation von Elementarteilchen mit ihren Symmetrien oder Spins bezüglich ihres Raum-Zeit-Verhaltens, die Lorentzgruppe ist also eine der grundlegenden Strukturen für die moderne Elementarteilchenphysik.

Gewisse Begründungen Einsteins, die zur Lorentzgruppe führten, soweit sie das Relativitätsprinzip betreffen, werden nicht mehr als stichhaltig anerkannt, gleichwohl wird der Formalismus wegen seiner Bewährung in der modernen Elementarteilchenphysik, nicht nur bei der Maxwelltheorie, als weiterhin gültig angesehen. Man kann, wie das schon im Zusammenhang mit der elementaren Quantenmechanik getan wurde, von einer Art Erkenntnisgrenze sprechen. *Ideen, die zu einer sich bewährenden Theorie führten, werden später als nicht zutreffend verworfen, die daraus entstandene Theorie wird aber beibehalten.* Was die Begründung der Möglichkeit eines absoluten Standpunktes durch die Hintergrundstrahlung betrifft, haben sich in der Zwischenzeit neue Aspekte ergeben.

Dass die Entscheidung, welche der Auffassungen, die einsteinsche oder die lorentzsche, die richtige ist, offenbar immer noch nicht eindeutig gefallen ist, zeigt die Literatur der neuesten Zeit. Die Analysen führen tief in philosophische und erkenntnistheoretische Zusammenhänge, die Empirie allein kann diese Problematik offenbar nicht lösen.

Eine systematische Untersuchung[15] der relativistischen Auffassung (R.), das ist der Standpunkt der gängigen Lehre, und der lorentzschen Sicht (L.) der Lorentztransformationen ergibt etwa folgende Gesichtspunkte.

R. Alle Inertialsysteme sind in «Wirklichkeit» gleichwertig.
L. Alle Inertialsysteme «erscheinen» als gleichwertig, seien es aber in Wirklichkeit nicht, und das Relativitätsprinzip verhindere es, dies experimentell nachzuweisen. Auch wenn man absolute Messungen voraussetzt, sind die Messergebnisse von Längen und Zeiten nur von den Relativgeschwindigkeiten abhängig.

Die beiden Relativitätsprinzipien können so formuliert werden:
R. Alle Naturgesetze haben in allen Inertialsystemen dieselbe Gestalt.
L. Alle Naturgesetze haben in allen Inertialsystemen dieselbe Gestalt, soweit sie messbare Eigenschaften beschreiben. Andere Eigenschaften, etwa

[14] So weit Dirac
[15] Wir folgen hier dem Buch von J. Brandes [10].

die absolute Längenänderung eines bewegten Stabes, seien zunächst ohne physikalisches Interesse, da sie nicht experimentell nachweisbar seien.

Das lorentzsche Relativitätsprinzip ist eine Erweiterung des galileischen Relativitätsprinzips.

In beiden Interpretationen sind praktisch gleiche Argumentationen erlaubt, sie führen beide auf die gleichen Transformationsformeln. Allerdings gibt es auch Unterschiede.[16] Der wesentliche Unterschied liegt in dem, was von den Messwerten und was von den mathematischen Formeln Aussagen über «wirkliche» physikalische Grössen sein sollen. Wirklich im Sinne von «an sich», was immer das auch heissen soll. Auf jeden Fall, was unabhängig von einem Inertialsystem gelten soll.

R. Länge ist in der relativistischen Interpretation eine physikalische Grösse, die nur relativ zu einem Inertialsystem einen Sinn hat. Die gemessene Länge eines Massstabes hat jeden Wert zwischen null und der Ruhelänge abhängig von seiner Geschwindigkeit respektive der des Inertialsystems, in dem er ruht. Für die Zeit, für die elektrische Feldstärke oder auch die magnetische Feldstärke gilt genau dasselbe.

L. In der lorentzschen Interpretation sind Länge, Zeit, elektromagnetische und magnetische Feldstärke und so fort von Inertialsystemen unabhängige Grössen, die aber wegen des Relativitätsprinzips nur unvollständig gemessen werden könnten. Wenn es ein ausgezeichnetes Inertialsystem in der Wirklichkeit gibt, sei dieses wegen des Relativitätsprinzips nicht lokalisierbar. Gibt es eines, so liegt es nahe zu sagen, die relativ zu diesem gemessenen Entfernungen, Zeiten und so weiter seien die «wirklichen» Werte der Entfernungen, Zeiten ...

Auch für das Prinzip der Konstanz der Lichtgeschwindigkeit gelte Ähnliches. Der «wirkliche» Wert der Lichtgeschwindigkeit sei der relativ zum ausgezeichneten Inertialsystem gemessene Wert, und es sei das Relativitätsprinzip, welches dasselbe Messergebnis relativ zu jedem Inertialsystem erzwinge, mit dem Unterschied, dass in dieser zweiten Auffassung Lichtsignale eine andere «wirkliche» Geschwindigkeit hätten, etwa $c - v$.

R. In der relativistischen Interpretation gelten alle Messungen als gleichwertig und als «wirklich» genau das, was unabhängig von allen Inertialsystemen gilt. Die Lichtgeschwindigkeit c zum Beispiel gilt für alle Inertialsysteme, sie ist deshalb eine «wirkliche» physikalische Grösse.

Es gibt somit zwei Arten von Messwerten:

R.1 Messwerte relativ zu einem Inertialsystem, wie Längen, Zeiten, elektromagnetische Messungen.

R.2 Messwerte, die unabhängig von Inertialsystemen gelten. Sie sind aus

[16] Vergleiche J. Brandes [10], S. 174.

den Messwerten der ersten Gruppe zu berechnen. Dazu gehören das Raum-Zeit-Intervall

$$\Delta s^2 = (ct_1 - ct_2)^2 - (x_1 - x_2)^2 - (y_1 - y_2)^2 - (z_1 - z_2)^2,$$

die Grösse

$$E^2 - H^2,$$

die Lichtgeschwindigkeit c, die unabhängig vom Inertialsystem als konstant gemessen wird, ferner Skalare und Invarianten von Vierervektoren und Tensoren. Beispiele dafür sind Vierergeschwindigkeit, Viererimpuls und der zweifach kovariante Tensor des elektromagnetischen Feldes.

Zu diesen zwei Arten von Messwerten gelangt man wegen des Relativitätsprinzips, denn physikalische Grössen relativ zu einem Inertialsystem sind keine Grössen «an sich», keine «wirklichen» physikalischen Grössen, da sie für jedes Inertialsystem andere Werte besitzen.

L. In der lorentzschen Auffassung verhalten sich die mit dem ausgezeichneten Inertialsystem verbundenen «wirklichen» Messwerte wegen des Relativitätsprinzips genau so wie die übrigen Messwerte. Die Lichtgeschwindigkeit c sei nicht der «wirkliche» Wert der Lichtgeschwindigkeit. Der Messwert sei wohl in allen Inertialsystemen gleich, die Lichtgeschwindigkeit aber verschieden für verschiedene Richtungen in einem Inertialsystem, etwa $c - v$ oder $c + v$.

Alle Inertialsysteme erscheinen als gleichberechtigt, sie sind durch Messungen nicht zu unterscheiden. Daraus folge, dass es kein Messverfahren gäbe, das eines auszeichnet. Damit sei mit physikalischen Methoden das ausgezeichnete System nicht erkennbar.

Auch hier ergeben sich zwei Arten von Messwerten:
L.1 Messwerte relativ zu einem beliebigen Inertialsystem.
L.2 Messwerte relativ zum ausgezeichneten System. Bei diesen zeigten sich die «wirklichen» physikalischen Grössen unmittelbar, so wie sie «wirklich» sind. Aus den Messwerten der ersten Gruppe lassen sich höchstens qualitative Eigenschaften ableiten, aber der «wirkliche» Wert sei daraus nicht zu erkennen.

Für die lorentzsche Interpretation sind Vierervektoren oder Tensoren Zusammenhänge zwischen physikalischen Grössen, die gewährleisten, dass für Gesetze wie Impuls- und Energieerhaltung oder die Maxwellgleichungen das Relativitätsprinzip gilt und diese Gesetze in allen Inertialsystemen die gleiche Gestalt haben.

Man kann sich schliesslich die Frage stellen, ob beide Interpretationen mit der Allgemeinen Relativitätstheorie verträglich sind oder nicht. Kann dadurch eine Entscheidung gefällt werden? Das ist aber offenbar nicht der

Fall. Die einzige Schwierigkeit, die auftritt, ist, dass gewisse Situationen mit der relativistischen Deutung negative Eigenzeiten ergeben.[17]

Die Auswahl einiger Gesichtspunkte zeigt, wie schwierig es ist, eine rundum stichhaltige Interpretation der Lorentztransformationen und ihres Umfelds zu erhalten, wenn man nur physikalische Betrachtungen zulässt. Die relativistische Interpretation setzt auf Trennung von Subjekt und Objekt, die lorentzsche Deutung lässt immerhin ein ausgezeichnetes Inertialsystem zu; dieses System muss aber physikalisch begründet werden, und das ist offenbar schwierig. Man versucht also auch hier, die Trennung aufrechtzuerhalten, obwohl es sich schon von den verwendeten Formulierungen her aufdrängt, das Subjekt ins Zentrum des ausgezeichneten Systems zu setzen. Formeln wie «wirklich» oder «an sich» sind ohne weitere Klärungen höchstens im Sinne eines naiven Realismus zu verstehen. Andererseits sind Ausdrücke wie «erscheinen so wie» nur bezüglich eines bestimmten Beobachterstandpunktes sinnvoll. Man kann leicht erkennen, dass der Aussagewert verschiedener Prinzipien und ihrer physikalischen Ausdeutungen ohne eine fundierte erkenntnistheoretische Analyse nicht einzuschätzen ist.

Es kann an dieser Stelle natürlich nicht entschieden werden, welche der beiden Interpretationen «die richtige» ist. Mit Anleihen aus der Axiomatik der projektiven Geometrie wird nun versucht zu zeigen[18], dass einige der aufgelisteten Probleme mit der «Wirklichkeit» relativ einfach damit zu verstehen, respektive zu umgehen sind.[19]

---

[17] Genaueres findet man bei J. Brandes [10].

[18] Siehe Kapitel 12ff.

[19] Seit der Mitte des 20. Jahrhunderts wird versucht, die Struktur der speziellen Relativitätstheorie im Sinne einer *Bewegungsperspektive* zu deuten. Wir fassen Darlegungen von F. W. Dustmann [23] zusammen.

Die Entwicklung im 20. Jahrhundert geht in Richtung eines Zuschauerstandpunktes, der Mensch erkennt, dass seine Eindrücke von der Welt unter gewissen Umständen nicht nur vom Standort im Raum und von seiner Blickrichtung abhängen, sondern auch von seinem Bewegungszustand. Zu der räumlichen Perspektive tritt eine neue Art Perspektive hinzu, die durch den Bewegungszustand des Beobachters oder des bewegten Objekts bestimmt wird und die deshalb als Bewegungsperspektive bezeichnet wird. Sie entsteht, wenn der Abbildungsvorgang als zeitlicher Vorgang betrachtet wird. Das Objekt bewegt sich dann während des Abbildungsvorgangs selbst, was zu einer Veränderung des Bildes führt. Die Abbildung erfolge stets mit der Vakuum-Lichtgeschwindigkeit im Gegensatz zur klassischen Phoronomie, wo sie unendlich gross angenommen wird. Man betrachtet Abbildungsprozesse, die eine gewisse Dauer haben, während der sich der abzubildende Gegenstand weiterbewegt. Das Zusammenspiel dieser Bewegungen führt zu ganz charakteristischen Verzerrungen, wobei es sich bei diesen um perspektive Effekte handelt und nicht um Verzerrungen, die durch physikalische Kräfte erzeugt werden. Ein abgebildeter Würfel erscheint zum Beispiel gegenüber der Projektionsebene gedreht.

8.6 Massbestimmung in der Kinematik

Versieht man Zähler und Nenner in der klassischen Definition der konstanten Geschwindigkeit mit einem Faktor $\rho \neq 0$, bedeutet $v = \rho s / \rho t$, dass man die Strecke und das Zeitintervall verlängert oder verkürzt, die Geschwindigkeit aber gleich bleibt. Ob man bei einer konstanten Geschwindigkeit eine kurze oder eine lange Wegstrecke zur Bestimmung wählt, spielt also keine Rolle, das Zeitintervall wird sich nur entsprechend ändern, die konstante Geschwindigkeit ist wohl eindeutig gegeben, Wegstrecke und Zeitintervall sind aber nur bis auf Vielfache $\rho, \rho \neq 0$, bestimmt. Das scheint trivial zu sein, ist aber für das Folgende von entscheidender Bedeutung, gleichsam der Kern der ganzen Sache: mathematisch bedeutet dies nämlich, dass die Geschwindigkeit durch homogene oder projektive Koordinaten festgelegt wird.

Homogene Koordinaten sind nur bis auf Vielfache bestimmt. Wie gezeigt[20], kann man gewöhnliche kartesische Koordinaten x, y, z durch homogene Koordinaten definieren

$$x = \frac{x_1}{x_4}, \quad y = \frac{x_2}{x_4}, \quad z = \frac{x_3}{x_4}.$$

Dann sind x_1, x_2, x_3, x_4 vier homogene Koordinaten eines Punktes $P(x, y, z)$ Der gleiche Punkt wird auch durch $P(\rho x_1, \rho x_2, \rho x_3, \rho x_4)$ dargestellt, falls $\rho \neq 0$. Sämtliche Punkte $P(x_1, x_2, x_3, x_4)$ mit homogenen Koordinaten mit Ausnahme von $(0, 0, 0, 0)$ bilden einen projektiven Raum, der unabhängig von einem euklidischen Raum gegeben ist.[21] Der Raum der Geschwindigkeiten ist also ein projektiver Raum. Heuristisch erhält man eine erste Beziehung zur Lorentzgruppe, wenn man die Koordinaten des Raum-Zeit-Vierervektors (x, y, z, t) als projektive Koordinaten auffasst. Geht man dann zu gewöhnlichen Koordinaten über mit $v_x = x/t$ und so weiter, erhält man eine Geschwindigkeit.

Die projektive Geometrie kennt nur Axiome der Verknüpfung, der Anordnung und der Stetigkeit, es gibt keine Distanzen und keine Winkel, also keine Metrik. Das Einführen einer Metrik in einem projektiven Raum besteht darin[22], dass man eine Fläche 2. Grades als Absolute einführt. Die «Bewegungen» in diesem Raum sind durch die projektiven Transformationen, Kollineationen, gegeben, die die Absolute invariant lassen. Beim Einführen einer euklidischen Metrik wählt man eine ausgeartete Fläche, den imaginären Kugelkreis, als Absolute, in der hyperbolischen Geometrie wählt man eine reelle ovale Fläche.[23] Die euklidischen Bewegungen sind

[20] Siehe Kapitel 3.

[21] Vergleiche Kapitel 2 und 3.

[22] Kapitel 3 und 4

[23] Siehe Kapitel 4.

also ganz andere projektive Abbildungen als die hyperbolischen Bewegungen, die beiden entstehenden Geometrien sind somit unvereinbar.

Genau diese Situation hat man bei der Geschwindigkeit. Die kinematischen Überlegungen zur Herleitung der speziellen Relativitätstheorie finden im projektiven Geschwindigkeitsraum statt. Will man im Geschwindigkeitsraum messen, oder will man etwa zwei Geschwindigkeiten addieren, braucht man zusätzlich eine Massbestimmung, weil es im projektiven Raum der Geschwindigkeiten von vornherein noch keine gibt.

Wählt man eine euklidische Massbestimmung, erhält man die Addition der Geschwindigkeiten gemäss der klassischen Physik. *Die klassische Kinematik ist somit eine Kinematik mit einer euklidischen Massbestimmung,* beim Addieren von Geschwindigkeiten können beliebig grosse Werte entstehen. Wählt man aber eine hyperbolische Massbestimmung, wird man zur relativistischen Additionsformel geführt, beim fortgesetzten Addieren von Geschwindigkeiten wird die Summe nicht beliebig gross, es existiert eine Grenzgeschwindigkeit, etwa die Lichtgeschwindigkeit. Soll umgekehrt die Lichtgeschwindigkeit Grenzgeschwindigkeit sein, wählt man eine hyperbolische Metrik im Geschwindigkeitsraum, da es in der hyperbolischen Geometrie Grenzpunkte gibt, die nicht überschritten werden können.[24] Verwendet man die Lorentzgruppe, bedeutet das aus Sicht der projektiven Geometrie, dass man eine hyperbolische Kinematik gewählt hat. *Die relativistische Kinematik ist also eine Kinematik mit einer hyperbolischen Massbestimmung.*[25] Gruppentheoretisch heisst das: *Die räumliche Lorentzgruppe ist der vierdimensionalen projektiven Gruppe von Punkttransformationen mit invarianter ovaler absoluter Quadrik isomorph.* Deshalb ist die klassische Kinematik klar zu trennen von der relativistischen. *Es ist grundsätzlich nicht möglich, die relativistische Kinematik konsistent direkt aus der klassischen herzuleiten.* Man kann das der Physik also auch nicht vorwerfen. *Jede Herleitung der Lorentztransformationen aus der klassischen Kinematik hat gezwungenermassen heuristischen Charakter*, da sie auf den unmöglichen Versuch hinausläuft, eine hyperbolische Geometrie aus der euklidischen abzuleiten; Widersprüche entstehen. Diese axiomatische Schwierigkeit kann mit einer subtilen Unterscheidung von projektiver Skala und Mass umgangen werden.

Der Einwand, dass die Physik nicht mit dem Begriff einer nichteuklidischen Geometrie operiert, trifft nicht zu, da es eindeutige Kriterien für die Einreihung einer Geometrie unter die nichteuklidischen gibt, und die sind bei der Relativitätstheorie erfüllt, allerdings für den Geschwindigkeitsraum und nicht für den gewöhnlichen Raum. Ein historisches Faktum ist es nun, dass Einstein die projektive Geometrie entweder nicht oder vielleicht zu-

---

[24] Der Begriff Grenzgeschwindigkeit gilt nur von einem externen Gesichtspunkt, innerhalb der hyperbolischen Geometrie ist die Grenze unendlich.

[25] Verschiedentlich wurde dies schon bemerkt: V. Varičak [115], L. Silberstein [95], G. Unger [111], in Englisch: G. Unger [114].

wenig kannte, besonders die Grundlagen der projektiven Massbestimmung und die daraus abgeleitete nichteuklidische Geometrie nach Felix Klein. Deshalb suchte er eine Herleitung der relativistischen Formeln aus der klassischen Kinematik, und mit ihm die Physiker des 20. Jahrhunderts.

Den Axiomen entsprechend geht man so vor, dass man sich auf der Ebene der projektiven Geometrie entscheidet, ob euklidisch oder hyperbolisch gemessen werden soll. Die Metrik, die mit den Experimenten in Übereinstimmung ist, darf frei gewählt werden, eine freie Setzung der Massbestimmung – der Art, wie gemessen werden soll – kann vorgenommen werden. Das Einzige, was kritisiert werden kann, ist, ob die den Experimenten entsprechende Massbestimmung gewählt wurde oder nicht.

Mit dieser Betrachtungsweise steht man mit dem steinerschen Raumbegriff in keinem Gegensatz. Unterscheidet man die Begriffe Raum und Metrik[26], wie man das so für den Geschwindigkeitsraum tut, kann man den Raumbegriff durch Einführen der geeigneten Metrik spezialisieren, ihn im Erkenntnisprozess integrieren. Im Rahmen von kinematischen Fragen ist die Situation somit axiomatisch klar.

Die Raum-Zeit-Koordinaten haben also den Charakter von projektiven Koordinaten, sie beschreiben, wenn man sie als solche auffasst, in *vierdimensionaler Form Geschwindigkeiten im dreidimensionalen Raum.* Geschwindigkeiten, Impulse, allenfalls Winkel sind für die Anwendungen in der Mikrophysik wichtig und nicht die Raum-Zeit-Koordinaten. Diskussionen mit Raum-Zeit-Koordinaten bringen, wie viele Publikationen zeigen[27], immer wieder Interpretationsprobleme, weil man deren projektiven Charakter nicht berücksichtigt. Bei diesen Fragen zeigt sich, wie wichtig es ist, genau zu überschauen, wie der Raumbegriff durch Metrisierung eines projektiven Raumes spezialisiert wird. *Verschiedene Metrisierungen ergeben naturgemäss unterschiedliche Konsequenzen im begrifflichen Zusammenhang.*

Damit ist auch die logische Konsistenz der Postulate, die man zur Herleitung der Transformationsgleichungen aus der klassischen Kinematik verwendet, nicht relevant, steht doch aus bereits diskutierten Gründen der Massbestimmung von vornherein fest, dass man sich in der Kinematik für die eine oder die andere Geometrie entscheiden muss. *Beim Beurteilen der Konsistenz wird aber bereits eine bestimmte, meistens euklidische Geometrie verwendet.*

[26] Vergleiche Kapitel 2, 3 und 4.
[27] Siehe auch Abschnitt 8.8.

8.7 Einführen der kinematischen Metrik

Interessant ist nun, wie die Metrik aufgrund von physikalischen Gesichtspunkten und Prinzipien im Geschwindigkeitsraum eingeführt werden kann, und wo schliesslich Raum und Zeit eine Rolle spielen.

Bei der Herleitung der Lorentztransformation geht man von physikalischen Postulaten aus, mit denen die projektiven Transformationen schrittweise spezialisiert werden.[28] Im linearen Ansatz steckt die physikalische Voraussetzung, dass der Übergang von einem Inertialsystem zu einem andern keine Scheinbeschleunigungen ergeben darf, in der gleichberechtigten Behandlung zweier Koordinatensysteme das Relativitätsprinzip, und für die Metrik wird schliesslich das Postulat von der Konstanz der Lichtgeschwindigkeit verwendet.

Man wählt ein vollständiges Koordinatensystem mit einem Koordinatentetraeder, das gleichzeitig ein kartesisches System ist. Die in der Polarität dem Nullpunkt zugeordnete Ebene muss zur unendlichfernen gemacht werden.[29]

Einem Geschwindigkeitsvektor v kann man damit ein Zahlenquadrupel $v_i, i = 1, \ldots, 4$, das bis auf eine Konstante bestimmt ist, zuordnen. Um den Anschluss an die Formalismen der Physik möglichst einfach zu erhalten, setzt man

$$v_x = c\frac{v_1}{v_4}, \quad v_y = c\frac{v_2}{v_4}, \quad v_z = c\frac{v_3}{v_4}. \qquad (1)$$

c ist der Wert der Vakuumlichtgeschwindigkeit. Man erhält aus dem Quadrupel v_i die Geschwindigkeitskomponenten v_x, v_y, v_z, indem man dieses auf $v_4 = c$ normiert. v stellt die Relativgeschwindigkeit bezüglich des Beobachters dar.

Für die Transformationsgleichungen für den Übergang von einem Koordinatensystem K' zu einem andern, K, werden, damit volle Symmetrie besteht, die beiden Systeme so angeordnet, wie Figur 8.1 zeigt. Die Geschwindigkeit von K bezüglich K' sei V', die von K' bezüglich K sei V, beide in Richtung der 1-Achsen. Es gelte also nicht von Anfang an $V = V'$.

Der Übergang vom projektiven Koordinatensystem K' nach K wird durch eine Projektivität, also arithmetisch durch die vier Gleichungen

$$\rho v_i = \sum_{k=1}^{4} a_{ik} v'_k, \quad i = 1, \ldots, 4; \quad \rho \neq 0,$$

[28] Vergleiche Kapitel 7.

[29] Man vergleiche Kapitel 3.

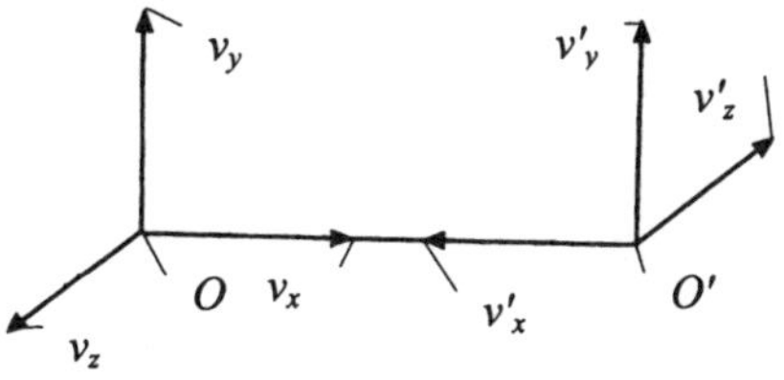

FIGUR 8.1. Anordnung der zwei Systeme in voller Symmetrie

gegeben. Aus der Anordnung ergibt sich eine Transformationsmatrix a_{ik} der Gestalt

$$A = \begin{pmatrix} a_{11} & 0 & 0 & a_{14} \\ 0 & a_{22} & 0 & 0 \\ 0 & 0 & a_{33} & 0 \\ a_{41} & 0 & 0 & a_{44} \end{pmatrix}.$$

Wegen der Symmetrie der Anordnung der beiden Systeme muss

$$A = kA^{-1}$$

gelten, wo $k \neq 0$ eine beliebige Konstante ist. Daraus folgt durch Multiplikation mit A von rechts

$$A^2 = kE,$$

wenn E die 4×4 Einheitsmatrix ist. Damit erhält man erste Bedingungen für die Matrixelemente a_{ik}

$$a_{11}^2 + a_{14}a_{41} = a_{22}^2 = a_{33}^2 = a_{41}a_{14} + a_{44}^2 = k \qquad (2)$$

und

$$a_{11}a_{14} + a_{14}a_{44} = 0, \qquad a_{41}a_{11} + a_{44}a_{41} = 0.$$

Aus diesen Beziehungen folgt $a_{11} = -a_{44}$. Die weiteren Bedingungen ergeben sich, wenn man durch Verhältnisbildung gemäss (1) zu wirklichen Geschwindigkeiten übergeht. Bei der gegebenen Anordnung von K und K' interessiert vor allem $i = 1$. Setzt man $v_1' = 0$, muss sich

$$c\frac{v_1}{v_4} = V,$$

die Relativgeschwindigkeit von K' bezüglich K, ergeben. Somit gilt

$$a_{14} = \frac{V}{c}a_{44}.$$

A hat dann die Gestalt

$$A = \begin{pmatrix} -a_{44} & 0 & 0 & \frac{V}{c}a_{44} \\ 0 & a_{22} & 0 & 0 \\ 0 & 0 & a_{33} & 0 \\ a_{41} & 0 & 0 & a_{44} \end{pmatrix}.$$

Man betrachte die Geschwindigkeit V' des Systems K bezüglich K'. Durch eine völlig analoge Argumentation mit der Matrix A^{-1} ergibt sich wegen

$$A = kA^{-1}$$

die Beziehung

$$a_{14} = -\frac{V'}{c'}a_{11} = \frac{V'}{c'}a_{44}.$$

Dabei ist c' der Betrag der Lichtgeschwindigkeit im System K'. Mit der obigen analogen Formel für a_{14} folgt

$$\frac{V'}{c'} = \frac{V}{c}.$$

Das Verhältnis der jeweiligen Relativgeschwindigkeit zur entsprechenden Lichtgeschwindigkeit muss eine Invariante sein. Berücksichtigt man die Beziehungen (2), gilt

$$a_{41} = \frac{k - a_{44}^2}{a_{14}} = c\frac{k - a_{44}^2}{Va_{44}}.$$

Die Lorentztransformation folgt, wenn man neben einer Normierungsvorschrift die Lichtgeschwindigkeit c' im System K' in die entsprechende Geschwindigkeit c im System K übergehen lässt, was nach (1) die Invarianz der Gleichung

$$v_1'^2 + v_2'^2 + v_3'^2 - v_4'^2 = 0$$

bedeutet. Sie ergibt sich mit

$$k = \left(1 - \frac{V^2}{c^2}\right)a_{44}^2.$$

Dann folgt

$$0 = \rho^2(v_1^2 + v_2^2 + v_3^2 - v_4^2) = a_{44}^2\left(1 - \frac{V^2}{c^2}\right)\left(v_1'^2 + v_2'^2 + v_3'^2 - v_4'^2\right).$$

Projektiv gesehen bedeutet die Invarianz das Bestehen einer hyperbolischen Massbestimmung für die Grössen vc^{-1}, für auf die jeweilige Lichtgeschwindigkeit bezogenen Geschwindigkeiten. Erst mit dem Postulat von der Konstanz der Lichtgeschwindigkeit folgt, dass diese Massbestimmung für die Geschwindigkeiten selbst gilt. Damit hat A die Gestalt

$$A = a_{44}\begin{pmatrix} -1 & 0 & 0 & \frac{V}{c} \\ 0 & \sqrt{1-\frac{V^2}{c^2}} & 0 & 0 \\ 0 & 0 & -\sqrt{1-\frac{V^2}{c^2}} & 0 \\ -\frac{V}{c} & 0 & 0 & 1 \end{pmatrix}.$$

Da die projektiven Geschwindigkeitskoordinaten nur bis auf Vielfache bestimmt sind, lässt sich der Faktor a_{44} in die Konstante ρ der Transformationsgleichungen verrechnen.

Den Anschluss an die gebräuchliche Darstellung der Lorentzbeziehungen für die Relativgeschwindigkeit V erhält man, wenn man bei der Transformation auf $k = 1$ normiert. Das ist der Fall, wenn man setzt

$$a_{44} = \frac{1}{\sqrt{1 - \frac{V^2}{c^2}}}.$$

A ergibt sich zu

$$A = \begin{pmatrix} -\frac{1}{\sqrt{1-\frac{V^2}{c^2}}} & 0 & 0 & \frac{\frac{V}{c}}{\sqrt{1-\frac{V^2}{c^2}}} \\ 0 & 1 & 0 & 0 \\ 0 & 0 & -1 & 0 \\ -\frac{\frac{V}{c}}{\sqrt{1-\frac{V^2}{c^2}}} & 0 & 0 & \frac{1}{\sqrt{1-\frac{V^2}{c^2}}} \end{pmatrix}.$$

Bleibt man im projektiven Bereich der Geschwindigkeiten, erübrigt sich die Normierung.

Um zur üblichen Formulierung zu kommen, hat man, entsprechend der andern Lage der Systeme K und K' zueinander, die Vorzeichen der ersten und der dritten Koordinate zu wechseln. Es entstehen die Beziehungen

$$v_1 = \frac{v_1' + \frac{V}{c} v_4'}{\sqrt{1 - \frac{V^2}{c^2}}}, \quad v_2 = v_2', \quad v_3 = v_3', \quad v_4 = \frac{\frac{V}{c} v_1' + v_4'}{\sqrt{1 - \frac{V^2}{c^2}}}.$$

Die Transformationsgleichungen ergeben die projektiven Geschwindigkeitskoordinaten einer Geschwindigkeit v im System K, wenn ausgegangen wird von einer Geschwindigkeit v' im System K', welches sich relativ zu K mit der Geschwindigkeit V bewegt. Will man zu wirklichen Geschwindigkeiten übergehen, muss man (1) beachten.

Geometrisch gesprochen bedeutet ein Wechsel des Bezugssystems für die Geschwindigkeiten, also eine Änderung des Bewegungszustandes des Beobachters, eine nichteuklidische, hyperbolische Transformation, eine projektive Transformation im Geschwindigkeitsraum, die die Quadrik

$$v_1^2 + v_2^2 + v_3^2 - v_4^2 = 0, \quad v_x^2 + v_y^2 + v_z^2 - c^2 = 0$$

invariant lässt. Das Postulat von der Unabhängigkeit der Konstanten c vom Bewegungszustand des Beobachters ist also äquivalent dem Auszeichnen dieser Quadrik als fundamentale Quadrik einer projektiven Massbestimmung.[30]

---

[30] Auf eine gleichwertige Metrisierung des Geschwindigkeitsbereichs wird man mit der Schnelligkeit oder Rapidität geführt, wie etwa L. Silberstein [95] und F. W. Dustmann [22] ausführen. Wir fassen zusammen:

Der Wert der Lichtgeschwindigkeit c entsteht durch Messung von Strecke und Zeit im gewöhnlichen euklidischen Sinn. Das ist die Stelle, wo man nicht allein mit dem Geschwindigkeitsbegriff auskommt. Die Aufspaltung einer Geschwindigkeit in Raum und Zeit spielt eine Rolle. Vergleiche mit anderen Geschwindigkeiten auf anderen Geraden können erst durch eine Massbestimmung erhalten werden, etwa mit einer hyperbolischen wie der dargestellten.[31]

Aus den zu beobachtenden Trägheitswirkungen, die im Innern eines Körpers auftreten, wenn dieser sich auf eine beliebige Art bewegt, können direkt Beschleunigungswerte ermittelt werden. Das führt zur Definition der Rapidität

$$R(t) = \int_0^t a(T)dT,$$

wenn $a(T)$ die Beschleunigung ist. T ist dann nicht eine abstrakte, universelle Zeit, sondern die Dauer einer Bewegung, die von einer mitgeführten Uhr bestimmt wird. Man misst die Bewegungsdauer T so, dass man die Bewegung mit einer periodischen Standardbewegung vergleicht. Die Rapidität gibt ein Mass für die Geschwindigkeit in Bezug auf den Ausgangspunkt. Dabei wird nur von inneren Vorgängen im Bewegten ausgegangen. Es existiert kein Standpunkt des äusseren Beobachters.

Drei wichtige Eigenschaften sind zu nennen. Erstens kann die Rapidität über alle Grenzen wachsen, es gibt keine Grenzrapidität, und dies im Einklang mit der einsteinschen Theorie. Ferner ist für das Licht keine Rapidität zu definieren, da das Licht nicht beschleunigt wird. Zweitens ist die Rapidität ein additives Geschwindigkeitsmass. Das folgt direkt aus der Integraldefinition. Es wird von keinerlei spezieller Kinematik Gebrauch gemacht, weder von der einsteinschen noch von der galileischen. Drittens besteht eine Unabhängigkeit vom äusseren Beobachter, die dadurch erzwungen wird, dass in der Definition der Rapidität nur Grössen auftreten, die im Innern des Bewegten gemessen werden, die von vornherein keinen Bezug zu äusseren Beobachtern haben. Die Rapidität ist ein absolutes Geschwindigkeitsmass, keine absolute Geschwindigkeit, sie erweist sich im Rahmen der einsteinschen Kinematik als lorentzinvariant.

Wenn man die Bewegung, die von einem bestimmten Ruhezustand ausgeht und wieder bei ihm endet, als Ganzheit betrachtet, kommt dieser Bewegung in jedem Augenblick eine eindeutige Rapidität zu, die für sie charakteristisch ist und nicht von irgendeinem Beobachter abhängt. Im Rahmen einer Kinematik, die mit der Existenz einer Grenzgeschwindigkeit rechnet, stimmen Rapidität und Geschwindigkeit nicht überein. Die Beziehung von Rapidität R zu Geschwindigkeit v bei hyperbolischer Massbestimmung ist nämlich gleich dem folgenden Ausdruck

$$R = \frac{c}{2} \ln \frac{1 + \frac{v}{c}}{1 - \frac{v}{c}}.$$

Er stellt den oben beschriebenen Zusammenhang zwischen Koordinaten und hyperbolischem Mass dar. Vergleiche dazu Abschnitt 13.5.

Beim Auftreten von Gravitation stehen Rapidität und Geschwindigkeit in einem komplizierteren Verhältnis. Gewinnt ein Körper im freien Fall fortlaufend an Geschwindigkeit, bleibt seine Rapidität null, da im Innern keine Trägheitseffekte auftreten. Beim Aufprall hat er jedoch eine von null verschiedene Rapidität, wie die dann erscheinenden Trägheitskräfte zeigen. Hier ergibt sich auch ein deutlicher Unterschied zwischen vertikaler und horizontaler Bewegung.

[31] Ein Einwand könnte lauten, dass zwei Arten von Massbestimmung für die Geschwindigkeit vorliegen. Einerseits die, die auf der Gleichung $v = s/t$ und einer euklidischen

8.8 Das Raum-Zeit-Kontinuum in der Mikrophysik

Dass die raum-zeitlich aufgefasste Mikrophysik aber auch zu Erkenntnisproblemen ganz prinzipieller Art führt, zeigen die folgenden Überlegungen[32], auch wenn sie schon vor vierzig Jahren geäussert wurden.

Konzepte, die durch experimentelle Untersuchungen nicht geklärt werden können, sollten fallengelassen werden. Ihre Abschaffung habe oft einen bedeutenden Fortschritt gebracht, der Ätherbegriff wurde etwa verworfen und in der Folge die spezielle Relativitätstheorie aufgebaut. Das Konzept von Raum und Zeit in der Mikrophysik habe einen ähnlichen Charakter wie das Ätherkonzept in der Makrophysik des 19. Jahrhunderts. Um einen grösseren Fortschritt zu machen, müsse man das Denken über ein nicht beobachtbares Kontinuum beenden, die Theorie sei in messbaren Grössen zu formulieren. Warum ist das Raum-Zeit-Kontinuum a priori unbeobachtbar?

Neben der heisenbergschen Unschärferelation müsse man Gesichtspunkte der Relativitätstheorie berücksichtigen. Nichtrelativistisch besage die Unschärferelation, dass Ort und Impuls nicht gleichzeitig beliebig genau bestimmt werden können. Der Ort könne aber beliebig genau gemessen werden, wenn keine Impulsbestimmung versucht werde. Eine Ortsbestimmung eines Objekts durch Streuung eines Photons werde in ihrer Genauigkeit durch Brechungseffekte auf die Grösse einer Wellenlänge λ des Photons begrenzt. λ könne im Prinzip beliebig klein gemacht werden, aber der Photonenimpuls wachse entsprechend der de brogliesche Beziehung $p = h/\lambda$ an.[33] Für die Ortsbestimmung sei die Impulsbestimmung aber unnötig, so dass nichtrelativistisch im Prinzip experimentell das Raum-Zeit-Kontinuum ausgeschöpft werden könne.

Die relativistische Masse-Energie-Beziehung setze aber eine Grenze für die Bestimmung des Orts. Wenn ein Photon oder ein anderes Testteilchen eine Energie habe, die grösser sei als die Ruhemassenenergie des Teilchens, mit dem es wechselwirke, würden im Laufe der Messkollision neue Teilchen

---

Wegmessung beruht, welche den Wert c ergibt, und andererseits eine aus dem Relativitätsprinzip und der Konstanz der Lichtgeschwindigkeit abgeleitete hyperbolische, die es erst allgemein erlaubt, Geschwindigkeiten zu messen. Damit man axiomatisch nicht in Schwierigkeiten kommt, muss man den Unterschied von Skala und Mass beachten. Der Zahlenwert von c fusst auf einer projektiven Skala und nicht auf einer Massbestimmung. Macht man den Unterschied nicht, verwechselt man die Skala mit einer euklidischen Massbestimmung, so denkt man zwei Massbestimmungen nebeneinander. Dann erschiene die durch das Postulat von der Konstanz der Lichtgeschwindigkeit eingeführte Massbestimmung im Geschwindigkeitsraum als eine abgeleitete Massbestimmung, die auf die euklidische aufgesetzt und damit von anderer, sekundärer erkenntnistheoretischer Bedeutung sei. Die beiden Massbestimmungen führten wegen ihrer unterschiedlichen Eigenschaften zu Widersprüchen, worauf wohl ein beträchtlicher Teil der logischen Einwendungen gegen die einsteinsche Relativitätstheorie beruht.

[32] Wir fassen einen Aufsatz von G. F. Chew [13] zusammen.

[33] h ist die plancksche Konstante.

erzeugt. Man könne dann nicht mehr sagen, von welchem Objekt man den Ort bestimme. Da das Dilemma auftrete bei Testenergien der Grössenordnung mc^2 oder bei Impulsen der Grösse mc, ergebe sich eine kritische Wellenlänge $h/(mc)$, wobei m die kleinstmögliche Masse eines bei der Kollision entstehenden Teilchens sei. Mit der Elektronenmasse m sei die kritische Distanz für eine Ortsbestimmung von der Grössenordnung von 10^{-11}cm, mit einer *Pi*-Mesonen-Masse erhalte man ungefähr 10^{-13}cm. Es gebe aber keine Begrenzung für die Impuls- oder Geschwindigkeitsmessung.

Man könne die Geschwindigkeit eines Teilchens mit beliebiger Genauigkeit aus der makroskopischen Zeit-Entfernungs-Messung bei einer genügend grossen Flugdistanz ohne Kollision erhalten. Die relative Masse bezüglich eines andern Teilchens könne aus dem Impulserhaltungssatz durch Messung der Streuwinkel bei einer Kollision ermittelt werden, nur Massenverhältnisse hätten dabei eine Bedeutung. Makroskopische Raummessungen ergäben eine beliebige Genauigkeit, womit die experimentelle Möglichkeit gegeben sei, ein Impuls- und ein Energiekontinuum zu bestimmen.

Diese Verhältnisse würden schon seit den dreissiger Jahren des 20. Jahrhunderts verstanden. Warum wurden aber die vielen Jahre dazu verwendet, mikroskopische Theorien mit dem Raum-Zeit-Konzept aufzubauen? Es sei wie beim Äther, die Existenz eines Raum-Zeit-Kontinuums sei offensichtlich und alle vorausgehenden physikalischen Theorien basierten darauf, die Tatsache, dass diese Theorien nur bis 10^{-13}cm gelten, würde vergessen.

Drei Faktoren seien wichtig gewesen für die unangefochtene Position der Raumzeit in der Mikrophysik. Das erste sei die erfolgreiche Voraussage von Eigenschaften des Elektrons. Der einzige Weg, Wirkung auf Distanz zu vermeiden und so das Kausalitätsprinzip zu verletzen, sei, physikalische Gesetze in Feldform zu schreiben. Die Tatsache, dass konsistente Quantenfeldgleichungen mit Wechselwirkungen nie erreicht wurden, würde durch den Erfolg der Potenzreihenentwicklung in Voraussagen von Elektronenexperimenten verdeckt. Die scheinbare Konvergenz der Potenzreihe sei eine Konsequenz der Kleinheit einer dimensionslosen Grösse, der Feinstrukturkonstanten $e^2/(hc) = 1/137$, und nur die ersten Terme der Entwicklung seien sinnvoll.

Der Misserfolg, keine konsistenten Feldgleichungen mit Wechselwirkung zu erhalten, hinge mit der Unbeobachtbarkeit des unterliegenden Raum-Zeit-Kontinuums zusammen. Argumente, die die Feldtheorie stützten, seien das Begreifen der allgemeinen Existenz der Antipartikel, die Beziehung zwischen Teilchenspin und Symmetriecharakter bei der Teilchenwechselwirkung und von gewissen andern Spezialsymmetrien, die experimentell beobachtet wurden. Alle diese allgemeinen Prinzipien seien verstehbar ohne Gebrauch von Feldern und Raumzeit.

Der dritte Umstand, der die Feldtheorie begünstige, sei die Unfähigkeit der Theoretiker, fundamentale Kraftgesetze in anderer als der Raumzeit-Sprache sich vorzustellen. Was sei nun eine Theorie? Eine Menge von Regeln, welche eine ungefähre Voraussage irgendeines Experiments erlaube, sei eine Theorie. Der Gütegrad einer Theorie wachse mit der Zahl verschiedener Experimente, die vorausgesagt werden könnten, mit der Genauigkeit der Voraussage, und falle mit der Zahl der verschiedenen Parameter. Quantenelektrodynamik rangiere dabei sehr weit oben.

Man könne eine mikroskopische Theorie konstruieren, die das Raumzeit-Kontinuum ausser Acht lasse, die sich direkt auf Partikelimpulse abstütze, dem der Streuamplitude oder des S-Matrixelements. Man lasse eine Menge von Teilchen aufeinander prallen und beobachte die verschiedenen Kollisionsprodukte. Für die Beschreibung eines Prozesses werde eine komplexe Zahl, Streuamplitude oder Element der Streumatrix, $S_{ab...cd...}$ eingeführt, deren Betragsquadrat die Wahrscheinlichkeit der Reaktion angebe. Die vollständige Menge aller Amplituden bilde eine unendliche quadratische, unitäre Matrix. Ihre Elemente transformierten sich nach den Regeln der Relativitätstheorie. Die S-Matrix kennen heisse, alles zu kennen, was man über die mikroskopische Welt wissen könne; eine Theorie, die es erlaube, die S-Matrix zu berechnen, sei vollständig, da das Ergebnis eines jeden Experimentes vorausgesagt werden könne.

Jedes stark wechselwirkende Teilchen werde als Zusammensetzung aller anderen angesehen; keines sei grundlegender als ein anderes. Die Erklärung dafür, welche Teilchen existierten, liege in der Wechselwirkung: die gleiche Kraft, die eine Streuung bewirke, könne zu einem gebundenen Zustand führen, und ein gebundener Zustand sei nicht mehr und nicht weniger als ein Teilchen. Von diesem Gesichtspunkt aus scheine die S-Matrix eine geeignete Methode zu sein, in welcher man den Schlüssel zur mikroskopischen Welt suchen müsse. Der Schlüssel liege in der *Analytizität* eines S-Matrixelementes als Funktion der Impulse der hereinkommenden und der hinausgehenden Teilchen. Man habe gezeigt, dass alle von der Feldtheorie abgeleiteten Symmetrien auch von der Analytizität abgeleitet werden könnten, sogar die Regeln der Quantenelektrodynamik.

Physikalische Messungen seien immer mit Fehlern behaftet und theoretische Vorhersagen seien immer mit Unsicherheiten verbunden, weil jede reelle physikalische Situation unvermeidlich zu kompliziert sei. Folglich könne eine Theorie widerlegt werden, aber man könne *nie* sagen, dass man sie absolut experimentell verifizieren könne. In der Vergangenheit seien alle dynamischen Theorien durch Bewegungsgleichungen ausgedrückt worden. In der Theorie der S-Matrix scheine es aber keine fundamentale Gleichung zu geben. Die S-Matrix ist eine lorentzinvariante analytische Funktion der Impuls-Energie-Variablen mit nur den Singularitäten, die aus ihrem Unitärsein folgten.

Raum und Zeit seien weiter Grundlage der *makroskopischen* Physik, da ja die Impulsmessungen, die die S-Matrix definierten, ihrerseits von den makroskopischen Raum-Zeit-Messungen abhingen. Die Theorie der S-Matrix führe eventuell zu einer verständlicheren Beziehung der Mikrowelt zur Makrowelt, da sie einen grossen Teil des Quantenmechanik-Apparates – Operatoren, Kommutationsregeln und Zustandsvektoren – aufgegeben und nur das Superpositionsprinzip beibehalten habe. Aber alle experimentellen Messungen von makroskopischen Teilchenflugbahnen verlangen fernwirkende elektromagnetische Wechselwirkungen. Vom Standpunkt der S-Matrix aus verlange die genaue Definition der Raum-Zeit im Grossen die Existenz des elektromagnetischen Quants, des Photons. Das makroskopische Raum-Zeit-Konzept könnte nicht *eingeführt* werden, wenn es nur stark wechselwirkende Teilchen gäbe. So weit die Meinung Chews.

Es mag einigermassen erstaunlich sein, dass in der nichtrelativistischen Mikrophysik das Raum-Zeit-Kontinuum ausgeschöpft werden kann, in der relativistischen aber nicht, so gross sind die Konsequenzen der Massbestimmung in der Kinematik, wenn man operationell argumentiert wie Chew.

8.9 Zusammenfassung zur speziellen Relativitätstheorie

Es ist keineswegs einfach, aus dem Erscheinungsbild, das die spezielle Relativitätstheorie am Anfang des 21. Jahrhunderts bietet, eine Quintessenz zu ziehen, die der Sache wirklich gerecht wird. Aus den Darlegungen dürfte sich wohl ergeben haben, dass einerseits zahlreiche experimentelle Bestätigungen der mathematischen Struktur vorliegen und andererseits der Name Relativitätstheorie irreführend ist, dass es sich vielmehr um eine Sammlung recht komplizierter Argumentationen in physikalischem Kleid rund um eine hyperbolische Kinematik handelt. Viele Zusammenhänge sind aber noch immer nicht zu Ende gedacht worden, weil sie offensichtlich über rein physikalische Kategorien hinausführen und mit grundlegenden erkenntnistheoretischen Fragen zusammenhängen. Haben die Relativisten oder die Lorentzianer recht? Ist die Raumzeit unnötiger Ballast? All das ist nicht leicht zu entscheiden.

- Die mathematische Struktur wird durch zahlreiche teils sehr genaue Experimente gestützt. Die Resultate der Berechnungen sind intern verträglich, der Kalkül funktioniert also sehr gut.
- Die Interpretation des Kalküls scheint aber immer noch nicht einem Erkenntnisbedürfnis zu genügen, das sich auf klare Begriffe stützt.
- Die Formulierung mit den Lorentztransformationen bedarf deshalb einer inhaltlich neuen Deutung.
- Der Kern der speziellen Relativitätstheorie ist eine hyperbolische Kinematik.
- Eine korrekte Interpretation der hyperbolischen Kinematik ist nur möglich bei strikter Unterscheidung von projektiver Skala und projektivem Mass.

9

Phänomenologie in Licht- und Elektrizitätslehre

INHALT: Phänomene in der Lichtlehre; Lichtgeschwindigkeit, huygenssches Prinzip, Wellenlänge, Lichtweg, Phase, Superposition, Theorem von Fourier; zur Wellennatur des Lichts; Phänomenbereich des elektromagnetischen Feldes, Feldbegriff, Maxwellgleichungen.

9.1 Trennung von Lichtlehre und Elektrodynamik

Die Elektrodynamik beeinflusste mit der Maxwelltheorie grosse Teile der Physik des 20. Jahrhunderts, die Lichtlehre wurde durch den Begriff der Lichtgeschwindigkeit bei Diskussionen von Gleichzeitigkeitsfragen und Uhren-Synchronisation eng mit der einsteinschen Relativitätstheorie verknüpft Wenn man Subjekt und Objekt nicht trennen will, sind diese Gebiete neu zu betrachten, und insbesondere ist herauszuarbeiten, was Phänomen ist und was Gedanke.

Die Begriffsbildungen[1] der Lichtlehre und der Maxwelltheorie sind daraufhin zu analysieren, wie weit sie an Phänomenen im goetheschen Sinn gebildet werden, wie weit sie aus der mathematischen Naturbeschreibung einfliessen und wie schliesslich eine mathematische Formulierung aus dem beobachteten Phänomen gewonnen wird. Jede in einem Formalismus auftretende Grösse muss in ihrer wirklichen Beziehung zum Phänomenbereich

[1] Vergleiche G. Unger [111].

erkannt werden: ob sie den Charakter einer beobachtbaren Grösse hat oder ob sie die Bedeutung einer Hilfsgrösse besitzt, zu der man erst nach weiteren Verknüpfungen wieder ein Korrelat im Phänomenbereich findet. Wie sich zeigen wird, werden dabei Unterschiede in den Phänomenbereichen Licht und Elektrizität deutlich.

9.2 Lichtlehre

In der Begründung der speziellen Relativitätstheorie spielt die Lichtgeschwindigkeit eine wichtige Rolle. Welche Phänomene entsprechen dem Begriff Lichtgeschwindigkeit? Wenn man sich wirklich auf Phänomene beschränkt und nicht Gedankenformen der Mechanik unterlegt, kann man nur feststellen, dass die Lichtgeschwindigkeit weder eine Geschwindigkeit des Lichtes noch eine im Licht ist, sondern die Geschwindigkeit, mit der sich *Veränderungen des Lichtes*, genauer der Sehdinge, fortpflanzen.

Als eine wichtige Begriffsbildung in diesem Zusammenhang kann man das huygenssche Prinzip nennen. Die gedankliche Konstruktion: Kugelwellen, die sich an jedem Peripheriepunkt einer Kugelwelle bilden und die überlagert das Fortschreiten einer Wellenfront beschreiben können, war ursprünglich bis Huygens bekannt, Huygens nahm die Konstruktion aber als physikalisch realen Vorgang, als eine Art Mechanismus der Lichtfortpflanzung, die Wellenfront befolgt von selbst etwa die Reflexions- und Brechungsgesetze. Nach der Begründung der Wellentheorie des Lichtes suchte man nach Phänomenen, die gemäss dieser Theorie auftreten sollen; sie werden in den Interferenzen und Beugungen gesehen. Aus den Interferenzen und ihrer mathematischen Analyse stammt eine Hilfsgrösse mit der Dimension einer Länge, welche aus gemessenen Grössen des entsprechenden Versuchs ermittelt werden kann. Die Hilfsgrösse wird in der Wellentheorie als Wellenlänge *gedeutet.*

Weitere Begriffe ergeben sich bei der mathematischen Beschreibung der Beugungsbilder. Bestimmt man zum Beispiel die auf dem Schirm erzeugte Helligkeit quer durch das Streifenmuster, beobachtet man nicht einen scharfen Wechsel von Helligkeit und Dunkelheit, sondern einen wellenartigen Verlauf, welcher durch eine Cosinuslinie beschrieben werden kann. Misst man die Wegdifferenz in Einheiten der Wellenlänge und nennt man die so gemessene Differenz Gangunterschied, ergibt sich, dass der Übergang von Verstärkung zu Auslöschung beim Zusammenwirken der Lichtbündel auf dem Auffangschirm gemäss einer Cosinusfunktion des Gangunterschieds erfolgt. Die beobachtete «Summierung» auf dem Auffangschirm kann dann als Superposition von Cosinusfunktionen der optischen Länge dargestellt werden.

Diese neuartige Superposition[2] geschieht mathematisch zum Beispiel mit komplexen Grössen, die eine elegante Darstellung ermöglichen.[3] Es gibt aber noch einen andern Grund für ihre Verwendung. Wenn man den Übergang von der Beschreibung zur Theorie verfolgt, stellt man fest, dass die von der Wellenlänge abhängige periodische Helligkeitsschwankung nicht im einzelnen Lichtbündel, sondern nur in deren Zusammenwirken beobachtet werden kann. Die Gliederung eines Lichtbündels längs der Lichtwege durch eine Cosinusfunktion des Verhältnisses von Lichtweg zu Wellenlänge beschreibt nicht an diesem Lichtbündel Beobachtbares, auch keine nur mögliche Beobachtung an einem Lichtbündel. Erst das Zusammenwirken zweier Lichtbündel in dem vom Licht erfüllten Raum, etwa in den fresnelschen Zonen, schafft ein mathematisches Bild möglicher Erfahrung, Erfahrung zweiter Stufe, die durch nicht reelle Grössen der Theorie dargestellt werden. Erst das Zusammenwirken mindestens zweier Erfahrungssysteme zweiter Stufe lässt reelle Grössen für die Beschreibung von Erscheinungen durch mögliche Beobachtung erster Stufe auftreten.

Beim Betrachten von Lichtströmen und Lichtbündeln hat man es nicht mehr mit etwas Wahrnehmbarem zu tun, sondern mit abgeleiteten Hilfsvorstellungen. Der zwischen diesen Hilfsvorstellungen und den Wahrnehmungselementen bestehende gesetzmässige Zusammenhang ergibt die Möglichkeit, auch andersartige Versuchsanordnungen vorauszusagen, worin die Fruchtbarkeit der mathematisch-physikalischen Theorie liegt.

Ein Begriff, der ganz in dieser Hinsicht gebildet wurde, ist der Begriff der Wellenfläche, den man durch Zusammenfügen der Begriffe Lichtgeschwindigkeit und optischer Weg im Wellenlängen-Mass erhält. Mit diesem Begriff nimmt man aber ein grundsätzlich unbeobachtbares Element in die Theorie auf, die Wellenflächen stellen – im Unterschied zur Hypothesenbildung über die vermeintlich wahre Natur des Lichtes – keine hypothetischen Elemente dar, sondern mathematische Hilfskonstruktionen. Die so genannte Wellennatur des Lichtes ergibt für die so vorgehende Analyse lediglich eine mathematische Tatsache, die folgendermassen formuliert werden kann:

Die Ausbreitung des Lichtes in Wechselwirkung mit undurchsichtigen, Schattengrenzen erzeugenden, und durchsichtigen, die Fortpflanzungsgeschwindigkeit der huygensschen Elementarwellen beeinflussenden Körpern erfolgt so, dass man für jede Wellenlänge gesondert die oben auseinandergesetzten neuartigen Superpositionsregeln anwenden muss. Das Gesamtphänomen wird differentiell zerlegt. Der Anschluss an die Erfahrung erfolgt durch Integration.

Dass das natürliche Licht aus Teilschwingungen bestimmter Wellenlänge bestehen soll, ist irreführend, weil es durch kein Phänomen belegt werden

---

[2] Vergleiche G. Unger [111], II.

[3] Vergleiche P. Gschwind [38], wo dies und Weiteres konkretisiert wird. Allerdings werden statt komplexer Zahlen Clifford-Algebren verwendet.

kann und weil es eine ins Physikalische übertragene mathematische Konstruktion ist. Eine beliebige unstetige Funktion lässt sich, nach dem Theorem von Fourier, als Summe von diskreten harmonischen Schwingungen auffassen, wenn sie nur periodisch ist. Sogar eine beliebige, nichtperiodische Funktion lässt sich durch eine mehr oder weniger stetige «spektrale Zerlegung» darstellen, wenn sie nur integrierbar ist und beiderseits gegen das Unendliche hin genügend stark zum Wert null abfällt.

Die Wellentheorie, nach welcher von leuchtenden Körpern von allen Stellen Wellenzüge von einigermassen bestimmter Frequenz und Wellenlänge ausgehen, deren Ausbreitung gemäss der Nahewirkungsauffassung bedingt ist durch Zusammenwirken der von jedem Punkt ausgehenden Elementarwellen, diese Wellentheorie kann nicht Beschreibung möglicher Erfahrungen sein, auch nicht von Erfahrungen der zweiten Stufe. Die ältere Wellentheorie verstand die Elementarwellen als Ausbreitung von lokalen Erschütterungen des Lichtäthers, später des elektromagnetischen Äthers und in diesem Sinne als wirklich und beobachtbar – der beobachtbar gedachte Wellenzug erschien als Summe des Zusammenwirkens aller elementaren Erschütterungen. In der Wechselwirkung mit durchsichtigen Körpern und in Bemühungen, ihr verschiedenartiges Verhalten theoretisch mit Hilfe des Begriffs der Resonanzschwingung von schwingungsfähigen Gebilden zu durchdringen, zeigen sich die Hilfsvorstellungen der Nahewirkung und der Elementarwellen als sehr fruchtbar. Die ganze Theorie umfasst eine ausserordentliche Fülle von Erscheinungen, hat sich aber von der Beschreibung der Erfahrung abgetrennt.[4]

Für die phänomenologische Beschreibung der Lichtlehre ist von der Wellentheorie sachlich und mathematisch zu rechtfertigen nur der Begriff der *Phase*, das Argument in den periodischen Funktionen. Wenn man das ursprüngliche fermatsche Prinzip der kürzesten Lichtwege dadurch ergänzt, dass man dieselben rhythmisch gliedert, hat man alles für die phänomenologische Beschreibung Nötige gewonnen.

Bei der Kohärenz wiederum ist es nötig, die Grenzen auch dieser gegenüber der Wellentheorie eingeschränkten, auf den Phasenbegriff allein sich gründenden Behandlungsweise abzustecken. Damit Interferenzen höherer Ordnung zustande kommen, müssen verschiedene recht strikte Bedingungen erfüllt sein – niemals interferiert Licht von einem leuchtenden Körper mit dem eines andern, interferenzfähige Bündel dürfen auch im Allgemeinen nicht zu weit geöffnet sein. Die so genannte Kohärenzlänge in Richtung des Lichtweges beträgt zwar oft Tausende von Wellenlängen, ist aber nur unter bestimmten physikalischen Bedingungen des leuchtenden Stoffes, zum Beispiel bei hochverdünnten Gasen, bis in die Grössenordnung von Metern nachweisbar.

---

[4] Vergleiche P. Gschwind [38].

Betrachtet man die naive Wellenvorstellung zwar als nützliche Merkregel für die Zusammenfassung der durch die Phase geordneten Lichtausbreitung, aber nicht als physikalische Wirklichkeit, entfällt die Hauptschwierigkeit beim Studium der quantenhaften Erscheinungen am Lichte. Grundsätzlich handelt es sich immer um das Wechselverhältnis zwischen Lichtquelle und Verschwindungspunkt des Lichtes, wobei in die Beschreibung dieses Wechselverhältnisses alle in die möglichen Lichtwege fallenden Körper aufgenommen werden müssen. Diese Beschreibung wird zunächst beherrscht durch den optischen Weg und die Wellenlängenverteilung.

Zur «Wellennatur» des Lichtes kann man zusammenfassend Folgendes sagen:[5] Wellenphänomene am Lichte werden durch die Apparate erzeugt, im natürlichen Lichtstrom Wellen anzunehmen ist eine ebenso bequeme und mathematisch ungefährliche wie sachlich irreführende Ausdehnung einer Hilfsvorstellung. Spricht man in der Wirtschaft vom Strom des Geldes, kann man sich zwar Münzen und Scheine vorstellen, die Geldentstehung geschieht aber nicht in der Ausgabe der Zahlungsmittel durch die Notenbank, sondern durch die viel abstraktere Schöpfung von Buchgeld im Wechsel- und Kreditverkehr. Das Licht besteht so wenig aus Wellen wie das Geld aus den als Zahlungsmittel geltenden Gegenständen, das Licht ist ebenso wenig eine Wellenbewegung, als das Pferd eine Summe von Galoppschritten ist.[6]

In der älteren Wellentheorie sah man den Lichtäther als ein Medium, welches wie ein starrer Körper Querschwingungen ausführen kann. Nachdem man durch die elektromagnetische Lichttheorie und mit dem michelsonschen Versuch die Vorstellung eines quasi materiellen Lichtäthers fallen gelassen hat, weist man in der elementaren Behandlung dem Licht nur noch eine Polarisationsebene zu. Die eingehendere Behandlung gestaltet die oben erwähnten nicht reellen Grössen zu Lichtvektoren um, die senkrecht zur Fortpflanzungsrichtung in der Polarisationsebene liegen und je nach der Wellenlänge periodische Funktionen des Verhältnisses von Lichtweg zu Wellenlänge sind, die zunächst nur als mathematischer Kunstgriff auftretenden nicht reellen, höheren Zahlenarten und Vektoren erweisen sich immer mehr als das angemessene Bild für die Lichtausbreitung. Der natürliche Lichtstrom hat eine als spektrale Energieverteilungskurve bekannte Gliederung der sichtbaren wie auch physikalisch messbaren Intensitäten über die Wellenlänge, er besitzt Richtung und zum Teil Polarisationszustand.

Alle diese Grössen werden durch den Lichtvektor zusammengefasst, welcher als Summe elementarer Exponentialfunktionen mit komplexen[7] Exponenten dargestellt wird. Der Lichtvektor zeigt durch seine Stellung die

[5] Vergleiche G. Unger [111], II.

[6] R. Steiner in einer schriftlich erhaltenen Fragenbeantwortung aus dem Jahr 1919. Veröffentlicht als Faksimile in «Anthroposophie», 17. Jahrgang, Heft IV, S. 254, Stuttgart 1935.

[7] oder hyperkomplexen

Polarisationsebene an und durch seine Fourier-Darstellung die spektrale Zusammensetzung, seine Phase ist eine periodische Funktion der optischen Länge, also des reduzierten Lichtweges. Nur die Phasendifferenzen sind beobachtbar, sie entstehen bei der Auseinandersetzung des Lichtes mit den materiellen Körpern. Der Hilfsbegriff einer den Raum durcheilenden, selbst Phase und so weiter aufweisenden Energieströmung hat alle Eigenschaften einer transversal schwingenden Wellenbewegung des Lichtvektors, das legitime Bild der von der Theorie zusammengefassten Erscheinungen. Dagegen kann man Lichtstrahlung nennen die Gesamtheit der energetischen Tatsachen, welche als mögliche Erfahrungen rein physikalisch im Wege des Lichtes anzutreffen sind. Das Licht selber ist nicht Gegenstand der Physik. Diese betrachtet eine mit dem Lichte verknüpfte Strahlung, die zwischen den Quanten als Einzelerscheinungen und den Wellen als beobachtbaren Gesamterscheinungen einen eigenen Phänomenbereich hat.

9.3 Das elektromagnetische Feld

So weit war nur vom Licht als Phänomen, von der mathematischen Beschreibung dieser Phänomene und von Hilfsvorstellungen zur Beschreibung die Rede, nicht aber von Elektrodynamik als Umfassendem der Optik. Wenn auch bestimmte mathematische Beschreibungen für die Lichtphänomene mit Mitteln geschehen, die auch in der Elektrodynamik gebraucht werden, bedeutet dies nicht, dass deshalb das Licht nur ein elektromagnetisches Phänomen sei. Deshalb soll nun versucht werden, den grundsätzlichen Charakter der Elektrodynamik im Gegensatz zur Lichtlehre darzulegen.[8] Um Subjekt und Objekt nicht zu trennen, wird berücksichtigt, in welchen Beziehungen das Subjekt zu den Phänomenen der Elektrodynamik steht. Entscheidend sind deshalb für die Abgrenzung der Lichtlehre von der Elektrodynamik die Sinnesqualitäten des elektromagnetischen Feldes und dessen Beschreibung mit den Maxwellgleichungen.[9]

Die Struktur des statischen elektrischen oder magnetischen Feldes ist dem einer geeigneten Flüssigkeitsströmung deshalb ähnlich, weil es sich bei beiden um die Verteilung einer Wirkung im Raum handelt, bei der ausserhalb der Randbedingung nichts dazukommt oder weggenommen wird. So wirkt es sich aus im euklidischen dreidimensionalen Raum. Das Feld ist weder Phänomen der Elektro- oder Magnetostatik noch der Elektrodynamik, das Feld ist vielmehr ideell mathematischer Ausdruck vieler physischer Erscheinungen, die man in den Begriffen von Ladung, Spannung und Strom ordnend begreift. Das Feld ist ideelle Zusammenfassung mögli-

[8] Vergleiche G. Unger [111].

[9] Die grundlegenden erkenntnistheoretischen Ideen gehen wohl auf R. Steiner [100] zurück. Man verdankt wichtige Aspekte auch den Arbeiten Ungers, die zeigen, wo das «Feld» im Erkenntnisprozess anzusiedeln ist.

cher Erscheinungen, das gilt auch für die Aussage: sowohl das elektrische wie das magnetische Feld durchsetzen den leeren Raum. Es hat keinen eigenen Phänomenbereich, welchem gegenüber es mit seinen es symbolisierenden Linien eine erklärende «Realität» wäre. Die Realität liegt bei den Erscheinungen des elektrischen und magnetischen Gebietes nur in der gesetzmässigen Verknüpfung von Sinnesqualitäten physikalischer Grössen, deren Wahrnehmung dieselbe Rolle wie die Sinneswahrnehmung für die Gesamterkenntnis des Gebietes spielt.

Die Maxwellgleichungen entstehen durch Umwandlung der verschiedenen Zusammenhänge der Elektrodynamik in lokale Aussagen. Sie erweisen sich für die theoretische Behandlung des Gesamtgebiets der Elektrizitätslehre als letzte mathematische Quintessenz, welche alle Feldverhältnisse erschöpfend beherrscht. Mit ihnen ist man zur Möglichkeit gelangt, deduktiv von einem Gleichungssystem ausgehend unter Berücksichtigung von elektromagnetischer Wechselwirkung und Induktion und unter genialer Hinzufügung eines damals noch gar nicht beobachtbaren Gliedes durch Maxwell, verselbständigte Energiestrahlungen in Wellenform vorherzuberechnen. Die Rechnungen stimmen hervorragend mit den Experimenten überein.

Allgemein lässt sich sagen, dass die Hilfsvorstellungen der Elektrizitätslehre nicht Näherungen oder Idealisierungen sind. Sie sind Scheinphänomene[10] im Sinne der «Teil-Erscheinung» eines nicht der physisch-sinnlichen Welt angehörenden Kräftebereichs, der sich in gestuften Polaritäten gewissermassen dicht unter der Oberfläche der kraft- und stoffartigen Erscheinungsweise des eigentlichen Sinnenfälligen befindet.

Trennt man Subjekt und Objekt nicht, so sind die unterschiedlichen Sinnesqualitäten der Grund, warum die Lichtlehre nicht mit der elektromagnetischen Wellentheorie zusammengeworfen wird, sondern klar von ihr getrennt wird. Die Lichtlehre als Beschreibung der Phänomene der Lichterscheinungen steht zur elektromagnetischen Feldtheorie als Formulierung von Scheinphänomenen in einem gewissen Gegensatz. Verschreibt man sich einer strengen Empirie und berücksichtigt man die Sinnesqualitäten, kann man über derartige Unterschiede nicht hinweggehen, auch wenn der mathematische Teil viel Gemeinsames aufweist. Es folgt jetzt eine Analyse des mathematischen Teils der Elektrodynamik, wo versucht wird, die tieferen Beziehungen dieser Struktur zum Raumbegriff herauszuarbeiten.

[10] Die Begriffsbildung geht auf G. Unger [111] zurück.

- Die Lichtgeschwindigkeit ist keine Geschwindigkeit des Lichts, sondern eine Geschwindigkeit, mit der sich die Veränderungen am Licht fortpflanzen.
- Die Wellenlänge ist eine Hilfsgrösse, die aus mathematischen Überlegungen und bestimmten Phänomenen konstruiert wird.
- Beim Licht sind keine Wellen zu beobachten wie in der Akustik, beobachtet werden nur Knoten und Bäuche in Form von Helligkeitsgraden. Es gibt keine Hin- und Herbewegung.
- Der Begriff der Phase ist ein aus Phänomenen gewonnener sinnvoller Begriff.
- Das elektromagnetische Feld zeigt nur Scheinphänomene im Sinne der «Teil-Erscheinung» eines nicht der physisch-sinnlichen Welt angehörenden Kräftebereichs.
- Die Maxwellgleichungen sind die mathematische Quintessenz der elektromagnetischen Erscheinungen.

10
Maxwellgleichungen und Metrik

INHALT: Klassische und relativistische Form der Maxwellgleichungen; metrikfreie Form; Einführen einer projektiven Metrik, Konkretisierung für den materiefreien Fall; die Metrik bestimmt die Form der Maxwellgleichungen und die Ausbreitungsgesetze des elektromagnetischen Feldes und umgekehrt; Strukturgleichheit der Maxwellgleichungen mit der Liniengeometrie.

10.1 Absicht

Die Bedeutung der Maxwellgleichungen für die Rezeption der Lorentztransformationen ist bereits erwähnt worden: die Maxwellgleichungen sind lorentzinvariant.[1] Einige Arbeiten älteren Datums diskutieren nun Fragestellungen, die für die Analyse der Bedeutung des Raumbegriffs für die Form der Maxwellgleichungen und für das Postulat über die Lorentzinvarianz der Naturgesetze wichtig sind.[2] Da sich die Maxwellgleichungen in der Voraussage von berechenbaren elektromagnetischen Phänomenen längst bewährt haben, sind Abhandlungen dieser Art nach den dreissiger Jahren des zwanzigsten Jahrhunderts kaum mehr geschrieben worden.

---

[1] Siehe Kapitel 8.

[2] Siehe Kapitel 7.

Verschiedene Autoren haben die Invarianzeigenschaften der Maxwellgleichungen studiert, zwei Autoren[3] haben gezeigt, dass diese nicht nur lorentzinvariant, sondern sogar invariant unter einer umfassenderen Gruppe von konformen Transformationen der Raumzeit sind. Praktische physikalische Bedeutung hat diese Gruppe bis jetzt allerdings nicht gehabt. Später traten holländische Autoren mit neuen Aspekten auf.[4] Sie zeigten, dass die Maxwellgleichungen, erweitert aufgefasst, *überhaupt unabhängig von einer Metrik formuliert werden können.* Das bedeutet nicht, dass die Maxwellgleichungen auch galileiinvariant sein sollen, sondern, dass es möglich ist, das, was die Maxwellgleichungen aussagen, umfassender zu formulieren. Damit wird die Bedeutung der zugrunde liegenden Massbestimmung, also der Art des gewählten Raumes, des Raumbegriffs, herausgestellt. In der Folge kann demonstriert werden, dass die Lorentzinvarianz der Maxwellgleichungen sich erst durch eine spezielle Annahme ergibt, was wiederum bedeutet, dass die gängige Form der Maxwellgleichungen nur deshalb lorentzinvariant ist, weil die entsprechende Spezialisierung gerade auf diese Metrik führt. Zu diskutieren wäre dann diese spezielle Annahme, bevor man die Lorentzinvarianz der Maxwellgleichungen als Beweis für die Tauglichkeit der Lorentztransformationen gelten lassen kann. Ganz augenfällig zeigt diese Analyse, welche Bedeutung der Raumbegriff hat, den man zugrunde legt. Seit Einstein seine raum-zeitlichen Betrachtungen vorgeführt hat, ohne den projektiven Urgrund der Strukturen, also die vorangehende projektive Massbestimmung, zu berücksichtigen, gibt es mathematische Beziehungen, die gleichsam als gottgegeben hingenommen werden.[5]

10.2 Klassische und relativistische Form der Maxwellgleichungen

In der Elektrodynamik werden die Maxwellgleichungen in zwei Versionen verwendet. Erstens in der Maxwell-lorentzschen Form

$$c \cdot \operatorname{rot} \overline{H} = \frac{\partial D}{\partial t} + i, \qquad \operatorname{div} D = \rho, \qquad c \cdot \operatorname{rot} E + \frac{\partial B}{\partial t} = 0, \qquad \operatorname{div} B = 0.$$

Inhaltlich bedeuten sie Folgendes: Der elektrische Strom ist die Ursache eines magnetischen Feldes, und die elektrische Ladung ist die Ursache der elektrischen Verschiebung. Der magnetische Induktionsstrom ist die Ursache eines elektrischen Feldes, und die Quellen der magnetischen Induktion

[3] E. Cunningham [18], H. Bateman [6]

[4] J. A. Schouten, J. van Dantzig [90] und andere werteten eine Grundidee von G. Mie [76] und F. Kottler [58] aus.

[5] Wir folgen den Ausführungen von F. Kottler [58].

sind null. Zweitens in der minkowskischen Form

$$\sum_{k=1}^{4} \frac{\partial H_{ik}}{\partial x_k} = S_i^*, \quad i = 1, \ldots, 4, \qquad (1)$$

$$\frac{\partial F_{nm}}{\partial x_k} + \frac{\partial F_{mk}}{\partial x_n} + \frac{\partial F_{kn}}{\partial x_m} = 0, \quad (knm). \qquad (2)$$

Diese Form wird durch die folgenden Vereinbarungen aufgebaut

$$(H_{23}, H_{31}, H_{12}, H_{14}, H_{24}, H_{34}) = (\overline{H_x}, \overline{H_y}, \overline{H_z}, -iD_x, -iD_y, -iD_z),$$

$$(F_{23}, F_{31}, F_{12}, F_{14}, F_{24}, F_{34}) = (B_x, B_y, B_z, -iE_x, -iE_y, -iE_z),$$

$$(cS_1^*, cS_2^*, cS_3^*, S_4^*) = (i_x, i_y, i_z, i\rho), \quad (x_1, x_2, x_3, x_4) = (x, y, z, ict).$$

Die minkowskische Form wird so interpretiert: Der Verschiebungsstrom und der magnetische Wirbel gehören zusammen, da sie nichts anderes sind als der zeitliche beziehungsweise räumliche Teil der räumlichen Komponenten der vierdimensionalen Divergenz des Sechservektors H. Die zeitliche Komponente der Divergenz ist identisch mit der dreidimensionalen Divergenz der elektrischen Verschiebung. Die Ursache der Divergenz des Sechservektors H, des elektromagnetischen Sechservektors, wie er im Folgenden genannt wird, ist der elektrische Viererstrom S^*, der sich aus galvanischem Leitungs- beziehungsweise Konvektionsstrom und elektrischer Leitung zusammensetzt.

Die zweite Gruppe besagt: Magnetischer Induktionsstrom und elektrischer Wirbel gehören zusammen, da sie zeitlicher beziehungsweise räumlicher Teil der räumlichen Komponenten der vierdimensionalen Rotation des Sechservektors F sind. Die zeitliche Komponente der Rotation ist identisch mit der dreidimensionalen Divergenz der magnetischen Induktion. Die Ursache der Rotation des Sechservektors F, des magnetelektrischen Sechservektors, wie er im Folgenden genannt wird, wäre die magnetische Viererströmung, wenn es sie geben würde. Da aber der wahre magnetische Strom und die wahre magnetische Ladung nach der seit Maxwell üblichen Auffassung null sind, ist die Rotation des Sechservektors F gleich null.

10.3 Metrikfreie Form der Maxwellgleichungen

Man geht nun über zu einer Formulierung der acht Maxwellgleichungen in der Form von zwei Integralsätzen. Die Gleichungen (2) haben bereits eine entsprechende Gestalt, denn

$$\frac{\partial F_{nm}}{\partial x_k} + \frac{\partial F_{mk}}{\partial x_n} + \frac{\partial F_{kn}}{\partial x_m} = F_{knm}$$

zeigt die Koeffizienten einer Integralform dritter Stufe, wie sie in dem vierdimensionalen verallgemeinerten Satz von Gauss und Green auftreten.

$$\iint F_{23}dx_2dx_3 + F_{31}dx_3dx_1 + F_{12}dx_1dx_2 +$$

$$+F_{14}dx_1dx_4 + F_{24}dx_2dx_4 + F_{34}dx_3dx_4 =$$

$$\iiint F_{234}dx_2dx_3dx_4 + F_{134}dx_1dx_3dx_4 + F_{124}dx_1dx_2dx_4 + F_{123}dx_1dx_2dx_3.$$

Das zweifache Integral geht über eine geschlossene zweidimensionale Oberfläche, welche einen dreidimensionalen Raum begrenzt, durch den das dreifache Integral erstreckt wird. So kann man (2) ersetzen durch

$$\iint \sum_{(i,k)} F_{ik}dx_idx_k = 0, \qquad (3)$$

wo die Summe über alle sechs Kombinationen (ik) der vier Indizes $1, 2, 3, 4$ zu je zweien gebildet wird.

Für die Gleichungen (1) geht dies nicht so einfach. Man führt den zu H dualen Sechservektor G ein. Bei den verwendeten Koordinatensystemen fallen Ko- und Kontravarianten zusammen, und es lässt sich setzen

$$(H_{12}, H_{13}, H_{14}, H_{34}, H_{24}, H_{23}) = (G_{34}, G_{42}, G_{23}, G_{12}, G_{31}, G_{41}).$$

Die vier Gleichungen (1) lauten dann

$$\sum_{k=1}^{4} \frac{\partial H_{1k}}{\partial x_k} = \frac{\partial G_{34}}{\partial x_2} + \frac{\partial G_{42}}{\partial x_3} + \frac{\partial G_{23}}{\partial x_4} = G_{234},$$

$$-\sum_{k=1}^{4} \frac{\partial H_{2k}}{\partial x_k} = \frac{\partial G_{34}}{\partial x_1} + \frac{\partial G_{41}}{\partial x_3} + \frac{\partial G_{13}}{\partial x_4} = G_{134},$$

$$\sum_{k=1}^{4} \frac{\partial H_{3k}}{\partial x_k} = \frac{\partial G_{24}}{\partial x_1} + \frac{\partial G_{41}}{\partial x_2} + \frac{\partial G_{12}}{\partial x_4} = G_{124},$$

$$-\sum_{k=1}^{4} \frac{\partial H_{4k}}{\partial x_k} = \frac{\partial G_{23}}{\partial x_1} + \frac{\partial G_{31}}{\partial x_2} + \frac{\partial G_{12}}{\partial x_3} = G_{123}.$$

Führt man ebenso den zu dem Vektor erster Stufe S^* entsprechenden Vektor dritter Stufe S ein, erhält man für (1)

$$G_{kjm} = S_{kjm} \qquad (4)$$

oder in Form eines Integralsatzes

$$\iint \sum_{(i,k)} G_{ik} dx_i dx_k = \iiint \sum_{(i,k,j)} S_{ikj} dx_i dx_k dx_j .$$

Die Gleichungen (2) und (4) bilden den Ausgangspunkt[6], um die Beziehungen der Maxwellgleichungen zur Massbestimmung zu erörtern.

Die beiden Integralsätze sind unabhängig von jeder Metrik, da sie unabhängig von der Bedeutung der Koordinaten gelten. Sie drücken nur den von Faraday herrührenden Gedanken aus, dass die räumliche Kraftwirkung des Feldes in einem abgeschlossenen Gebiet durch Hindurchtreten desselben durch die abschliessende Oberfläche zustande kommt. Somit kann mit den Integralsätzen keine Metrik verbunden sein. Man erinnere sich in diesem Zusammenhang an den Unterschied zwischen einer Koordinatenbestimmung und einer Massbestimmung. In den vorliegenden Gleichungen sind die beiden Integralbeziehungen auf der Stufe der projektiven Koordinatenbestimmung zu sehen. An Stelle der Integralsätze können aber auch die Differentialgleichungen (2) und (4) betrachtet werden. Sie stellen die *massunabhängige* Form der Maxwellgleichungen dar.

Weitere Eigenschaften der beiden Gleichungsgruppen ergeben sich leicht

$$G_{1234} = \frac{\partial G_{234}}{\partial x_1} - \frac{\partial G_{134}}{\partial x_2} + \frac{\partial G_{124}}{\partial x_3} - \frac{\partial G_{123}}{\partial x_4} = 0, \qquad (5)$$

woraus die Kontinuitätsgleichung der elektrischen Strömung folgt

$$S_{1234} = \frac{\partial S_{234}}{\partial x_1} - \frac{\partial S_{134}}{\partial x_2} + \frac{\partial S_{124}}{\partial x_3} - \frac{\partial S_{123}}{\partial x_4} = 0. \qquad (6)$$

Um die physikalische Bedeutung der Gleichungen (3) und (4) genauer zu verstehen, kann man auf die spezielle minkowskische Interpretation für den magnetelektrischen Sechservektor F respektive für den elektromagnetischen Sechservektor G zurückgreifen; danach ist der raumartige Teil von F die magnetische Induktion B, der zeitartige Teil von F das elektrische Feld E. Ferner ist der raumartige Teil von G die elektrische Induktion D, meistens Verschiebung genannt, der zeitartige Teil von G das magnetische Feld $\overline{H}$. Nach Maxwells phänomenologischer Auffassung herrscht im materiefreien Gebiet nur das Feld, während in der ponderablen Materie das Feld, um die von der Materie herrührende Wirkung vermehrt, zur Induktion wird. Dabei sind Induktion und Feld in nichtferromagnetischen beziehungsweise isotropen Medien einander proportional, und der Proportionalitätsfaktor ist die magnetische Permeabilität μ beziehungsweise die Dielektrizitätskonstante ε

$$B = \mu \overline{H}, \qquad D = \varepsilon E. \qquad (7)$$

[6] immer nach F. Kottler [58]

In der minkowskischen Auffassung verschmelzen die Unterschiede von Raum und Zeit, daher bilden magnetische Induktion und elektrisches Feld zusammen eine Einheit, den magnetelektrischen Vektor F, und ebenso elektrische Induktion und magnetisches Feld zusammen den elektromagnetischen Vektor G.

$$F = (B, E), \qquad G = (\overline{H}, D).$$

G repräsentiert die elektromagnetische Wirkung der Elektrizität, F die magnetelektrische Wirkung des Magnetismus.

10.4 Projektive Metrik für den materiefreien Fall

Satz 10.1
Voraussetzung: Man setze die bekannten Beziehungen (7) nicht voraus, sondern betrachte F und G als unabhängig voneinander.
Behauptung: Eine Metrik ergibt sich erst durch die Art und Weise der Verknüpfung zwischen den beiden Sechservektoren F und G.

Vorbemerkung zum Beweis:[7] Einerseits kann man F und G als bekannt ansehen und daraus die elektrische Viererströmung berechnen. Andererseits sind aber, praktisch gesehen, meistens nicht die Felder gegeben; die Aufgabe ist vielmehr, aus einem vorgegebenen S mit Hilfe der acht Differentialgleichungen die zwölf Unbekannten für F und G zu ermitteln, als Funktionen der vier Koordinaten x_i. Die Integralbeziehungen sind also durch die entsprechenden Differentialbeziehungen zu ersetzen. Da ferner die vier Gleichungen (1) nicht voneinander unabhängig sind, da die Identität (5) gilt, und aus analogen Gründen die vier Gleichungen (2) abhängig sind, hat man für die zwölf Unbekannten von F und G nur sechs unabhängige Differentialgleichungen, das heisst sechs Gleichungen zu wenig. Will man das Integrationsproblem zu einem bestimmten machen, muss man zu den sechs Differentialgleichungen noch sechs algebraische Gleichungen hinzufügen, die man mehr oder weniger willkürlich annehmen kann. Diese zusätzlichen Gleichungen können die sechs Relationen sein, welche die sechs Grössen F mit denen von G verknüpfen. Man wählt hierzu im Allgemeinen lineare Relationen wie in (7), wozu aber kein Zwang besteht; *viel eher müsste man sie als die Anfangsglieder einer Reihenentwicklung für kompliziertere Funktionen auffassen.*

Beweis: Eine projektive Massbestimmung wird durch Auszeichnen einer Fläche zweiten Grades als Absolute einer projektiven Massbestimmung[8] eingeführt. Eine Absolute ist auch hier zu wählen. Ihre Gleichung sei in

[7] nach F. Kottler [58]
[8] Vergleiche Kapitel 4.

projektiven Koordinaten

$$\sum_{i=1}^{4}\sum_{k=1}^{4} g_{ik}x_i x_k = 0, \qquad g_{ik} = g_{ki}, \quad i,k = 1,\ldots,4. \qquad (8)$$

ψ sei die Polarität[9] mit dieser invarianten Quadrik. Unter der $*$-Ergänzung eines Sechservektors versteht man mit $g = \det(g_{ik})$ die Abbildung

$$\sqrt{g}(F^*_{34}, F^*_{42}, F^*_{23}, F^*_{12}, F^*_{13}, F^*_{14}) = (F_{12}, F_{13}, F_{14}, F_{34}, F_{42}, F_{23}).$$

Es handelt sich um eine Polarität an der Linienquadrik mit einem Normierungsfaktor. Die Linienquadrik ist die Quadrik im fünfdimensionalen Raum der linearen Komplexe, die durch die Geraden als spezielle Komplexe gebildet wird.[10] Die Grundidee des Beweises besteht darin, dass man ein Polarsystem[11] als Vermittlung zwischen die beiden Sechservektoren F und G einschaltet; dazu bildet man aus der $*$-Ergänzung F^* des magnetelektrischen Vektors F durch eine Polarität einen kovarianten Vektor, welchen man dann mit G identifiziert. Es sei also

$$G = \psi \circ F^*.$$

Der Sechservektor F und der polarreziproke Vektor zu seiner Ergänzung sind somit Lösungen der Maxwellgleichungen für den Fall des materiefreien Raumes. Man hat dann als Verknüpfungsgleichungen

$$G_{ik} = \sum_{m=1}^{4}\sum_{n=1}^{4} g_{im}g_{kn}F^*_{mn}, \qquad (ik). \qquad (9)$$

Berücksichtigt man die Beziehung zwischen F und seiner $*$-Ergänzung F^*, erhält man mit $g = \det(g_{ik})$

$$G_{ik} = \sum_{m=1}^{4}\sum_{n=1}^{4} \frac{g_{im}g_{kn}}{\sqrt{g}} F_{m'n'}, \qquad (ik). \qquad (10)$$

m, n, m', n' sind die Indizes $1, 2, 3, 4$ in positiven Permutationen. Mit den Beziehungen (10) lässt sich dann in den Maxwellgleichungen (4) G durch

---

[9]Eine Polarität ist eine lineare Abbildung, die Punkte in Ebenen und umgekehrt abbildet und eine Fläche zweiten Grades invariant lässt.

[10]Abgesehen von einem Faktor stellt die Abbildung liniengeometrisch den Übergang von einem Objekt in punkthaften Plückerkoordinaten zu einem Objekt mit den gleichen ebenenhaften Plückerkoordinaten dar, und umgekehrt. Vergleiche dazu F. Klein [57], §20. Im Bereich der Multivektoren kann damit auch eine Art Polarität erklärt werden. Einvektoren werden den Trivektoren zugeordnet, Zweivektoren den Zweivektoren.

[11]Ein Polarsystem ist eine Polarität, das heisst eine Korrelation, die eine Fläche zweiten Grades, eben die Absolute, invariant lässt.

F eliminieren, und man erhält

$$\sum_{k,m,n} \frac{\partial(\sqrt{g}\cdot g_{im}g_{kn}\cdot F_{mn})}{\partial x_k} = S_i\sqrt{g}, \quad i = 1,\ldots,4, \qquad (11)$$

$$\frac{\partial F_{nm}}{\partial x_k} + \frac{\partial F_{mk}}{\partial x_n} + \frac{\partial F_{kn}}{\partial x_m} = 0, \quad (knm). \qquad (12)$$

Das ist die Form der Maxwellgleichungen, die sich aufgrund der gegebenen projektiven Massbestimmung (8) ergibt, das Integrationsproblem ist dann ein bestimmtes. Die minkowskische Version erhält man daraus durch eine Spezialisierung. Setzt man der Einfachheit halber $\mu = 1$, $\varepsilon = 1$, ergibt sich die minkowskische Metrik mit $g_{ik} = \delta_{ik}$. Es folgt dann aus (10)

$$(G_{12}, G_{13}, G_{14}, G_{34}, G_{42}, G_{23}) = (F_{34}, F_{42}, F_{23}, F_{12}, F_{13}, F_{14}),$$

was im Wesentlichen die Beziehungen (7) sind. □

Die Verknüpfungsrelationen zwischen den beiden Sechservektoren F und G bestimmen die dielektrischen und magnetischen Eigenschaften des Mediums, was einen statischen und einen dynamischen Sinn hat.[12] Der statische kann aber als Grenzfall des dynamischen angesehen werden, wenn man elektromagnetische Wellen mit beliebig grosser Wellenlänge in Betracht zieht. Die Angabe der dielektrischen und magnetischen Eigenschaften ist somit gleichbedeutend mit der Angabe der Gesetze der Ausbreitung des elektromagnetischen Feldes innerhalb des betreffenden Mediums.

Folgerung: Die Art der projektiven Metrik bestimmt die Art der Messung der Lichtgeschwindigkeit.

Satz 10.2

Behauptung: Die projektive Metrik der Feldgleichungen fusst auf den Ausbreitungsgesetzen des Feldes.

Beweis: Der Beweis wird für den minkowskischen Spezialfall und für den Fall $S = 0$ geführt. Mit dem Integral der ebenen Wellen erhält man charakteristische Beziehungen und Verknüpfungsbeziehungen. Geht man umgekehrt von solchen Beziehungen aus, wird man auf die minkowskische Metrik geführt.

Seien also die Komponenten der Feldvektoren von (11) von der Gestalt

$$F_{ik} = A_{ik} f(\sum_{j=1}^{4} C_j x_j), \quad A_{ik} = -A_{ki},$$

wo A_{ik} und C_j Konstanten seien. Man erhält aus (12) im Falle der minkowskischen Metrik

$$A_{nm}C_k + A_{mk}C_n + A_{kn}C_m = 0, \quad (knm). \qquad (13)$$

[12] immer nach F. Kottler [58]

Der 2-Vektor A_{ik} kann geschrieben werden als

$$A_{ik} = P_i Q_k - P_k Q_i$$

mit zwei Vektoren P und Q. Die Gleichungen (12) lauten dann

$$\begin{vmatrix} C_k & P_k & Q_k \\ C_n & P_n & Q_n \\ C_m & P_m & Q_m \end{vmatrix} = 0.$$

Es muss also eine Beziehung

$$P_i = d_1 C_i + d_2 Q_i$$

mit konstanten d_1, d_2 gelten. Damit folgt

$$A_{ik} = C_i D_k - C_k D_i,$$

wenn $d_2 Q_k = D_k$ gesetzt wird, wobei D ein konstanter Vektor ist. Aus (11) ergibt sich andererseits

$$C_i \cdot \sum_{k=1}^{4} C_k D_k - D_i \cdot \sum_{k=1}^{4} C_k^2 = 0, \quad (i),$$

woraus man notwendigerweise

$$\sum_{k=1}^{4} C_k D_k = \sum_{k=1}^{4} C_k^2 = 0$$

schliesst. Konkretisiert man den Vektor C als Einsvektor der dreidimensionalen Wellennormalen mit $C(n_x, n_y, n_z, C_4)$, folgt notwendig $C_4^2 = -1$. Das führt mit $x_4 = ict$ auf

$$\sum_{j=1}^{4} C_j x_j = n_x x + n_y y + n_z z - ct.$$

Daraus ergibt sich die Wellenausbreitung mit der Geschwindigkeit c in Richtung von n. Die Gleichung

$$\sum_{j=1}^{4} C_j D_j = 0$$

besagt bei dieser Interpretation die Transversalität der ebenen Wellen. Aus der Gleichung

$$F_{ik} = (C_i D_k - C_k D_i) f(\sum_{j=1}^{4} C_j x_j), \quad (ik) \qquad (14)$$

kann $D(a_x, a_y, a_z, 0)$ als dreidimensionaler Vektor gedeutet werden, wobei die Bedingung der Transversalität erfüllt ist, $a \cdot n = 0$. Die Gleichung (14) wird dann zu

$$B = n \times a \cdot f(\sum_{j=1}^{4} C_j x_j), \quad E = a \cdot f(\sum_{j=1}^{4} C_j x_j).$$

Ist $b = n \times a$, gilt

$$nb = ab = 0, \quad b \times n = a.$$

Damit definiert man den Vierervektor $B(ib_x, ib_y, ib_z, 0)$ der den Beziehungen

$$\sum_{j=1}^{4} B_j C_j = \sum_{j=1}^{4} B_j D_j = 0$$

genügt. Für den elektromagnetischen Feldvektor G kann man dann

$$G_{ik} = (C_i B_k - C_k B_i) f(\sum_{j=1}^{4} C_j x_j), \qquad (15)$$

$$\overline{H} = b \cdot f(\sum_{j=1}^{4} C_j x_j), \quad D = b \times n \cdot f(\sum_{j=1}^{4} C_j x_j),$$

schreiben.

Zusammenfassend lässt sich sagen, dass die ebene Welle im Vakuum charakterisiert wird durch die Werte der beiden Feldvektoren F und G, wobei zugleich für die konstanten Vektoren C, B, D gilt

$$\sum_{j=1}^{4} C_j^2 = \sum_{j=1}^{4} C_j D_j = \sum_{j=1}^{4} B_j C_j = \sum_{j=1}^{4} B_j D_j = 0. \qquad (16)$$

Hieraus ergibt sich umgekehrt aus (14) und (15) mit (16), und da es auf einen konstanten Proportionalitätsfaktor nicht ankommt,

$$G_{i'k'} = F_{ik},$$

wenn $iki'k'$ eine positive Permutation von 1234 ist. Das sind aber im Wesentlichen die minkowskischen Verknüpfungsgleichungen, womit nach Obigem auch die entsprechende Metrik gilt. □

Wesentlich bei diesem Beweis für das Auftreten der Metrik sind die Beziehungen (16). Auch ohne sie würden (14) und (15) Lösung der Maxwellgleichungen sein, bei welcher alle Komponenten der zwei Feldvektoren ein und derselben Funktion eines linearen Arguments proportional sind. Aber die Wechselwirkung zwischen den beiden Feldern wäre nicht gegeben, das heisst, die Verknüpfungsbeziehungen zwischen F und G, welche mit den

Gleichungen (16) gleichwertig sind, wären nicht präzisiert. Physikalisch gesprochen würde *die lenzsche Regel für jene Wechselwirkung fehlen.* Die Lösungen (14) und (15) könnten dann aber nicht als ebene Wellen betrachtet werden, weil die erste Summe in (16) nicht verschwindet, somit nichts über die Geschwindigkeit ausgesagt werden könnte.

Kottlers Quintessenz: Die Ausbreitungsgesetze des Feldes sind erst durch die Metrik gegeben und umgekehrt.

Das Resultat der wenig beachteten Arbeit Kottlers mag überraschend sein, es zeigt die Bedeutung der projektiven Massbestimmung für die mathematische Struktur der Elektrodynamik und deutet auf einen versteckten Zirkel. *Der Minkowski-Lorentz-Formalismus, auch die minkowskische Metrik, wird mit der Ausbreitungsart der elektromagnetischen Wellen begründet, welche wiederum erst durch die Wahl der minkowskischen Metrik bestimmt wird.* Das eine bedingt das andere, daran ändert auch die Tatsache nichts, dass die Maxwellgleichungen sich längst bewährt haben.

Die Bedeutung der projektiven Metrik ist also grösser, als man meinen könnte, der Raumbegriff spielt eine wichtige Rolle. *Durchschaut man den Übergang von der projektiven, massfreien Stufe der formalen Zusammenhänge der Physik zur metrischen Stufe nicht, so durchschaut man den Erkenntnisprozess nicht, man bleibt bei Anschauungsformen.* Eine empirische Vorgehensweise muss aber Begriffe verwenden, die den Fakten angepasst sind, und das kann, wenn es um Raumfragen, Ausbreitungsfragen und Ähnliches geht, nur mit einem wirklichen Raumbegriff geschehen. Man müsste die formalen Zusammenhänge zuerst auf projektiver Stufe formulieren, damit sie von impliziten massabhängigen Voraussetzungen befreit sind; erst bei einem konkreten Problem kann zur entsprechenden Metrik übergegangen werden.

10.5 Maxwellgleichungen und Liniengeometrie

So weit wurden für die geometrische Analyse nur der Punktraum und der Ebenenraum verwendet, aber nicht der Linienraum, welcher erst eine Rolle spielt, wenn man in der Mechanik starrer Körper projektive Methoden verwendet, wie das vor allem am Ende des 19. Jahrhunderts gemacht wurde.[13] Wenig bekannt ist nun, dass sich die Maxwellgleichungen in ihrer Struktur bei geeigneter Zuordnung nicht von der geometrischen Struktur der Mechanik starrer Körper unterscheiden, die Liniengeometrie ist bei beiden Gebieten der projektiv geometrische Hintergrund.[14] Dass es sich bei dieser

---

[13] Man vergleiche R. Ziegler [120].

[14] Es handelt sich um die schon von A. Sommerfeld [96], M. Martin [74] und anderen bemerkte Analogie zwischen Elektrodynamik und Liniengeometrie beziehungsweise

Verwandtschaft auch um eine Frage der Metrik handelt, hängt damit zusammen, dass die Liniengeometrie selbst bereits eine metrische Geometrie ist, allerdings im Raum der linearen Komplexe.[15]

Die Elemente der Elektrodynamik werden im Folgenden links notiert, die der Liniengeometrie und Motormechanik, der Mechanik starrer Körper, rechts. Die Strukturgleichheit der beiden Gebiete kann durch geeignete Koordinatenwahl leicht eingesehen werden, man betrachte dazu die Raum-Zeit-Koordinaten bei den Maxwellgleichungen als projektive Koordinaten

$$x_1 = x, \quad x_2 = y, \quad x_3 = z, \quad x_4 = ict,$$

und in der Mechanik gehe man zu homogenen Koordinaten über

$$\frac{x_1}{x_4} = x, \quad \frac{x_2}{x_4} = y, \quad \frac{x_3}{x_4} = z,$$

mit der invarianten Quadrik

$$x_1^2 + x_2^2 + x_3^2 + x_4^2 = 0.$$

Dann stelle man Vierernabla und Viererpotential zwei Punkten X und Y gegenüber

$$\nabla, A_i \qquad\qquad X, Y.$$

Die Eichung des Viererpotentials zu einem lorentzinvarianten Vierervektor links entspricht der Inzidenz des einen Punkts mit der Polarebene des andern bezüglich der obigen Quadrik

$$\nabla \cdot A = 0 \qquad\qquad X \cdot Y = 0.$$

Eine weitere Parallelität besteht zwischen elektromagnetischer Feldgrösse und den plückerschen Geradenkoordinaten

$$F = \nabla \times A \qquad\qquad H^{ik} = X_i Y_k - X_k Y_i.$$

Beide Grössen können als Sechservektoren geschrieben werden

$$F(F^{14}, F^{24}, F^{34}, F^{23}, F^{31}, F^{12}) \qquad H(H^{14}, H^{24}, H^{34}, H^{23}, H^{31}, H^{12}),$$

wobei links die elektrische und magnetische Feldstärke, rechts punkt- und ebenenhafter Vektor g resp. $\overline{g}$ sichtbar werden

$$F(\tfrac{i}{c}E, B) \qquad\qquad H(g, \overline{g}).$$

Motormechanik, wie man früher die physikalische Anwendung der Liniengeometrie nannte. Eine Zusammenstellung Martins [74] wird referiert. Dabei müssen die Elemente der Liniengeometrie und deren koordinatenmässige Beschreibung vorausgesetzt werden. Um die strukturelle Verwandtschaft mit der Mechanik starrer Körper zu sehen, ist einige Kenntnis der Schrift «Universalkräfte in der Mechanik» von G. Adams [2] nötig. Vergleiche auch P. Gschwind [34], [38].

[15] Siehe F. Klein [57], §22, §23, §24.

Der plückerschen Identität rechts, also der Bedingung der Koordinaten für eine Gerade, entspricht links die Orthogonalität von elektrischem und magnetischem Feld, wie sie im Vakuum erfüllt ist.

$$\tfrac{i}{c}E \cdot B = 0 \qquad\qquad g \cdot \overline{g} = H^{14}H^{23} + H^{24}H^{31} + H^{34}H^{12} = 0.$$

Ist die plückersche Bedingung nicht erfüllt, handelt es sich rechts nicht um eine Gerade, sondern um einen linearen Komplex.[16]

Die formale Beziehung der Elektrodynamik zur Mechanik starrer Körper oder Motormechanik geht noch weiter. Der vollständigen Beschreibung des elektromagnetischen Feldes durch die beiden Sechservektoren, Feldsechservektor und Erregungssechservektor, entspricht die Beschreibung des Bewegungszustandes eines starren Körpers durch den Geschwindigkeitsmotor oder Kineme und den Impulsmotor oder Dyname,

$$F(\frac{i}{c}E, B), \quad G(icD, H) \qquad\qquad V(V_0, U), \quad I(J, D_0).$$

Bei ruhenden Körpern vermitteln die Materialkonstanten, die im anisotropen Fall auch Tensoren sein können, den Zusammenhang links. Rechts bedingt das Trägheitsellipsoid K, der dynamische Eigenwille des Körpers, ein Verhältnis von Kineme V und Dyname I

$$G = K \cdot F \qquad\qquad I = K \cdot V.$$

Die Invariante, das skalare Produkt der beiden Sechservektoren, ergibt links die doppelte Lagrange-Dichte, rechts die doppelte kinetische Energie.

Den Bewegungsgleichungen in der Mechanik entsprechen die Maxwellgleichungen in der Elektrodynamik links. Beide können in einer geeigneten Algebra in einer einzigen Gleichung formuliert werden. Links ist dazu wegen der Massbestimmung eine Clifford-Algebra zu nehmen.[17]

Im Weiteren kann man drei Polaritäten unterscheiden, der Polarität des Vakuums links entspricht die Polarität Phoronomie-Dynamik, formal gegeben durch die Gleichungen harmonischer Lage.

$$(F, G) = -ED + BH = 0 \qquad\qquad (V, I) = V_0 J + U D_0 = 0.$$

Liniengeometrie ist metrische Geometrie im fünfdimensionalen Raum der linearen Komplexe, die metrische Fundamentalquadrik in diesem Raum, auch Linienurquadrik genannt, wird durch die plückersche Geradenbedingung definiert, sie ist also anschaulich gesprochen nichts anderes als der Linienraum. Die Bedingung für harmonische Lage bedeutet nun links eine elektromagnetische Vakuumwelle, rechts die fundamentale Polarität an der

[16] Vergleiche R. Ziegler [120].

[17] Man vergleiche dazu A. Mercier [75], D. Hestenes [46], P. Gschwind [34].

Linienurquadrik von energetischem Indifferenzverhältnis zwischen Kineme und Dyname.[18]

Zweitens besteht die bereits erwähnte Polarität in höherem Sinn

$$G = K \cdot F \qquad\qquad I = K \cdot V.$$

Links steht die Beziehung zwischen den elektromagnetischen Eigenschaften der Materie und dem Feld, rechts stehen die individuellen Trägheitseigenschaften eines Körpers, die bei jeder Dyname eine bestimmte Kineme bedingen.

Drittens ist die Polarität an der metrischen Fundamentalquadrik im dreidimensionalen Raum zu nennen.

Man erhält nun mit der formalen Übereinstimmung zwischen den Gleichungen der Elektrodynamik und der Motormechanik die Möglichkeit, liniengeometrische Gesichtspunkte in der Elektrodynamik zu verwenden, wobei zu berücksichtigen ist, dass die Maxwellgleichungen nicht bereits eine auf eine bestimmte Metrik ausgerichtete Form haben.[19]

Man werfe einen Blick zurück zur Phänomenologie in Licht- und Elektrizitätslehre.[20] Der komplexe Lichtvektor in der Lichtlehre hat die Eigenschaft, die Maxwellgleichungen zu erfüllen. Das mag ein Grund sein, warum die Lichtlehre als Teilgebiet der Elektrodynamik aufgefasst wird, aber man könnte auch sagen: Die Maxwellgleichungen sind die letzte mathematische Quintessenz einer phänomenologischen Lichtlehre.[21]

- Die Maxwellgleichungen können metrikfrei formuliert werden.
- Die gewählte Metrik, und damit die Form der Maxwellgleichungen, hängt von der Verknüpfung der beiden Sechservektoren F und G ab.
- Die Lorentzinvarianz der Maxwellgleichungen entsteht aus der einfachsten Verknüpfung von F und G.
- Die Ausbreitungsgesetze des elektromagnetischen Feldes sind erst durch die Metrik gegeben oder umgekehrt.
- Die Lorentzinvarianz der Naturgesetze bleibt damit ein erfolgreiches Postulat.
- Die Mechanik starrer Körper und die Elektrodynamik sind strukturgleich, wenn man sie mit projektiven Koordinaten beschreibt.

---

[18] Siehe G. Adams [2] und R. Ziegler [119].

[19] Andere projektiv geometrische Untersuchungen gehen immer von der üblichen Form der Maxwellgleichungen aus, so etwa auch E. R. Paërl [80].

[20] Siehe Kapitel 9.

[21] Was die genauere Bedeutung der Einführung von projektiven Koordinaten bei den Maxwellgleichungen ist, wird in den Abschnitten 15.3 und 15.8 erläutert.

11

Minimalprinzipien und Wellenmechanik

INHALT: Das hamiltonsche Prinzip, Wirkungsintegral, Lagrange-Gleichungen, Prinzip von Maupertuis; Hamilton-jacobische Theorie; fermatsches Prinzip; Beziehungen von de Broglie, Grundidee der Wellenmechanik, Interferenzprinzip, heisenbergsche Unbestimmtheitsrelation.

11.1 Das hamiltonsche Prinzip

Nach dem hamiltonschen Prinzip gibt es eine Funktion $L(q, q', t)$, wobei die q verallgemeinerte Koordinaten, die q' entsprechende Geschwindigkeiten sind und t die Zeit ist, so dass die Bewegung eines Teilchens zwischen den Zeiten t_0 und t_1 folgendermassen gegeben wird. Das Integral

$$\int_{t_0}^{t_1} L(q, q', t)dt$$

hat für die wirkliche Bewegung einen Extremwert gegenüber jeder beliebig wenig verschiedenen Bewegung, die gleichfalls zwischen t_0 und t_1 das Teilchen von P_0 nach P_1 bringen würde. Das Integral heisst hamiltonsches Wirkungsintegral, L heisst Lagrange-Funktion. Das hamiltonsche Prinzip lässt sich als Variationsgleichung schreiben

$$\delta \int_{t_0}^{t_1} L(q, q', t)dt = 0,$$

aus ihr leitet man die Lagrange-Gleichungen ab

$$\frac{d}{dt}\frac{\partial L}{\partial q_i'} = \frac{\partial L}{\partial q_i}, \quad i = 1, 2, 3.$$

Sie bestimmen die Bewegung eines Teilchens bis auf sechs beliebige Konstanten, für die man die Anfangswerte der drei Koordinaten und der drei Geschwindigkeitskomponenten wählen kann.

In der Relativitätstheorie verwendet man das hamiltonsche Prinzip, indem man die Weltlinien eines Teilchens benützt und das folgende Kurvenintegral zwischen zwei Punkten bildet

$$\int (Edt - p_1 dq_1 - p_2 dq_2 - p_3 dq_3).$$

E ist dabei die Energie, die p_i sind die verallgemeinerten Impulse. Das Prinzip besagt, dass das Kurvenintegral stationär ist gegenüber jeder kleinen Veränderung der Integrationskurve, falls man die Endpunkte festhält. Das mit den entsprechenden Grenzen versehene Kurvenintegral

$$S_1 = \int (p_1 dq_1 + p_2 dq_2 + p_3 dq_3)$$

heisst maupertuissches Wirkungsintegral. Es gilt

$$S = \int_{t_0}^{t_1} Edt - S_1.$$

S wird Wirkungsfunktion genannt. Für konstante Felder besteht das maupertuissche Prinzip oder das Prinzip der kleinsten Wirkung.[1]

Falls ein elektromagnetisches Feld vorhanden ist, kann man die Wirkungsfunktion einer Ladung e im elektromagnetischen Feld mit der einsteinschen Summenkonvention in der Gestalt

$$S = \int_a^b (-mcds + \frac{e}{c} A_i dx_i)$$

schreiben. Dabei stellt A den Vierervektor des elektromagnetischen Feldes dar, mit

$$A_{1,2,3} = A_{x,y,z}, \quad A_4 = i\rho,$$

wo $A_{x,y,z}$ die Komponenten des Vektorpotentials sind und die vierte Komponente das imaginäre skalare Potential des Feldes bedeutet. ds ist das vierdimensionale Bogenelement und m die Ruhemasse des Teilchens. Die Lagrange-Funktion L einer Ladung im elektromagnetischen Feld unterscheidet sich von der eines freien Teilchens durch die Summanden mit A, die die Wechselwirkung der Ladung mit dem Feld beschreiben.

---

[1] Genaueres siehe etwa bei L. D. Landau [63].

Bildet man die Ableitung der Lagrange-Funktion L nach der Geschwindigkeit oder die der Wirkungsfunktion nach den vier Koordinaten x_i, erhält man den verallgemeinerten Impuls, zusammengesetzt aus gewöhnlichem Impuls und Energie. Die Wirkungsfunktion S gehorcht schliesslich der Hamilton-jacobischen Differentialgleichung

$$(gradS - \frac{e}{c}A)^2 - \frac{1}{c^2}(\frac{\partial S}{\partial t} + e\rho)^2 + m^2c^2 = 0,$$

wenn man die räumlichen Komponenten gesondert aufführt.

11.2 Die Hamilton-jacobische Theorie

In der hamiltonschen Theorie ist bekannt, dass die kanonischen Gleichungen, welche aus dem Lagrange-Formalismus abgeleitet werden können, bei Berührungstransformationen ihre Form behalten. Man hat dazu die Hamilton-Funktion

$$H(q,p,t) = p_1q_1' + p_2q_2' + p_3q_3' - L(q,q',t)$$

durch die Funktion

$$K = H - \frac{\partial S}{\partial t}$$

zu ersetzen. Die Funktion S definiert eine Berührungstransformation. Schreibt man die Energie als Funktion der q, p und t und ersetzt man die p durch die $-\frac{\partial S}{\partial q}$, ist $K = 0$ gleichbedeutend mit der Hamilton-jacobischen Differentialgleichung

$$H\left(q, -\frac{\partial S}{\partial q}, t\right) = \frac{\partial S}{\partial t}.$$

Findet man ein Integral dieser Gleichung, das noch drei beliebige Konstanten a enthält, ein vollständiges Integral S mit $K = 0$, bestimmt die Funktion $S(q,a,t)$ eine Berührungstransformation zwischen den Variablen q, p, t und den Grössen a, $b = \frac{\partial S}{\partial a}, t$, und es ergibt sich $a =$ konstant, $b =$ konstant. Hieraus folgt der jacobische Satz: Gelingt es, ein vollständiges Integral $S(q,a,t)$ der Hamilton-jacobischen Differentialgleichung zu ermitteln, gilt

$$p = -\frac{\partial S}{\partial q}, \quad \frac{\partial S}{\partial a} = b.$$

Die b sind drei neue Konstanten, und diese Gleichungen bestimmen die sechs q, p als Funktionen der Zeit und der sechs Konstanten a, b. Damit ist die Bewegung eines Teilchens eindeutig definiert.

Die a und die b sind sechs Grössen, deren physikalische Bedeutung nicht festgelegt ist. Man kann annehmen, dass die a Koordinaten und die b Impulse sind. Da in der Funktion $S(q,a,t)$ die a Konstanten sind, wird man sie als die Anfangswerte der Koordinaten des Teilchens wählen, so dass man sagen kann, dass die Bewegung des Teilchens in der Zeitspanne t_0 bis t die Anfangswerte q_0 der Koordinaten in die Endwerte q transformiert. Bildet man das hamiltonsche Integral

$$S = \int (Edt - p_1 dq_1 - p_2 dq_2 - p_3 dq_3)$$

längs der Bahn von q_0 bis q, erhält man eine Funktion der q, der q_0 und der Zeit, die die Gleichungen

$$\frac{\partial S}{\partial q} = -p, \quad \frac{\partial S}{\partial q_0} = -p_0$$

erfüllt, p_0 seien die Anfangswerte der p. Die Funktion S definiert dann eine Berührungstransformation zwischen den q, p und den q_0, p_0. Ferner genügt S der Hamilton-jacobischen Differentialgleichung. Nach dem jacobischen Satz bleiben die q_0 im Verlauf der Bewegung konstant, was damit übereinstimmt, dass sie Anfangswerte sind, Entsprechendes ist zu den p_0 zu bemerken.

Hängt das Kraftfeld nicht von der Zeit ab, lässt sich der Formalismus vereinfachen. H enthält dann die Zeit nicht explizit und die Hamilton-jacobische Gleichung wird zu

$$H\left(q, \frac{\partial S_1}{\partial q}\right) = E,$$

da

$$\frac{\partial S}{\partial t} = E.$$

Kann man ein vollständiges Integral S_1 dieser Differentialgleichung finden, das von E und zwei andern Integrationskonstanten a_1 und a_2 abhängt, ist die Funktion

$$S = Et - S_1(q, a_1, a_2, E)$$

ein vollständiges Integral der Hamilton-jacobischen Gleichung mit den drei Konstanten a_1, a_2 und $a_3 = E$. Der jacobische Satz besagt in diesem Fall, dass die Bewegung durch die Gleichungen

$$p_i = \frac{\partial S_1}{\partial q_i}, \quad \frac{\partial S_1}{\partial a_i} = -b_i = \text{konstant}, \quad i = 1, 2,$$

$$\frac{\partial S}{\partial E} = t - \frac{\partial S_1}{\partial E} = b_3 = \text{konstant}$$

bestimmt ist. Setzt man $b_3 = -t_0$, folgt

$$\frac{\partial S_1}{\partial E} = t - t_0.$$

Diese Gleichung, die als einzige die Zeit enthält, gibt das Bewegungsgesetz, während die erste und zweite Gleichung nur von den q abhängen und die Bahnkurve bestimmen. Man kann also, allerdings nur bei konstanten Feldern, die Berechnung des zeitlichen Verlaufs der Bewegung von der Berechnung der Bahnkurve trennen.

Man betrachte ein Beispiel, die Bewegung im konstanten homogenen Feld im nichtrelativistischen Fall. Der Einfachheit halber sei die Richtung des Feldes die x-Achse. Mit

$$E = \frac{1}{2m}(p_x^2 + p_y^2 + p_z^2) - k_x x$$

wird das hamiltonsche Integral zu

$$\begin{aligned} &\int (p_x dx + p_y dy + p_z dz) - Et \\ = \quad & p_y y + p_z z + \frac{1}{3mk_x}\sqrt{2m(E + k_x x) - p_y^2 - p_z^2}^{\,3} - Et. \end{aligned}$$

Nach der jacobischen Theorie folgt

$$\frac{\partial S_1}{\partial p_y} = y - p_y \frac{1}{mk_x}\sqrt{2m(E + k_x x) - p_y^2 - p_z^2} = \text{konstant},$$

$$\frac{\partial S_1}{\partial p_z} = z - p_z \frac{1}{mk_x}\sqrt{2m(E + k_x x) - p_y^2 - p_z^2} = \text{konstant},$$

das ist die Gleichung einer Parabel und

$$\frac{\partial S_1}{\partial E} = \frac{1}{k_x}\sqrt{2m(E + k_x x) - p_y^2 - p_z^2} = t - t_0,$$

also

$$p_x = k_x(t - t_0) = p_{0x} + k_x t,$$

wenn man mit p_{0x} den Anfangswert des Impulses in x-Richtung bezeichnet. Dies stellt das bekannte Gesetz für den Impuls als Funktion der Zeit dar.

Das Beispiel wurde mit Koordinaten und Zeit respektive mit Impuls und Energie formuliert. Die Funktion S lässt sich aber auch durch Koordinaten, Zeit und Anfangskoordinaten und so weiter bestimmen. Im Hinblick auf die projektive Interpretation bietet die verwendete Version Vorteile.

11.3 Das fermatsche Prinzip

In der klassischen Optik existiert ein zum maupertuisschen Prinzip verwandtes Prinzip, das fermatsche Prinzip. In einem Medium mit dem Brechungsindex n sind die Strahlen der geometrischen Optik durch die folgenden Bedingungen definiert. Ist ν die Frequenz der Welle, c die Lichtgeschwindigkeit,

$$V = \frac{c^2}{v}$$

die Phasengeschwindigkeit, so hat der Strahl vom Punkt A nach B eine Form, die das Kurvenintegral

$$\int_A^B \frac{\nu}{V} dl = \frac{\nu}{c} \int_A^B n dl$$

zu einem Minimum macht. Ist n konstant, sind die Strahlen geradlinig und die Wellen eben. Das fermatsche Prinzip sagt aus, dass der Strahl zwischen A und B die kürzeste Verbindung darstellt.

11.4 Die Grundidee der Wellenmechanik

Das hamiltonsche und das fermatsche Prinzip waren grundlegend für die Entwicklung der wellenmechanischen Seite der Quantenmechanik.[2] Die Wellenmechanik hatte ihren Ausgangspunkt in der Absicht, einen Zusammenhang zwischen dem Begriff der Korpuskel und dem Begriff der Periodizität herzustellen und den Begriff der Bewegung einer Korpuskel mit dem Begriff der Wellenausbreitung zu verknüpfen. Diese Beziehung zwischen Wellen und Teilchen ist durch die Grundprinzipien der Relativitätstheorie festgelegt.[3]

De Broglie ordnete einem Teilchen eine Welle zu, die im Ruhesystem K_0 stationär ist, die Welle habe also in ihrem mathematischen Ausdruck die Zeit nur in einem Faktor

$$\cos 2\pi\nu_0 t_0 .$$

ν_0 wird Eigenfrequenz des Teilchens genannt. Betrachtet man dasselbe Teilchen im System K, das die Geschwindigkeit

$$v = \beta c$$

in der z-Richtung hat, erhält man als Beziehung gemäss den Transformationsvorschriften von Lorentz für den obigen Ausdruck

$$\cos 2\pi\nu_0 \frac{\left(t - \frac{\beta z}{c}\right)}{\sqrt{1 - \frac{v^2}{c^2}}} .$$

Man setze nun

$$\nu = \frac{\nu_0}{\sqrt{1 - \frac{v^2}{c^2}}}, \quad V = \frac{c}{\beta} = \frac{c^2}{v} .$$

Dann kann der Phasenfaktor als

$$\cos 2\pi\nu \left(t - \frac{z}{V}\right)$$

---

[2] E. Schrödinger [91] und L. de Broglie [11]

[3] Siehe Kapitel 8.

geschrieben werden, das Teilchen bewegt sich also im System K als Welle der Frequenz ν in Richtung OZ fort. Die Phasengeschwindigkeit V der zugeordneten Welle ist umgekehrt proportional der Geschwindigkeit v des Teilchens. Das ergibt sich aus der relativistischen Transformationsgleichung für die Zeit beim Wechsel des Bezugssystems.

Nach der Auffassung der Relativitätstheorie hat ein Teilchen im System K die Energie

$$E = \frac{m_0 c^2}{\sqrt{1 - \frac{v^2}{c^2}}} = mc^2$$

und im Ruhesystem K_0

$$E_0 = m_0 c^2.$$

Also

$$E = \frac{E_0}{\sqrt{1 - \frac{v^2}{c^2}}}.$$

Die Beziehung zwischen den beiden Energien ist die gleiche wie zwischen den beiden Frequenzen. Da die Energie des Teilchens sich beim Wechsel des Bezugssystems wie die Frequenz der zugehörigen Welle transformiert, ist man in dieser Theorie[4] berechtigt, die beiden durch die Beziehung

$$E = h\nu$$

zu verknüpfen, wo h die plancksche Konstante ist. Betrachtet man schliesslich den Impuls

$$p = \frac{m_0 v}{\sqrt{1 - \frac{v^2}{c^2}}},$$

erhält man mit der obigen Energiegleichung

$$p = \frac{Ev}{c^2} = \frac{h\nu v}{c^2} = \frac{h\nu}{V} = \frac{E}{V}$$

eine Beziehung zwischen Impuls und Phasengeschwindigkeit V. Mit der Wellenlänge

$$\lambda = \frac{V}{\nu}$$

ergibt sich die de brogliesche Beziehung mit dem Wellenvektor k

$$p = \frac{h}{\lambda} = \frac{h}{2\pi} k.$$

De Broglie konnte damit folgenden Zusammenhang zwischen Wellen und Teilchen angeben. Einem Teilchen der Masse m und der Geschwindigkeit

$$v = \beta c$$

[4] immer nach L. de Broglie [11]

wird eine Welle der Frequenz

$$\nu = \frac{mc^2}{h\sqrt{1-\frac{v^2}{c^2}}}$$

zugeschrieben, die sich in derselben Richtung fortpflanzt. Die Phasengeschwindigkeit beträgt

$$V = \frac{c}{\beta} = \frac{c^2}{v}.$$

Ihre Wellenlänge ist

$$\lambda = \frac{h}{p} = \frac{h\sqrt{1-\frac{v^2}{c^2}}}{mv}$$

und ihre Gruppengeschwindigkeit v. In der newtonschen Mechanik, also für

$$\beta^2 \ll 1,$$

kann man

$$hv = mc^2 + \frac{mv^2}{2}, \quad \lambda = \frac{h}{mv}$$

setzen.

Die Beziehungen de Broglies geben einen Zusammenhang zwischen dem fermatschen Prinzip und dem maupertuisschen Prinzip. Denn mit den de broglieschen Beziehungen folgt

$$\frac{\nu}{V} = \frac{p}{h},$$

und das fermatsche Integral wird zu

$$\int_A^B \frac{v}{V} dl = \frac{1}{h} \int_A^B p dl = \frac{1}{h} \int_A^B (p_x dx + p_y dy + p_z dz).$$

Damit besteht eine Analogie zwischen der klassischen Mechanik und der geometrischen Optik. Die Bewegung einer Wellengruppe wird in der Näherung der geometrischen Optik durch Gleichungen beschrieben, die eine auffallende Ähnlichkeit mit denen der Hamilton-jacobischen Theorie haben. Dies war die Grundlage für die Wellenmechanik nach de Broglie und Schrödinger. Für die Beschreibung der Bewegung eines Teilchens wurden deshalb Gleichungen gesucht mit der Eigenschaft, dass in der geometrischen Optik der Materiewellen die Strahlen mit den Bahnen der klassischen Mechanik zusammenfallen, sie müssen insbesondere die Eigenschaft haben, dass mit dem Grenzübergang $h \to 0$ klassische Gleichungen entstehen.

Entscheidend war die Identifikation der Phase

$$\phi = h\nu t - \frac{h}{c}\nu \int n dl$$

der Wellenfunktion mit der Wirkungsfunktion S

$$S = Et - \int (p_x dx + p_y dy + p_z dz),$$

die sich durch die de broglieschen Beziehungen ergab. Durch diese Identifikation erhält man die Schrödinger-Gleichung aus einer normalen Wellengleichung. Die Amplitude a der Lösung der neuen Gleichung wird mit der Dichte des Teilchenschwarms in Verbindung gebracht.

Als Quintessenz ergibt sich ein Parallelismus zwischen der klassischen Mechanik und der Ausbreitung der Materiewellen, wenn diese den Gesetzen der geometrischen Optik folgen. Die Wirkungsfunktion geht dann in die Phasenfunktion der Wellenfunktion über, und unter Beibehaltung der klassischen Vorstellungen, nach der die Teilchen bestimmte Bahnen mit wohlbestimmten Geschwindigkeiten beschreiben, konnte man sich einen Schwarm von Teilchen vorstellen, die alle Bewegungen zu derselben Wirkungsfunktion ausführen. Die Dichte des Schwarms wird durch die Intensität der Welle gemessen. Alle diese Vorstellungen sind im vollständigen Einklang mit den klassischen Begriffen, die Frage war, ob sie auch noch über den Gültigkeitsbereich der geometrischen Optik hinaus verallgemeinerungsfähig sind. Dies hat zur Aufgabe der traditionellen Vorstellungen geführt, dass den Korpuskeln Ort, Geschwindigkeit und Bahn zuzuschreiben sei, das Interferenzprinzip ist dann zusätzlich zu berücksichtigen. Es ist eine Art Verallgemeinerung des Interferenzprinzips der Optik, wonach das Quadrat der Amplitude oder die Intensität an jedem Punkt des Raumes die mittelbare Lichtenergie misst. Nimmt man die Existenz von Lichtquanten an, muss man voraussetzen, dass für jedes Photon die Anwesenheitswahrscheinlichkeit in einem Punkte proportional zur Intensität der zugehörigen Lichtwelle ist.

Das Interferenzprinzip wurde auch auf allgemeine Materiewellen ausgedehnt. Ist $P(x, y, z, t)dw$ die Wahrscheinlichkeit, dass sich das Teilchen zur Zeit t im Innern des Volumenelements dw um den Punkt x, y, z befindet, und setzt man

$$\Psi = a(x, y, z, t) \exp \left(\frac{i}{\hbar} \phi(x, y, z, t) \right),$$

gilt demnach

$$P(x, y, z, t) = a^2(x, y, z, t) = \Psi(x, y, z, t)\Psi^*(x, y, z, t).$$

Das ist der formelmässige Ausdruck für das Interferenzprinzip. Im Gegensatz zur geometrischen Optik ist die Bestimmung von a und ϕ im Allgemeinen nur gleichzeitig möglich.

11.5 Die heisenbergsche Unbestimmtheitsrelation

Für die Interpretation der Quantenmechanik hat die heisenbergsche Unbestimmtheitsrelation, oder Unschärferelation, grosse Bedeutung, bis in weltanschauliche und erkenntnistheoretische Zusammenhänge führende Folgerungen werden gezogen und philosophische Systeme werden auf ihr aufgebaut.

Bei der Herleitung der Unschärferelation[5] werden räumlich-zeitliche Betrachtungen mit Teilchen oder Wellen im Sinne der Schwingungslehre und die de brogliesche Darstellung eines Teilchens durch ein Wellenpaket verwendet. Das Resultat der Argumentationen in Form von Gedankenexperimenten ist die Aussage, dass in jeder Komponente das Produkt aus Orts- und Impuls-Unschärfe bis auf einen bestimmten Faktor grösser als die plancksche Konstante sein muss, Gleiches gilt für Energie und Zeit.

Einige Abhandlungen arbeiten bei der Herleitung mit dem Operatorbegriff, da ist es schwieriger oder gar unmöglich zu verstehen, was an physikalischen Gesichtspunkten eingeht.[6]

Die Interpretationen der heisenbergschen Relation sind nicht einheitlich. Der Auffassung, dass Teilchen nicht scharf definierten Ort und gleichzeitig scharf gegebenen Impuls *besitzen*, stehen andere Meinungen gegenüber, zum Beispiel, dass nur die Messungen prinzipiell nicht für beide beliebig genau ausführbar seien. Oder die statistische Sicht, wonach man keinerlei Beschränkung der Genauigkeit bei diesen Messungen habe und dass die Relation über Einzelmessungen überhaupt nichts aussage. Vielmehr stelle sie in dieser dritten Sicht eine Beziehung her zwischen der Streuung der Resultate vieler Ortsmessungen und derjenigen vieler Impulsmessungen an Teilchen in demselben Zustand, sie besage, dass es keinen Zustand gibt, für den sowohl Impuls- als auch Ortsmessung ein bestimmtes Resultat mit beliebiger Genauigkeit liefert.

Die Kopenhagener Deutung der Quantenmechanik, die aus der Gedankenarbeit mit der Unschärferelation entstanden ist, besagt, dass die Physik nicht ein Bild der Natur vermittle, physikalische Grössen erhielten erst dann einen Wert, wenn man sie einem Messakt unterwerfe, die Quantenbahn beginne erst dann zu existieren, wenn man sie kenne. Ort und Impuls eines Elektrons existierten nicht an sich, objektiv oder wirklich und unabhängig von subjektiven Beobachtungen, sondern sie würden erst durch den Akt der Beobachtung, das heisst im Messprozess, existent. Dabei schliesse eine genaue Ortsmessung eine gleichzeitige scharfe Bestimmung des Impulses eines Teilchens aus.[7]

---

[5] W. Heisenberg [43]

[6] M. Jammer [50]

[7] Weitere Gesichtspunkte zur Entwicklung und Interpretation der heisenbergschen Unschärferelation findet man bei M. Jammer [50].

Man ist bei dieser Vielgestaltigkeit der Auffassungen versucht, die Grundlagen der jeweiligen Deutungen in weltanschaulichen und erkenntnistheoretischen Standpunkten zu suchen. Die Situation erscheint ähnlich wie in der Farbenlehre mit der Auffassung, dass weisses Licht eine Mischung von farbigem Licht sei. Diese Auffassung dehnt rein mathematische Sachverhalte bis ins Physikalische aus, das mathematisch sehr allgemein gültige Theorem von Fourier zur Darstellung einer beliebigen, gewissen Einschränkungen zu unterwerfenden Funktion als Überlagerung von periodischen Funktionen wird physikalisch ausgedeutet, die Phänomene geben zu dieser Auffassung keine Veranlassung.

Ähnliches liegt bei der heisenbergschen Relation vor. Sie folgt als mathematisches Faktum zwangsläufig aus der Theorie der Fouriertransformationen, welche eine Beziehung zwischen Raum und Impulsraum respektive zwischen Zeit und Energie stiftet, wenn man noch die, durch das Experiment erhärtete Zuordnung von Wellenvorgängen zu Teilchen nach de Broglie vornimmt – ebenso die Eigenschaft der Wellenpakete, auseinanderzufliessen. Konsequenz daraus ist, dass keine der zitierten Interpretationen notwendigerweise Gültigkeit haben muss. Wie bei der Lichtlehre beschränkt man sich deshalb am besten darauf, den mathematischen Sachverhalt zu zitieren und physikalische Deutungen, die Ausfluss empiristischer oder materialistischer Grundhaltungen sind, zu vermeiden.

Die Herleitungen der Relation aus experimentellen Anordnungen können auch nicht als Herleitungen in logisch strengem Sinne, das heisst als mit klar definierten Begriffen durchgeführt, gelten. Sie haben, wie die Herleitungen der Lorentztransformationen aus der klassischen Physik, heuristischen Charakter, das Resultat der Argumentationen steht mit den verwendeten Begründungen im Widerspruch. Es ist logisch nicht möglich, einerseits davon zu sprechen, dass ein Teilchen von hier nach dort sich bewege, und anderseits ihm das definierte Besitzen von Ort und Impuls abzusprechen. Akzeptiert man die Kopenhagener Deutung, wie das heute meistens getan wird, muss man die Herleitungen konsequenterweise heuristisch nennen.[8]

---

[8] Die Ansicht, dass Quantenbahnen erst durch die Messung zu existieren beginnen, hat zu neuen philosophischen Lehren geführt. Es wird die Auffassung vertreten, dass das Messobjekt mit dem Experimentator und der Messeinrichtung eine unzertrennliche Einheit bilde und dass es deshalb unmöglich sei, das Subjekt vom Objekt zu trennen. Aus der Unschärferelation folge die Unzulässigkeit einer Subjekt-Objekt-Spaltung, primär bei Erforschung der Mikrowelt.

Es muss zugegeben werden, dass diese These interessant ist, würde doch aus physikalischen Gründen zu einer Weltanschauung vorgestossen, die den uralten Schnitt zwischen Subjekt und Objekt aufhebt und damit eine notwendige Vorbedingung zur Überwindung einer jahrhundertealten Erkenntnisschranke erfüllen würde.

11.6 Zusammenfassung

Aus dem hamiltonschen Prinzip ist bei einem mechanischen Problem der Bewegungsablauf in Raum und Zeit deduktiv ableitbar, es gilt unabhängig von einem konkreten Problem und steht auf rein mathematischer Stufe. Der Begriff der Wirkung als Produkt von Energie und Zeit hat keinen realen Inhalt, weil er sich auf den nominalistischen Energiebegriff und auf einen empiristischen Zeitbegriff abstützt. Das fermatsche Prinzip verwendet mathematische Hilfsvorstellungen für die Lichtfortpflanzung in Raum und Zeit, die bereits kritisch diskutiert wurden. Die aus der Lorentztransformation und der Zuordnung einer Welle zu einem Teilchen abgeleiteten de brogliesschen Beziehungen bilden mit dem, was man in der Wellenlehre die Phase nennt, eine Brücke zwischen Mechanik und Optik, die es erlaubt, mechanische Gesichtspunkte und optische Vorstellungen zu vereinigen und zu einem allgemeinen Welle-Teilchen-Dualismus in der Mikrowelt vorzustossen. Die zahlreichen bestens mit den Experimenten übereinstimmenden Berechnungen stützen nach Ansicht der Physiker die theoretischen Vorstellungen.

Die Physik beschränkte sich mit der Aufspaltung der Sinnesqualitäten auf die primären Qualitäten wie Lage, Bewegung oder Form, was dazu beigetragen hat, Atome und Moleküle als Bausteine der Materie zu denken. Aber auch diese Auffassung wurde modifiziert, als mit der Unschärferelation, abgesehen vom heuristischen Charakter ihrer Herleitungen, sogar die primären Qualitäten der Objekte in Frage gestellt wurden. Übrig bleibt nur eine mathematische Struktur, die sich allerdings gut bewährt. Die Objekte haben sich in reine Gedankenformen aufgelöst.

- Das hamiltonsche Prinzip ist ein auf rein mathematischer Stufe stehendes Prinzip, das hervorragend funktioniert.
- Der Wirkungsbegriff als Produkt von Energie und Zeit hat keinen wirklichen Inhalt.
- Die physikalische Herleitung der Unschärferelation ist heuristisch, mathematisch ist sie eine Konsequenz der Fouriertransformation.
- Die Interpretation der Unschärferelation ist noch immer uneinheitlich.
- Mit der Aufspaltung der Sinnesqualitäten und der Unschärferelation haben sich die Objekte in Gedankenformen aufgelöst.

12 Die projektive Geschwindigkeit

INHALT: Isomorphismus zwischen der Lorentzgruppe und der Gruppe der projektiven Punkttransformationen mit invarianter ovaler Fläche zweiten Grades; projektiver Begriff der gleichförmigen Bewegung: iterierte Projektivitäten, nummerische Erfassung einer projektiven Geschwindigkeit; der projektive Vektor; allgemeine projektive Bewegung als Menge von parametrisierten Projektivitäten, der projektive Tangentenvektor.

12.1 Paradigmenwechsel bei der Lorentzgruppe

Seit den Anfängen der speziellen Relativitätstheorie ist bekannt, dass sich ihre mathematische Struktur auf zwei Arten interpretieren lässt: einmal physikalisch, indem man den Übergang von einem Inertialsystem zu einem andern durch Lorentztransformation bewerkstelligt, und zweitens projektiv, die vierdimensionalen Vektoren werden als projektive homogene Beschreibung von dreidimensionalen Geschehnissen aufgefasst.[1] *Die Lorentzgruppe ist der Gruppe der projektiven Punkttransformationen im dreidimensionalen Raum mit invarianter reeller ovaler Fläche zweiten Grades isomorph.*[2] Die projektive Interpretation hatte bislang keinen physikali-

---

[1] Vergleiche Kapitel 8, wo das bereits kurz dargestellt wurde, ferner O. Veblen [116] und E. R. Paërl [80].

[2] Vergleiche Kapitel 4.

schen Sinn, die vorherrschenden Grundprinzipien der Physik, Trennen von Subjekt und Objekt und die generell praktizierte Darstellung physikalischer Grössen als Funktionen von Raum und Zeit, standen ihr entgegen. Trennt man aber Subjekt und Objekt nicht[3], betrachtet man die Beziehung von Raum, Zeit und Geschwindigkeit zum Menschen, erhält man für die projektive Auffassung eine physikalische Deutung, man ist in aller Konsequenz zu einem Paradigmenwechsel[4] gezwungen.

Die mathematische Struktur der speziellen Relativitätstheorie ist somit begrifflich nicht notwendigerweise mit der Einstein-minkowskischen Raumzeit-Welt verbunden, eine vom Geschwindigkeitsbegriff ausgehende Auffassung, die Subjekt und Objekt nicht trennt, ist möglich. Der Grundgehalt der speziellen Relativitätstheorie ist dann eine hyperbolische Massbestimmung[5] im Geschwindigkeitsraum und der Formalismus Minkowskis eine *projektive Beschreibung einer hyperbolischen Kinematik.* Mit dem Dualitätsprinzip, der Geometrie von Raum und Gegenraum, wird ferner eine neue Sicht gewisser physikalischer Grundbegriffe, der Maxwellgleichungen, der elektromagnetischen Wellen und bestimmter quantenmechanischer Gleichungen offengelegt. Die irreduziblen Darstellungen der Lorentzgruppe lassen sich als Charakterisierung des Symmetrieverhaltens von immanenten Geschwindigkeiten verstehen, statt das Raum-Zeit-Verhalten bestimmter Elementarteilchen zu beschreiben.

Bringt man die besprochenen Gesichtspunkte zum Raum-, Zeit-, Geschwindigkeits- und zum Energiebegriff mit der projektiven Interpretation der Lorentzgruppe zusammen, sind die folgenden Punkte zu beachten:

– Auch wenn die Zeit als Parameter in den mathematischen Gleichungen auftritt, *geht sie den physikalischen Grössen nicht voraus,* sondern sie resultiert aus den Prozessen. Dann braucht man kein ewiges Dasein einer unzerstörbaren Materie oder eine konstante Energie zu postulieren, die die Veränderungen mit der Zeit überdauert.[6]

– Der Raum ist eine Idee und kein Gefäss, in welchem die Dinge mit der Zeit ihre Lage verändern. Der Sehraum beispielsweise soll nicht als die für alle Sinne gültige naive Raumanschauung postuliert werden.

– Die Geschwindigkeit ist keine abgeleitete Grösse, die nur Bezeichnung des Quotienten von Streckenelement und Zeitelement ist, sie ist ein ursprünglich erlebbarer Grundbegriff, eine einheitliche objektive Grösse, die auf eine Strecke oder ein Zeitintervall bezogen und dadurch in Raum und Zeit zerlegt werden kann.

– In der konventionellen Auffassung der Physik geht man von einem metrisierten Raum aus, sei es der absolute Raum der vorrelativistischen Physik, sei es der euklidische Raum in einem bestimmten Inertialsystem der

---

[3] Siehe Kapitel 2 bis 5.
[4] Siehe T. Kuhn [59].
[5] Vergleiche Kapitel 8.
[6] Vergleiche Kapitel 5.

speziellen Relativitätstheorie oder sei es ein allgemeiner Raum in der allgemeinen Relativitätstheorie. In jedem Punkt dieses Raumes denkt man sich den Tangentialraum aller möglichen Geschwindigkeitsvektoren, unendlich viele Geschwindigkeitsräume werden also betrachtet.

Um nicht einer räumlichen Anschauung Vortrieb zu leisten, wird nur *ein* Geschwindigkeitsraum und eher die Bezeichnung Geschwindigkeitsbereich verwendet. In diesem Geschwindigkeitsbereich – er ist ein projektiver Raum[7] – erlebt der Beobachter seine Auseinandersetzungen mit der bewegten Aussenwelt, er wird für das Folgende als Ausgangspunkt genommen. Die Geschwindigkeiten stellen deshalb Relativgeschwindigkeiten bezüglich des Bewegungszustands des Beobachters dar. Der Übergang zu einem andern Koordinatensystem im Geschwindigkeitsbereich beschreibt die Änderung dieses Bewegungszustands. Ist eine Grösse oder eine Beziehung invariant gegenüber einem Wechsel des Koordinatensystems, ist sie nicht abhängig vom Bewegungszustand des Beobachters. Im Unterschied zur Auffassung der Physik – in jedem Raumpunkt des Anschauungsraums ein Tangentialraum – gibt es in der vorgeschlagenen Deutung nur einen Geschwindigkeitsraum. Man will keinen übergeordneten Standpunkt haben mit unendlich vielen Geschwindigkeitsbereichen, der der Geschwindigkeit einen Raum im Sinne eines Anschauungsraumes überordnen würde, er würde dem angestrebten Wirklichkeitsbegriff[8] entgegenstehen, das Objektive würde vom beobachtenden Subjekt abgetrennt. Die weiteren Darlegungen sind nur zu verstehen, wenn konsequent von der Realität des Geschwindigkeitsbereichs ausgegangen wird und nicht von einem Anschauungsraum.[9]

Das will nun allerdings nicht heissen, dass von einem Raum abgesehen wird. Hat ein Körper eine Geschwindigkeit, so erzeugt er Raum durch sei-

---

[7] Vergleiche Abschnitt 8.6.

[8] Siehe Kapitel 1.

[9] In diesem Zusammenhang kann man die folgenden Bemerkungen Steiners [108], S. 210 sehen.

Er sagte, dass, so lange man sich streng auf den Standpunkt des dreidimensionalen Raumes stelle als Zuschauer des Weltgeschehens, so lange könne keine Rede davon sein, dass die Relativitätstheorie zu widerlegen sei. In Bezug auf den Anschauungsraum gebe es keine Widerlegung der Relativitätstheorie. Erst dann beginne die Möglichkeit, darüber zu diskutieren, wenn man zu Dingen übergehe, bei denen sich Absolutheiten ergeben, nämlich zum inneren Anschauen. Da müsse man sagen: Gerade an solchen Dingen wie der Relativitätstheorie zeige sich, dass man angekommen sei bei demjenigen, was Nietzsche genannt habe den Zuschauerstandpunkt. Der sei in der Relativitätstheorie bis zum Äussersten ausgebildet. Und wer diesen Standpunkt einnehme, für den gelte die Relativitätstheorie. Wenn man nur in der Zuschauerwelt verharre, stehe man eigentlich immer als Beobachter ausserhalb des Beobachteten, und man habe einen Radikal-Schnitt zu machen zwischen Subjekt und Objekt.

Steiner bezog sich hier nicht auf die spezielle Relativitätstheorie, die Gesamtheit der Formalismen und ihrer Interpretationen, sondern auf das popularisierte Relativitätsprinzip. Dieses beinhaltet im Wesentlichen die allgemeine Relativität von Bewegungen aller Art.

ne verschiedenen Positionen. Es handelt sich also nicht darum, den Raum wegzudiskutieren, sondern darum, die Prioritäten anders zu setzen. Primär gibt es nicht einen Anschauungsraum mit Tangentialräumen in jedem Raumpunkt als Geschwindigkeitsräume, sondern primär gibt es einen Geschwindigkeitsbereich mit sekundär erzeugtem metrischen Raum. Angestrebt ist also nur eine Standpunktsänderung, keine Negierung von Raum und Zeit.

Geht man vom Geschwindigkeitsbereich aus, ist man aufgefordert, abgesehen von phänomenologischen Aspekten, den Geschwindigkeitsbegriff auf erster Stufe ohne die Begriffe von metrischem Raum und metrischer Zeit zu fassen. Da der Geschwindigkeitsbereich ein projektiver Raum ist, gilt: der projektive Geschwindigkeitsraum hat einen von der metrischen Geometrie unabhängigen Inhalt.[10] Man kann daher den Geschwindigkeitsbegriff rein projektiv definieren und daraus entsprechende Begriffe für Raum und Zeit entwickeln mit einigen Folgerungen für die Interpretation der mathematischen Physik, fruchtbar wird dabei die kleinsche Auffassung der Massbestimmung.[11]

12.2 Zum Begriff der Gleichförmigkeit

Der allgemeine Geschwindigkeitsbegriff wird mathematisch als projektive Invariante gefasst, daraus geht der Geschwindigkeitsbegriff der Physik durch Spezialisierung hervor. Die Begriffe der Transformation und der Transformationsgruppe werden dabei gegenüber den Elementen, wie Punkt, Gerade oder Ebene, wichtiger, die projektiven Skalen werden als Invarianten von Transformationsgruppen gedeutet.[12]

Welche Erfahrungen macht ein Beobachter, der sich gleichförmig bewegt, konstante Geschwindigkeit hat? Zu suchen ist eine lebenspraktische Antwort, ohne auf Raum und Zeit zu rekurrieren. Ein Beobachter, ob er sich geradlinig bewegt oder ob er eine Drehbewegung erlebt, wird dann den Eindruck haben, dass er sich gleichförmig bewegt, wenn er keine grundsätzliche Änderung in seinen Bewegungserlebnissen feststellen kann oder wenn er keinen Grund zu Änderungen sehen kann.

Das kann verallgemeinert werden. Erkennt man keine Änderung in der Erscheinung eines Prozesses, kann man ihn gleichförmig nennen. Man nehme etwa eine brennende Kerze: Das Kürzerwerden der Kerze kann als gleichförmiger Prozess gesehen werden. Natürlich ist diese Charakterisie-

---

[10] Siehe Kapitel 2.

[11] Vergleiche Kapitel 4.

[12] Dies ganz im Sinne des Erlanger Programms von Felix Klein [55]. Im Erlanger Programm wird als Hauptproblem der Geometrie folgende Aufgabe formuliert: «Es ist eine Mannigfaltigkeit und in derselben eine Transformationsgruppe gegeben. Man entwickle die auf die Gruppe bezügliche Invariantentheorie.»

rung höchstens in heuristischem Sinn als Grundlage für eine physikalische Definition eines gleichförmigen Prozesses geeignet, um zur Grundidee des projektiven Geschwindigkeitsbegriffs zu führen.

12.3 Projektive gleichförmige Bewegung

Ähnlich kann man auf dem Felde der projektiven Geometrie argumentieren. Betrachtet man eine im gewöhnlichen euklidischen Sinne gleichförmige geradlinige Bewegung, so werden in gleichen Zeiten gleiche Wegstrecken zurückgelegt. Man erhält, wenn man nach einem festen Zeitintervall die Streckenpunkte markiert, eine Folge von äquidistanten Punkten auf einer Geraden. Sie bilden eine projektive Skala, bei der die beiden Grundpunkte zusammenfallen und unendlichfern sind.[13] Es ist deshalb naheliegend, in Umkehrung des obigen Gedankenganges eine beliebige projektive Skala als Repräsentant für eine projektive gleichförmige Bewegung, für eine konstante Geschwindigkeit im Räumlichen zu nehmen; der Rückgriff auf das innere Zeitgefühl wird vermieden[14], wenn man nur ihre geometrische Konstruktion zurückbehält.

Trotzdem wird der Einwand kommen, dass damit doch Raum und Zeit zur Definition der Geschwindigkeit verwendet würden. Skalen werden als räumliche Dinge wahrgenommen. Zu bedenken ist nun, dass wenn eine Geschwindigkeit vorhanden ist, das Objekt sich bewegt und so unweigerlich verschiedene Stellen bezüglich andern Objekten einnimmt; das Objekt erzeugt ein Nebeneinander, wie dies beim Raumbegriff charakterisiert wurde. Kurz, das Objekt erzeugt durch seine Bewegung respektive durch seine Geschwindigkeit gezwungenermassen Raum und damit auch Zeit, denn verschiedene Orte im Raum werden nacheinander belegt. Es ist also gar nicht möglich, Bewegungen oder Geschwindigkeiten ohne Raum und Zeit zu haben. Raum und Zeit sind Erkenntnishilfsmittel für die Geschwindigkeit.[15] Das heisst aber nicht, dass damit Geschwindigkeit sich einfach auf den Quotienten von Raummass und Zeitmass reduziert und selbst ein Nichts ist. Die Skala ist nur eine Brücke für die Darstellung der Geschwindigkeit, man darf die Bewegung nicht vergessen und nur das räumliche Nebeneinander der Punkte der Skala vor dem Bewusstsein behalten. Die Bewegung muss im Blickpunkt bleiben, sie ist das Entscheidende. Was aber mit der Skala noch *nicht* vorliegt, ist eine Metrisierung von Raum und Zeit. Das ist ein entscheidender Punkt.

---

[13] Siehe Kapitel 3.

[14] Vergleiche Abschnitt 6.3.

[15] Vergleiche Kapitel 6.

Man kann nun die Punkte der Skala erhalten durch Iterieren einer Projektivität.[16] Nach dem Fundamentalsatz der projektiven Geometrie ist eine Projektivität definiert durch drei Paare sich entsprechender Punkte. Um eine Skala zu erhalten, wird man zwei Paare als Fixpunkte wählen, so dass etwa $X = X_1$ und $Y = Y_1$. Die Vorgabe des dritten Paares sich entsprechender Punkte A und A_1, die voneinander verschieden sind, bestimmt schliesslich die Projektivität eindeutig. Fallen die Fixpunkte zusammen, so nennt man die Projektivität *Elation*. Die durch eine physikalisch gleichförmige geradlinige Bewegung erzeugte Skala entsteht, wenn die zusammenfallenden Fixpunkte zusätzlich unendlichfern sind.

Die heuristische Betrachtung zur Gleichförmigkeit eines Prozesses kann nun in folgendem Sinne verstanden werden. Die Projektivität führt A in A_1 über, sie lässt $X = X_1$ und $Y = Y_1$ fest. Gleichförmig bedeutet hier, dass die Beziehungen beibehalten bleiben, dass die Fixpunkte X und Y Fixpunkte bleiben, wenn man die Projektivität auf den Punkt A_1 anwendet und A_2 erhält. Der Begriff der Iteration einer Projektivität lässt sich also in Zusammenhang bringen mit dem Begriff Gleichförmigkeit. Nimmt man den dynamischen Standpunkt ein, kann man die Punktfolge $A, A_1, A_2 \ldots$ als Ausdruck der Iteration einer Projektivität, eines gleichförmigen Prozesses, auffassen.[17]

Damit ist man bei der projektiven Definition eines Vektors, im Falle der Elation bei einem freien Vektor, angelangt.[18] Der freie Vektor kann diverse physikalische Grössen darstellen, er hat aber ausnahmslos den Charakter einer gerichteten parallel verschiebbaren Strecke. Wenn schliesslich gewisse Geschwindigkeiten als freie Vektoren aufgefasst werden können, besteht trotzdem der Auffassungsunterschied darin, dass die Bewegungsqualität und nicht gerichtete Strecken in Betracht gezogen werden. Spezieller Wert wird auf das sich Bewegende gelegt, auf den kontinuierlichen Übergang von A nach A_1 und so fort.

In analoger Weise baut man einen gleichförmigen Prozess in einem Strahlenbüschel auf. An die Stelle zweier Doppelpunkte treten zwei Fixstrahlen. Eine Projektivität des Strahlenbüschels in sich ist dann gegeben, wenn

---

[16] Eine Projektivität ist eine lineare Abbildung der Geraden als Träger der Skala in sich in projektiven Koordinaten.

[17] Um Missverständnisse zu vermeiden, bedenke man, dass bis jetzt noch kein Zeitmass festgelegt ist, alle Zeitmasse sind noch möglich. Es besteht damit noch keine Möglichkeit, das Durchlaufen einer Strecke, der Skala der Punkte auf der Geraden, im Sinne der Physik in gemessener Strecke und Zeitmass zu messen. Erst wenn Strecke oder Zeitmass vorliegen, kann davon gesprochen werden, dass eine Strecke verschieden schnell durchlaufen wird. Insofern ist man berechtigt zu sagen, die Skala repräsentiere eine allgemeine Geschwindigkeit.

[18] Verschiedene Autoren haben den Begriff des freien Vektors so eingeführt, so etwa G. Adams [1] und G. Unger [112].

neben den beiden Fixstrahlen noch ein Paar sich entsprechender Strahlen a und a_1 vorgegeben wird.[19]

Um den dynamischen Standpunkt auch noch auf die Doppelelemente zu erweitern, betrachtet man zusätzlich Involutionen[20] der Geraden oder des Strahlenbüschels in sich. Dann kann man eine umkehrbar eindeutige Beziehung zwischen zwei Punkten X und Y oder zwei Strahlen x und y als Doppel- oder Fixelementen einer Involution und der bestimmten Involution herstellen. Man nimmt die Involution als Repräsentanten für die beiden Fixelemente. Fallen die beiden Fixelemente zusammen, entspricht ihnen keine Involution mehr.[21]

Eine gleichförmige Bewegung in allgemeinem Sinne erhält man dann, wenn man die Projektivitäten ins Auge fasst, welche die Doppelelemente invariant lassen, oder, was dasselbe heisst, welche die Involution in sich überführen. Eine gleichförmige Bewegung ist somit durch Vorgabe einer Involution auf einer Geraden oder in einem Strahlenbüschel bestimmt, wenn noch ein Paar sich entsprechender Elemente gegeben ist. Jede Projektivität, die diese Involution in sich überführt, kann als Repräsentant einer projektiv gleichförmigen geradlinigen Bewegung oder einer gleichförmigen Drehbewegung aufgefasst werden, je nachdem, ob man Projektivitäten auf einer Geraden oder in einem Strahlenbüschel wählt, das heisst, sie kann mit einer konstanten allgemeinen Geschwindigkeit identifiziert werden, ohne dass man Weg- und Zeitmass vorausgehend definiert hätte.[22]

Je nach Wahl der Involution erhält man auch nichteuklidische Anordnungen. Entscheidend für alles Weitere ist, dass der Geschwindigkeitsbegriff in verschiedene Richtungen individualisierbar ist, in unterschiedliche Form gebracht werden kann, und dass man weder von einer Raummetrik noch von einer Zeitmetrik, sondern von konkret vorgestellten Bewegungen im projektiven Raum ausgeht.

---

[19] Beide Fälle müssen in aller Allgemeinheit betrachtet werden. Jede Projektivität einer Geraden oder eines Strahlenbüschels in sich besitzt zwei Doppelelemente, die allerdings auch zusammenfallen oder imaginär sein können. Die Doppelelemente sollen für das Weitere nicht unbedingt als reell angenommen werden.

[20] Involutionen sind projektive Abbildungen, Kollineationen, die zweimal hintereinander ausgeführt zur Identität führen. Man vergleiche L. Locher [70].

[21] L. Locher [70]

[22] Man ist bei einer derartig allgemeinen Auffassung einer Geschwindigkeit noch weit von der physikalischen Definition der Geschwindigkeit entfernt, man kann deshalb diesen Ansatz noch nicht vom physikalischen Standpunkt aus beurteilen.

12.4 Nummerische Erfassung einer Geschwindigkeit

Die Projektivitäten, die eine gegebene Involution in sich überführen, bilden eine Gruppe G. Eine solche Projektivität P wird durch eine Punkteskala A_i repräsentiert, wenn

$$P(A) = A_1, \quad P(A_1) = A_2, \ldots, P(A_{n-1}) = A_n$$

gilt. Die Skala der Punkte A_i kann als Grundlage für ein Koordinatensystem genommen werden[23], und es besteht dann die Möglichkeit, einer gleichförmigen Bewegung einen Zahlenwert zuzuordnen, der eine projektive Invariante ist. Aus der Theorie der Projektivitäten ist bekannt, dass Doppelverhältnisse Invarianten darstellen, und aus der Theorie der Massbestimmungen[24] kennt man die Forderung nach Additivität. Wenn die allgemeinen Geschwindigkeiten mit dem gebräuchlichen Geschwindigkeitsbegriff zusammengeführt werden sollen, kann auf Additivität nicht verzichtet werden. Man geht deshalb von den Doppelverhältnissen, die multiplikativ sind, durch Logarithmieren zu additiven Beziehungen über und kann als Zahlenwert den folgenden nehmen

$$\ln DV(A, A_1, X, Y) = \ldots = \ln DV(A_{n-1}, A_n, X, Y).$$

Da diese Zahl imaginär werden kann, wenn das Doppelverhältnis negativ oder imaginär ist, muss eine Konstante v_0 als Faktor angebracht werden. Die folgende Zahl stellt dann einen charakteristischen Ausdruck für die von der Projektivität P definierte allgemeine Geschwindigkeit dar, denn mit A bewegt sich jeder Punkt der Geraden, mit Ausnahme der Fixpunkte, «gleich schnell»

$$v = v_0 \ln DV(A, A_1, X, Y) = \ldots = v_0 \ln DV(A_{n-1}, A_n, X, Y).$$

Die Konstruktion entspricht einer projektiven Massbestimmung[25] auf der Geraden.

12.5 Geschwindigkeit in höheren Dimensionen

Der auf einer Geraden eingeführte projektive Geschwindigkeitsbegriff kann für höhere Dimensionen entsprechend verallgemeinert werden. Im dreidimensionalen Fall entspricht den beiden Doppelpunkten der Involution ein

[23] Vergleiche Kapitel 3.
[24] Siehe Kapitel 4.
[25] Siehe Kapitel 4.

Tetraeder von Fixpunkten, Fixebenen und Fixgeraden. Man nimmt also die Gruppe G der Projektivitäten mit einem gegebenen invarianten Tetraeder. Auch das ist keine Einschränkung der Allgemeinheit, da jede Projektivität in drei Dimensionen vier, allenfalls imaginäre, Fixpunkte hat. Eine Projektivität P ist nach dem Fundamentalsatz der projektiven Geometrie eindeutig bestimmt, wenn man neben den Fixpunkten X, Y, Z, W noch das Bild A_1 eines Punktes A vorgibt. Somit gelte

$$P(X) = X, \quad P(Y) = Y, \quad P(Z) = Z, \quad P(W) = W,$$

$$P(A) = A_1, \ldots, P(A_{n-1}) = A_n.$$

Die von der Projektivität erzeugte Punktfolge A_i kann wieder als Repräsentant für eine bestimmte Bewegung, für eine bestimmte Geschwindigkeit gelten. Die Punkte A_i liegen in diesem allgemeinen Fall nicht auf Geraden, sondern auf Wegkurven.[26]

Projiziert man A und A_1 von allen vier Eckpunkten aus auf die gegenüberliegenden Ebenen des Tetraeders, bekommt man in jeder dieser Ebenen zwei Projektionspunkte. Diese projiziert man wieder von den Eckpunkten aus auf die gegenüberliegenden Kanten und erhält auf jeder Tetraederkante zwei Projektionspunkte. Ähnliches führt man für $P(A_1) = A_2, A_3 \ldots$ durch. Man kann so auf jeder Kante eine Skala von Punkten wie oben auf der speziellen Geraden erzeugen. Die Eckpunkte des Tetraeders sind jeweils zwei Grundpunkte der entsprechenden Skala. Das Produkt der drei Doppelverhältnisse auf den Kanten einer Tetraederseitenfläche ist jeweils eins. Deshalb sind nur drei Freiheitsgrade vorhanden, durch Vorgabe von Doppelverhältnissen auf den Kanten die Lage von A zu A_1 zu bestimmen.[27]

Die nummerische Erfassung einer allgemeinen Geschwindigkeit[28] liefert auf diese Art drei Zahlenwerte, die Komponenten etwa längs der von W ausgehenden Kanten. Mit diesen Mitteln kann man aber zwei allgemeine Geschwindigkeiten noch nicht vergleichen. Das ist erst über eine Massbestimmung möglich. Zu suchen ist das Entsprechende zu der oben verwendeten Involution, die von den Projektivitäten in sich übergeführt wird. Wenn also A und A_1 zwei sich in der Involution entsprechende Punkte sind, dann sind $P(A)$ und $P(A_1)$ ebensolche, falls P die entsprechende Projektivität ist. Im dreidimensionalen Fall muss man anstelle der Involution ein Polarsystem[29] setzen. Zu betrachten ist dann die Gruppe derjenigen Projektivitäten, Punktabbildungen, die das Polarsystem in sich überführen.[30]

---

[26] Siehe C. Ostheimer / R. Ziegler [79].

[27] Das ist, projektiv gesehen, der tiefere Grund dafür, dass eine Geschwindigkeit in drei unabhängige Komponenten zerlegbar ist.

[28] Man vergleiche dazu insbesondere die Abschnitte 3.3 bis 3.11.

[29] Vergleiche Kapitel 4 oder L. Locher [70].

[30] Es soll in analoger Weise bedeuten, dass, wenn A, B respektive a, b zwei Punkte respektive ihre Polarebenen sind und P als Projektivität A auf B abbildet, dann bildet

Das Polarsystem induziert auf den sechs Kanten des Tetraeders, eigentlich auf allen Geraden, jeweils eine Involution konjugierter Punkte[31], so dass auf jeder Geraden die Betrachtungen wie oben durchgeführt werden können. Das Polarsystem koordiniert alle Involutionen. Es kann mit einer Fläche zweiten Grades als Inzidenzfläche von Pol und Polarebene Grundlage für eine Massbestimmung[32] sein. Zu einem gegebenen Fixpunktstetraeder gibt es im übrigen eine zweiparametrige Schar von Polarsystemen mit diesem Tetraeder als Polartetraeder. In völlig analoger Weise wie oben werden Doppelverhältnisse von vier Punkten A, A_1, W, Z und so weiter betrachtet. W und Z sind dabei die Schnittpunkte der Geraden AA_1 mit der invarianten Fläche des Polarsystems.

Zu einem wichtigen Sonderfall einer Wegkurven-Transformation, zur *Homologie*, kommt man dadurch, dass man den Punkt A_1 auf einer Geraden durch A und einen Eckpunkt des Fixpunktstetraeders wählt. Durch Doppelverhältnisse ausgedrückt: man wählt die Doppelverhältnisse der auf die Kanten projizierten Punkte A und A_1 mit W und X respektive W und Y respektive W und Z gleich. W wäre Fixpunkt, XYZ Fixebene. Die bei der Homologie zu beobachtende Bewegung ist im elementaren Sinne geradlinig und führt im beschriebenen Fall längs Geraden durch den Punkt W.

12.6 Der projektive Vektorbegriff

Der projektive Geschwindigkeitsbegriff enthält speziell den Geschwindigkeitsbegriff der Physik. Die Homologie als Spezialfall einer Wegkurventransformation ist die Urform eines Vektors in nichteuklidisch metrisierten Räumen. In diesen Räumen existieren keine freien Vektoren im üblichen Sinn. Die Skala von Punkten A_i, die sich ergibt durch Iteration einer Homologie aus A_1, hat Wachstumsmasscharakter und nicht Schrittmasscharakter.[33] Der freie Vektor entsteht, wenn die vier Tetraederpunkte in einer Ebene liegen, etwa W in die Ebene von X, Y, Z zu liegen kommt. Aus der Homologie entsteht eine *Elation*, eine Perspektivität, deren Fixpunkt mit der Fixebene inzident ist. Die Elation[34] ist die Urform des freien Vektors.[35]

P auch a auf b ab. Das Tetraeder kann auch mehr oder weniger imaginär sein. Sogar Ausartungen sind möglich, für die spezielle Diskussionen nötig wären.

[31] Siehe L. Locher [70].

[32] Siehe Kapitel 4.

[33] Siehe C. Ostheimer / R. Ziegler [79].

[34] Siehe G. Unger [112].

[35] Bei der nummerischen Erfassung einer Geschwindigkeit bestehen bei Homologie und Elation Unterschiede. Bei diesen Perspektivitäten bewegen sich im räumlichen Fall alle Punkte des Raumes auf den Geraden, die sie mit dem Fixpunkt X bestimmen, und alle Ebenen um die Geraden, die sie mit der Fixebene x gemeinsam haben. Sind X_1, X_2 resp. Y_1, Y_2 zwei beliebige Paare sich entsprechender Punkte und ist Z_1 der Schnittpunkt der

12.7 Geschwindigkeit und Bewegung

Bewegung auf einer Geraden und Bewegung auf Wegkurven ergeben sich aus einer gleichförmigen Bewegung, die als Iteration von Projektivitäten mit gegebenen Fixpunktselementen definiert wurden. Da der Geschwindigkeitsvektor der Physik ein geradliniger Vektor ist, müsste das Tetraeder ausgeartet gewählt werden. Es bestehen nun zwei Möglichkeiten, den physikalischen Vektorbegriff mit dem projektiven zusammenzubringen.

Erstens kann der Geschwindigkeitsvektor selbst auch krummlinig sein, das Kurvenstück zwischen zwei Punkten der Skala auf einer Wegkurve könnte selbst als Geschwindigkeitsvektor in einem höheren Sinn betrachtet werden, der immer ein Kurvenstück darstellt, das gleichzeitig Wegstück ist, wie das bei geradlinigen Bewegungen in der elementaren Physik der Fall ist. Die Mathematik für diese Variante ist allerdings kompliziert, an die Stelle von Integrieren und Differenzieren treten Generieren und Mensurieren.[36] Die so entstehende Wegkurven-Kinematik ist aber noch nicht geschaffen.

Zweitens kann die Bewegung auf Wegkurven in der üblichen Art mit dem Geschwindigkeitsvektor der Physik verknüpft werden. An die Bahnkurve werden Tangentialvektoren gelegt, die mit ihrem Betrag die Geschwindigkeit im jeweiligen Berührungspunkt beschreiben. Das kann nun auch projektiv verstanden werden, und die Analyse zeigt, dass der Tangentialvektor auch im ersten Fall vorhanden ist, wie im Folgenden gezeigt wird.

12.8 Allgemeine projektive Bewegung

Die folgenden Betrachtungen haben auch den Zweck, zu zeigen, dass mit dem projektiven Begriff einer konstanten Geschwindigkeit keine prinzipiell

Geraden X_1X_2, Z_2 derjenige der Geraden Y_1Y_2 mit der Fixebene x, so gilt bei einer Homologie

$$DV(X, Z_1, X_1, X_2) = DV(X, Z_2, Y_1, Y_2).$$

Man kann deshalb eine Homologie direkt mit diesem Zahlenwert verbinden. Diese Zahl ist für die Homologie charakteristisch. Lässt man sie alle Werte durchlaufen, erhält man im eindimensionalen Fall alle Homologien der Gruppe mit vorgegebenen Fixelementen. Der involutorischen Homologie entspricht der Wert -1 und der Identität der Wert 1. Die umkehrbar eindeutige Beziehung zwischen Zahlenwert und Homologie bricht bei der Elation zusammen. Hier ist $X = Z_1 = Z_2$. Geeignete Führung des Grenzübergangs ergibt nämlich eine parabolische Massbestimmung. Parabolische Massbestimmungen haben im Gegensatz zu den Homologien einen Skalenfaktor. Deshalb ist auch jede Elation projektiv in jede andere übertragbar, dagegen eine Homologie nicht. Eine Homologie lässt sich nur dann durch eine Perspektivitätsfolge in eine andere überführen, wenn ihnen die gleiche Zahl entspricht. Bei der Homologie, die eine Skala im Wachstumsmass erzeugt, wird die Einheit des Masses unwesentlich, dagegen bei Elationen, die Schrittmassskalen ergeben, wird die Wahl einer Einheit erforderlich. Erst wenn man eine Elation mit einer andern vergleicht, offenbart sich die reine Zahl.

[36] Siehe P. Gschwind [34], Anhang D.

neue Mathematik benötigt wird, sondern dass die bekannten Beziehungen zwischen Raum, Zeit und Geschwindigkeit gelten, wenn man die geeigneten Spezialisierungen vornimmt.

Im projektiven Raum[37] beschreibe man die aufeinander folgenden Punkte einer Kurve durch Projektivitäten, die den Werten eines reellen Parameters t eindeutig entsprechen.[38] In der Menge der Projektivitäten betrachte man die Abbildung, die einem reellen Wert von t eindeutig eine projektive Abbildung f_t zuordne, mit der Eigenschaft $f_0 =$ Identität. f_t heisst *projektive Bewegung mit Parameter* t, wenn die der Projektivität f_t entsprechende vierdimensionale lineare Abbildung F_t durch eine in allen Komponenten nach t differenzierbare Matrix beschrieben wird.

Der Ansatz mit den parametrisierten Projektivitäten darf nun nicht so aufgefasst werden, dass die Zeit, etwa der besagte Parameter, den anderen Grössen, insbesondere der Geschwindigkeit, erkenntnismässig vorausgeht; das Gegenteil ist richtig.[39] Erkenntnismässiges darf nicht ohne kritische Würdigung aus der rationellen mathematischen Darstellung abgelesen werden.

Man betrachte nun einen beliebigen Punkt p des projektiven Raums.

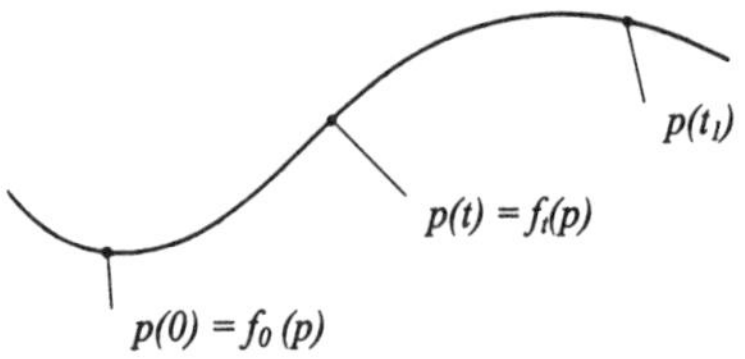

FIGUR 12.1. Die projektive Bewegung $f_t(p)$ erzeugt eine Bahnkurve.

Jede Projektivität f_t transformiert p in einen Bildpunkt $p(t) = f_t(p)$. Wenn der Parameter t von $t = 0$ kontinuierlich wächst, bilden die Punkte $p(t)$ eine von p ausgehende zusammenhängende Punktmenge, die aufgrund der vorausgesetzten Differenzierbarkeit eine physikalisch sinnvolle, glatte Bahnkurve darstellt.

Als Nächstes wird eine Art Geschwindigkeit erklärt, die in jedem Punkt auch die Richtung der Bewegung beschreibt. Dem Durchlaufen der Bahnkurve entspricht ein Durchlaufen der Geraden, die vom Nullpunkt zu den Punkten $p(t)$ der Bahnkurve gehen. Man kann die Geraden mit einem Richtungsvektor w festlegen. Die projektive Bewegung transformiert w in die entsprechenden Vektoren $F_t(w)$. Die entsprechenden Geraden bilden eine

---

[37] Es wird eine von U. Pinkall konzipierte projektive Kinematik etwas vereinfacht beschrieben, die von R. Paul und F. W. Dustmann ausgearbeitet wurde [82].

[38] Es handelt sich um den kontinuierlichen Fall der iterierten Projektivitäten der Abschnitte 12.3–12.5.

[39] Vergleiche Abschnitt 5.1.

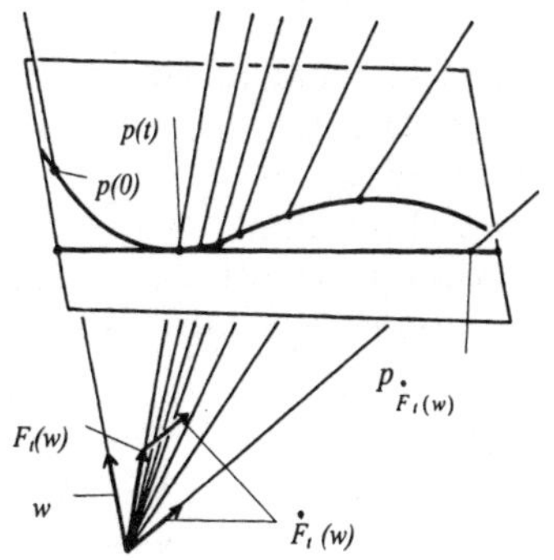

FIGUR 12.2. Tangente und Zielpunkt im Punkt $p(t)$ einer Bahnkurve, Quelle Pinkall, Dustmann, Paul [82].

Regelfläche. Jeder Tangentenvektor $\dot{F}_t(w)$ gehört einer Geraden an, die als Element des projektiven Raumes den Punkt $p_{\dot{F}_t(w)}$ darstellt. Wenn $F_t(w)$ und $\dot{F}_t(w)$ linear unabhängig sind, spannen sie eine Ebene T auf, die tangentiell zur Regelfläche liegt. Projektiv entspricht dieser Ebene die Tangente an die Bahnkurve im Punkte $p(t)$. $p(t)$ heisst dann regulärer Punkt. Die Tangente entartet zu einem Punkt, falls die beiden Vektoren $F_t(w)$ und $\dot{F}_t(w)$ linear abhängig sind. In der projektiven Bewegung hat man dann einen Staupunkt, die Bewegung kommt zum Stillstand.

$p_{\dot{F}_t(w)}$ heisst *Zielpunkt.* In einem regulären Punkt kann man nun die *Zielpunktsabbildung* $\dot{f}_t$ betrachten. Sie ordnet jedem regulären Punkt $p(t)$ genau einen Punkt auf der Tangente zu. Die Zielpunktsabbildung $\dot{f}_t$ ist aber im Allgemeinen nicht eindeutig festgelegt, da zur Definition die lineare Abbildung F_t verwendet wurde. Ist $\lambda(t)$ eine reelle differenzierbare Funktion von t und gilt $\lambda(t) \neq 0$ für alle t, so ergeben alle linearen Abbildungen $G_t = \lambda(t)F_t$ die gleiche Projektivität f_t, da die linearen Abbildungen in homogenen Koordinaten formuliert werden. Es folgt dann

$$\dot{G}_t = \dot{\lambda}F_t + \lambda\dot{F}_t.$$

Da $\dot{G}_t$ Linearkombination von $F_t(w)$ und $\dot{F}_t(w)$ ist, liegt der Zielpunkt $p_{\dot{G}_t(w)}$ auf der Verbindungsgeraden von $p(t)$ und $p_{\dot{F}_t(w)}$, also auch auf der Tangente. Die Mehrdeutigkeit in der Definition der Zielpunktsabbildung entfällt, sobald man die Möglichkeit hat, die lineare Abbildung $F_t(w)$ eindeutig zu machen.

Satz 12.1
Behauptung: Die Zielpunktsabbildung ist eindeutig, wenn gleichzeitig eine Quadrik invariant bleibt, wenn die betrachteten projektiven Abbildungen starre Transformationen der durch die Quadrik[40] definierten Metrik sind.
Beweis: Man betrachte einige Hilfsmittel aus der projektiven Geometrie. Die Quadrik ist gegeben durch eine symmetrische, reelle 4×4-Matrix $A_{ik} = A_{ki}$, also $A = A^T$, wo A^T die transponierte Matrix ist. Die Inzidenzrelation habe die Form

$$\langle u, x\rangle = x_0u_0 + x_1u_1 + x_2u_2 + x_3u_3.$$

Dann erfüllen genau die Punkte, die auf der Quadrik liegen, mit ihren homogenen Koordinaten x_i , $i = 1, \ldots, 4$ die Gleichung

$$\langle x, Ax\rangle = 0,$$

sie sind mit ihrer Polarebene inzident. Wegen $A = A^T$ folgt

$$\langle y, Ax\rangle = \langle A^T y, x\rangle = \langle Ay, x\rangle .$$

Sei nun die Projektivität f_t so gewählt, dass sie die Quadrik invariant lässt. Es muss dann für die entsprechende lineare Abbildung F_t für zwei Punkte x, y gelten

$$\langle x, F_t^T AF_t\, y\rangle = \langle F_t\, x, AF_t\, y\rangle = \langle x, Ay\rangle ,$$

also

$$F_t^T AF_t = A.$$

Differenziert man an der Stelle $t = 0$, erhält man

$$\left\langle \dot{F_0}\, x, AF_0\, y\right\rangle + \left\langle F_0\, x, A\dot{F_0}\, y\right\rangle = \left\langle \dot{F_0}\, x, Ay\right\rangle + \left\langle x, A\dot{F_0}\, y\right\rangle = 0.$$

Da A symmetrisch ist, folgt

$$\left\langle \dot{F_0}\, x, Ay\right\rangle = \left\langle A\dot{F_0}\, x, y\right\rangle$$

und

$$\left\langle x, (A\dot{F_0}\,)^T y\right\rangle + \left\langle x, A\dot{F_0}\, y\right\rangle = 0,$$

was genau dann der Fall ist, wenn

$$K =: A\dot{F_0} = -(A\dot{F_0}\,)^T.$$

Die Abbildung $A\dot{F_0}$ muss also eine schiefsymmetrische Matrix haben. Sie stellt somit eine Nullkorrelation[41] dar. Die Komposition einer Polarität A

[40] Fläche 2. Grades

[41] Eine Nullkorrelation ist eine involutorische Korrelation mit der Eigenschaft, dass Punkt und entsprechende Ebene immer inzident sind und umgekehrt.

an einer Quadrik und der Zielpunktsabbildung $\dot{f}_0$ zum Parameterwert $t = 0$ stellt somit eine Nullkorrelation K dar, sofern f_t eine starre Transformation ist.

Als Nächstes konstruiert man die Schar von Abbildungen f_t, die als Zielpunktsabbildung zum Zeitpunkt $t = 0$ gerade $\dot{F}_0$ haben. Ohne die Theorie der Lie-Gruppen oder die der Differentialgleichungen zu bemühen, die eigentlich nötig wären, kann man festhalten, dass $\dot{F}_0$ mit Hilfe der Exponentialabbildung eine einparametrige Gruppe von Abbildungen erzeugt. Insbesondere für 4×4-Matrizen X gilt

$$e^X =: \sum_{n=0}^{\infty} \frac{X^n}{n!}.$$

Ihre Eigenschaften sind

a. $e^{(t_1+t_2)X} = e^{t_1 X} e^{t_2 X}$ für $t_1, t_2 \in \mathbb{R}$,

b. $e^{-tX} = (e^{tX})^{-1}$ für $t \in \mathbb{R}$,

c. $\frac{d}{dt} e^{tX} = X e^{tX} = e^{tX} X$ für $t \in \mathbb{R}$.

Die gesuchten von $\dot{F}_0$ erzeugten Abbildungen lauten dann $F_t = e^{t\dot{F}_0}$. Seien nun f_t die der Schar F_t von linearen Abbildungen zugeordneten Projektivitäten. Aus der Gruppeneigenschaft von f_t folgt, dass f_t jedem Punkt $q = f_t(p)$ wieder dieselbe Bahnkurve zuordnet. Eine projektive Bewegung erzeugt also aus ∞^1 Punkten ein und dieselbe Bahnkurve. Im dreidimensionalen projektiven Raum gibt es daher zu jeder projektiven Bewegung f_t ∞^2 Bahnkurven. Die Bahnkurven einparametriger Gruppen sind Wegkurven, die ∞^2 Kurven, die einer projektiven Bewegung angehören, bilden ein Wegkurvensystem.

Durch Vorgabe einer Zielpunktsabbildung $\dot{f}_0$ ist der Tangentenvektor $\dot{F}_t = \dot{F}_0\, e^{t\dot{F}_0}$ und damit der Exponent nur bis auf einen Faktor bestimmt. Das bedeutet, dass die Skalierung des Parameters t, das heisst die Geschwindigkeit, mit der die Bahnkurve durchlaufen wird, durch $\dot{f}_0$ nicht festgelegt ist.

Sei jetzt umgekehrt $\dot{F}_0$ ein Tangentialvektor, der mit einer Polarität A eine Nullkorrelation K ergibt. Es ist zu zeigen, dass er zu einer projektiven Bewegung gehört, die die Quadrik invariant lässt, also starre Transformation ist. Man betrachte die Ableitung von $F_t^T A F_t$. Es ist zu zeigen, dass

$$F_t^T A F_t = A$$

für alle t.

$$\frac{d}{dt}\left(F_t^T A F_t\right) = \dot{F}_t^T A F_t + F_t^T A \dot{F}_t\,.$$

Es gilt ferner nach c

$$\dot{F_t} = \dot{F_0} F_t = F_t \dot{F_0}.$$

Dann folgt

$$\frac{d}{dt}(F_t^T A F_t) = (\dot{F_0} F_t)^T A F_t + F_t^T A \dot{F_0} F_t$$

$$= F_t^T \dot{F_0}^T A F_t + F_t^T A \dot{F_0} F_t = F_t^T (\dot{F_0}^T A + A \dot{F_0}) F_t.$$

Da nach Voraussetzung

$$\dot{F_0}^T A + A \dot{F_0} = 0$$

ist, ergibt sich

$$\frac{d}{dt}(F_t^T A F_t) = 0.$$

Weil

$$F_t^T A F_t = A$$

für $t = 0$ gilt, da $F_0 = Id$, so ergibt sich auch

$$F_t^T A F_t = A$$

für alle t. □

Damit ist der Zusammenhang der projektiven Beschreibung einer Geschwindigkeit mit der üblichen Darstellung einer Geschwindigkeit als Tangentialvektor einer Bahnkurve hergestellt. Die Zielpunktsabbildung $\dot{f}_t$ stellt die Verallgemeinerung der projektiv erzeugten Geschwindigkeiten auf einer Geraden auf den Fall einer variablen Geschwindigkeit dar. Erst mit einer projektiven Massbestimmung kann die Zielpunktsabbildung eindeutig festgelegt werden. Wie das mit wirklich gegebenen Grössen zu bewerkstelligen ist, wird als Nächstes ausgeführt. Zuerst wird die Zeit projektiv erklärt und dann die Aufspaltung einer Geschwindigkeit genauer betrachtet.

- Eine gleichförmige Bewegung lässt sich durch eine projektive Skala darstellen, eine konstante Geschwindigkeit kann durch den Logarithmus eines Doppelverhältnisses nummerisch erfasst werden.
- Der freie Vektor kann projektiv als Elation, eine Perspektivität, deren Fixpunkt mit der Fixebene inzident ist, aufgefasst werden.
- Eine Menge von parametrisierten Projektivitäten ist das Bild einer beliebigen projektiven Bewegung, die Zielpunktsabbildung ist das Bild eines projektiven Tangentialvektors, eines momentanen Geschwindigkeitsvektors.

13
Projektive Kinematik

INHALT: Projektive Zeit, Verallgemeinerung der primären und sekundären Metrisierung; Aufspalten einer Geschwindigkeit mit einer Zeit- oder einer Streckenmetrik; Addition von Geschwindigkeiten; Aufspalten von variablen Geschwindigkeiten; projektive Bedeutung der Raumzeit.

13.1 Die projektive Zeit

Als weiteres Element des projektiven Ansatzes steht die Verallgemeinerung der Zeit an. Das Prinzip der Uhr[1] soll nun grundlegend verallgemeinert werden, einerseits wird man den Begriff der projektiven, gleichförmigen Bewegung[2] an Stelle der physikalischen Gleichförmigkeit einführen, andererseits wird die sekundäre Metrisierung[3] mit einer beliebigen projektiven Massbestimmung vorgenommen. Schliesslich soll eine Zeitmetrik auch ohne sekundäre Metrisierung konstruiert werden.

Der Minutenzeiger einer normalen Zeigeruhr führt eine gleichmässige Drehbewegung aus. Die Iteration einer Projektivität aus der Gruppe H der Projektivitäten eines Strahlenbüschels S in sich kann als Repräsentant für die Zeigerbewegung genommen werden. Bei der gewöhnlichen Uhr

---

[1] Man vergleiche Abschnitt 5.2.

[2] Siehe vorangehendes Kapitel.

[3] Vergleiche Abschnitt 5.2.

haben die Projektivitäten isotrope Doppelstrahlen, imaginäre Strahlen des Büschels S, die gleichzeitig durch die beiden Kreispunkte gehen, also ist die Involution des Büschels in sich zu betrachten, die die isotropen Geraden zu Doppelelementen hat, die Rechtwinkelinvolution.[4] Die zugelassenen Projektivitäten sind dann die, welche die Rechtwinkelinvolution in sich transformieren. Verfolgt man die Bildstrahlen eines gegebenen Strahles bei der Iteration, so erhält man eine Skala im Büschel S, deren Strahlen im euklidischen Sinne gleiche Winkel einschliessen, also etwa die Fünfminutenpunkte auf dem Zifferblatt.

Eine Uhr unterscheidet sich von einer Drehbewegung darin, dass man mit Hilfe des Zifferblattes Zeitpunkt und Zeitdauer, insbesondere eine Zeiteinheit, ablesen kann. Dazu werden bei der üblichen Uhr mit Hilfe der euklidischen Winkelmessung Zahlenwerte für die Winkel eingeführt, die als Zeit aufgefasst werden. Im Unterschied zu den diskreten Strahlen, die durch die Iteration entstehen, ist das Zifferblatt kontinuierlich, jeder Strahl des Büschels ist mit einem Zahlenwert versehen, der sich entsprechend der euklidischen Winkelmessung berechnen lässt.

Die Zeit ergibt sich als Verhältnis von Winkel zu Winkelgeschwindigkeit. Man erhält daher die Zeiteinheit, nach der dargelegten Auffassung allerdings als reine Zahl[5], wenn man den Winkel berechnet, der zwischen einem Strahl a und einem Strahl b gemessen wird. Der Strahl b ist der Bildstrahl von a unter der Projektivität, die die Drehbewegung darstellt. Damit ist bei einer gegebenen Drehbewegung und einer euklidischen Winkelmessung eine Zeitmetrik bestimmt. Sie besteht im Wesentlichen darin, dass die Winkelmessung durch Multiplikation mit einem konstanten Faktor in eine Zeitskala umgeändert wird. Zu jeder Zeigerstellung kann die Zeit abgelesen werden. Man geht nicht von einer gegebenen Zeit aus, sondern von der Drehbewegung respektive einer Drehgeschwindigkeit, aufgefasst als Projektivität, und einem euklidisch metrisierten Strahlenbüschel.

13.2 Verallgemeinerung der sekundären Metrisierung

Die obige Anordnung stellt einen Spezialfall dar, in dem die Skala, die die Bewegung repräsentiert, mit der Skala der Winkelmessung bis auf einen Faktor übereinstimmt und euklidisch ist. Man kann verallgemeinern, indem

---

[4] Der Name kommt daher, weil durch die Rechtwinkelinvolution einer Geraden ihre Senkrechte zugeordnet wird.

[5] Siehe Abschnitt 6.4.

man die Rechtwinkelinvolution im Büschel S durch eine andere Involution mit zwei beliebigen, nicht unbedingt isotropen Doppelstrahlen ersetzt.[6]

Die Projektivität Q, die als Repräsentant für eine Drehgeschwindigkeit steht, führe etwa den Strahl a in den Strahl b, $x = x'$ und $y = y'$ in sich über. Die Zifferblatteinteilung sei also nichteuklidisch mit den gleichen Doppelstrahlen x und y. Zwischen den Strahlen a und b ist in dieser Zifferblattmetrik ein eindeutiger Wert des Winkels bestimmt. Er ergibt sich als projektive Massbestimmung durch den Logarithmus eines Doppelverhältnisses. Seien die beiden Doppelstrahlen x und y der Involution im Büschel S verschieden, dann lässt sich der Logarithmus des Doppelverhältnisses bilden und die Winkelkonstante k so wählen, dass der Winkel zwischen zwei reellen Strahlen stets reell ist. Soll die Zeit wie bei der gewöhnlichen Uhr definiert werden, muss k so gewählt werden, dass

$$1 = k \cdot \ln DV(a, b, x, y)$$

wird, wenn die Drehgeschwindigkeit in der Zeiteinheit a in b überführt. Die Uhrzeit kann damit als Logarithmus eines Doppelverhältnisses formuliert werden

$$t(u) = \frac{1}{\ln DV(a, b, x, y)} \ln DV(a, u, x, y),$$

wenn u der Strahl des Büschels S ist, der den Uhrzeiger darstellt. Durch Addition einer Konstanten t_0 kann ein bestimmter Zeitpunkt festgelegt werden.

Man hat damit nicht den allgemeinen Fall, da die Massbestimmung für die Zeit gegenüber der Skala im Büschel S eine besondere Beziehung aufweist. Die Strahlen x und y werden nämlich sowohl als Grundstrahlen der Skala im Büschel S als auch als ausgezeichnete Strahlen in der projektiven Massbestimmung für die Zeit t verwendet. Für den allgemeinen Fall müsste man zwei von x und y verschiedene Strahlen w und z aus S als ausgezeichnete Strahlen nehmen. Die Doppelverhältnisse sind dann mit Hilfe der Skala, die auf x und y beruht, bezüglich w und z zu formulieren.

$$t(u) = \frac{1}{\ln DV(a, b, w, z)} \ln DV(a, u, w, z).$$

Völlig analog lässt sich auf einer Geraden durch eine geradlinige Bewegung eine Zeiteinheit mit Hilfe einer Streckenmetrik einführen.

---

[6] Sind die beiden Doppelstrahlen reell und verschieden, ergibt sich eine hyperbolische Skala als Repräsentant für die Drehgeschwindigkeit, sind sie imaginär und verschieden, erhält man eine elliptische Skala. Auch zusammenfallende Doppelstrahlen sind denkbar. Ganz analog zu den Verhältnissen beim Geschwindigkeitsbegriff betrachtet man die Gruppe H der Projektivitäten des Büschels in sich, die die Involution in sich transformieren. Bei diesen Projektivitäten wird man von allgemeinen Winkelgeschwindigkeiten sprechen, etwa gleichförmig hyperbolisch.

Damit ist die angekündigte Verallgemeinerung des Prinzips einer Uhr erst zum Teil skizziert. Bislang wurde noch keine beliebige projektive Winkelmetrik zusätzlich zum verallgemeinerten Begriff einer gleichförmigen Geschwindigkeit verwendet, um eine Zeitmetrik zu erhalten. Die Konstruktion entspricht so weit dem Fall, wo die Winkelmetrik auf einer Skala beruht, die mit der Skala der gleichförmigen Geschwindigkeit im Prinzip identisch ist. Für den allgemeinen Fall müsste man im Büschel S noch eine zweite Skala in Betracht ziehen. Dieser Aspekt zur Verallgemeinerung des Uhrenprinzips wird berücksichtigt, wenn die Aufspaltung von Geschwindigkeit in Raum und Zeit betrachtet wird.[7]

13.3 Primäre Zeitmetrisierung

Eine primäre Zeitmetrisierung[8] lässt sich projektiv auf einem periodischen Vorgang aufbauen, etwa einer Drehbewegung, welche wie oben durch eine Projektivität eines Strahlenbüschels in sich dargestellt wird. Periodizität kann aber nur dann erzeugt werden, wenn die Projektivität imaginäre Doppelstrahlen besitzt und keine reellen, die Involution, die durch die Projektivität in sich übergeführt werden soll, muss also elliptisch sein. Man verwendet vorteilhafterweise Projektivitäten mit endlicher Ordnung n, die, eine endliche Anzahl mal iteriert, die Identität ergeben.

Da bei der primären Zeitmetrisierung keine Strecken- oder Winkelmetrik vorliegt, mit der man die Zeit in beliebig kleine Intervalle unterteilen kann, müssen weitere periodische Vorgänge mit anderen Periodenlängen zugezogen werden, etwa analoge Drehbewegungen, Projektivitäten mit endlicher, aber anderer Ordnung mit den gleichen Doppelstrahlen. Besonders vorteilhaft sind Projektivitäten, deren Ordnung m mit n in der Beziehung $km = n$, $k \in \mathbb{N}$, steht. Damit erhält man einen k-ten Bruchteil der Hauptperiode. In dieser Art kann man beliebig kleine Zeitintervalle erzeugen. Sendet jeder der periodischen Vorgänge nach Ablauf der Periode ein Signal aus, kann eine brauchbare Zeitmessung realisiert werden ohne Strecken- oder Winkelmetrik.[9]

Der projektive Zeitbegriff ist nicht nur auf Strahlenbüscheln oder Punktreihen sinnvoll, die Überlegungen können auf sämtliche Grundgebilde der ersten Stufe, bis zu den Komplexbüscheln[10] übertragen werden.

---

[7] Siehe Abschnitt 13.7.

[8] Vergleiche Abschnitt 5.2.

[9] Die verschiedenen Typen von Massbestimmungen, hyperbolische, elliptische und ausgeartete, müssen für die konkrete Durchführung genauer betrachtet werden. Ausartungen machen es nötig, einzelne Definitionen in veränderter Form anzusetzen. Auch beim Vergleichen von hyperbolischen Massbestimmungen mit elliptischen oder ausgearteten können Besonderheiten auftreten.

[10] Siehe R. Ziegler [119].

13.4 Aufspalten einer Geschwindigkeit durch eine Zeitmetrik

Das Aufspalten einer Geschwindigkeit in Weg und Zeit ist ein Kernpunkt, wenn man die Geschwindigkeit in den Vordergrund stellt, auch wenn im allgemeinen Fall für die Beschreibung einer Bewegung eine Menge von parametrisierten Projektivitäten vorliegt. Das Aufspalten kann auf zwei Arten vollzogen werden: durch eine Streckenmetrik oder durch eine Zeitmetrik. Bezieht man eine Geschwindigkeit auf eine Strecken- oder Winkelmetrik wie beim Uhrenprinzip, entsteht eine Zeitmetrik, wobei mit projektiver Geschwindigkeit und Zeit auch Längen- oder Winkelmass mit einer projektiven Massbestimmung angesetzt werden kann.

Ist neben der Geschwindigkeit eine Zeitmetrik gegeben, ergibt sich eine Raum-, Strecken- oder Winkelmetrik. Man fasse ausdrücklich ins Auge, dass Raummass – man kann nach der Unterscheidung von Raumbegriff und Metrik sogar von einer bestimmten Räumlichkeit sprechen – durch den Aufspaltungsprozess erst erzeugt wird. Der Sinn dieses Ansatzes wird nicht ohne weiteres verständlich sein, wenn er nur vom physikalischen Standpunkt aus beurteilt wird.

Man geht aus von der aus der elementaren Physik bekannten Beziehung zwischen Raum, Zeit und konstanter Geschwindigkeit $v = s/t$, und allgemein vom Quotienten von Weg- und Zeitdifferential. Es ist sicher angemessen, das Aufspalten der Geschwindigkeit durch das menschliche Denken mit dieser Gleichung, respektive ihrer Verallgemeinerung auf nichtkonstante Geschwindigkeiten, auszudrücken. Zuerst werden nur Geschwindigkeiten betrachtet, die auf einer Geraden erklärt sind, also Homologien oder Elationen.

Eine allgemeine Geschwindigkeit v auf der Geraden g sei gegeben[11] und eine projektive Uhr oder auch eine geradlinige gleichförmige projektive Referenzbewegung. Damit hat man zwei Skalen, eine für die gleichförmige Bewegung und eine für die Referenzbewegung. Mit den Bezeichnungen des vorletzten Abschnitts erhält die obige Gleichung zwischen Geschwindigkeit, Weg und Zeit $t(u)$ die Form

$$s(A, U) = k_0 \ln DV(a, u, w, z),$$

wo

$$k_0 = v_0 \frac{\ln DV(A, A_1, X, Y)}{\ln DV(a, b, w, z)}$$

abgekürzt für den konstanten Anteil steht, eine projektive Streckenmetrik bezüglich der zwei Fundamentalelemente für den Abstand $s(A, U)$ des bewegten Punktes U von A auf der Geraden g entsteht. Die Entfernungskon-

[11] Siehe Abschnitt 12.4.

stante k_0 hängt von einer Reihe von Beziehungen ab. Das Doppelverhältnis $DV(A, A_1, X, Y)$ und die Konstante v_0 stammen von der vorgegebenen Geschwindigkeit. Man wird für die Anwendung fordern, dass sich A, A_1 und X, Y nicht trennen, so dass das Doppelverhältnis reell ist, wenn X und Y reell sind. Das Doppelverhältnis $DV(a, b, w, z)$ definiert den Einfluss der Uhr. Durch die Uhr wird es erst möglich, projektiv von einem Durchlaufen einer Strecke in einer bestimmten Zeit zu sprechen.[12]

So viel zum Aufspalten der Geschwindigkeit in Weg und Zeit, wenn neben einer allgemeinen Geschwindigkeit eine Zeitmetrik gegeben ist: eine Streckenmessung und nach dem Grundkonzept, Individualisierung des Raumbegriffs[13], ein Raum mit Metrik ergibt sich. Wirklichkeitsgebiete für dieses Vorgehen können natürlich erst gefunden werden, wenn man konsequent versucht, Raum und Zeit nicht als konstituierende Elemente für Objektivitäten zu nehmen, sondern nur als Hilfsmittel zu ihrer Erkenntnis.

13.5 Aufspalten einer Geschwindigkeit durch eine Streckenmetrik

Der andere Weg, zu einer Beziehung von Raum, Zeit und Geschwindigkeit zu kommen, ist der bereits bei der Uhr besprochene, dass man Geschwindigkeiten auf eine vorgegebene Raummetrik bezieht: eine Zeitmetrik, also auch eine individualisierte Zeit entsteht. Bewegt sich ein Körper mit konstanter Geschwindigkeit, schafft er in dem Sinne Raum, dass er sich von einem Markierungspunkt zum andern bewegt, eine Wegstrecke s erzeugt, die durch eine bestimmte projektive Metrik gemessen wird. Den allgemeinen Fall, wie man Geschwindigkeiten auf Strecken bezieht, erhält man analog zu dem bei vorgegebener Zeit.

Ist es möglich, die ersten drei Komponenten eines homogenen projektiven Geschwindigkeitsvektors auf die entsprechenden Komponenten eines Streckenvektors s umzunormieren, erhält man bei der vierten Koordinate die Zeit multipliziert mit einem Faktor, aus einer konstanten Geschwindigkeit und einer Strecke ergibt sich eine Zeitbestimmung. Diese Normierung, eine Art Raum-Zeit-Normierung, ergibt im Falle der relativistischen Physik den Raum-Zeit-Vierervektor x, y, z, ct in reeller Form.

Bei nichtkonstanter Geschwindigkeit gelten die besprochenen Aspekte nur momentan oder infinitesimal.

---

[12] Die bisher entwickelte Zeit- und Streckenmetrik gilt nur dann, wenn die Grundelemente nicht zusammenfallen. Trifft das zu, sind die entsprechenden Doppelverhältnisse bei geeignetem Führen des Grenzübergangs gleich eins. Man hat in diesem Fall eine zweite Projektivität, etwa die iterierte Projektivität P^2, zu nehmen und mit P zu vergleichen. Man erhält so indirekt eine Skala im Schrittmass.

[13] Vergleiche Kapitel 2 und 3.

Bevor zu nichtkonstanten Geschwindigkeiten übergegangen wird, zusammengefasst die Grundgedanken zum Aufspalten einer Geschwindigkeit auf einer Geraden: Man geht aus von Projektivitäten der Geraden in sich, aufgefasst als «Bewegung», mit einer allgemeinen Geschwindigkeit. Die ganze Gerade ist in Bewegung, sie strömt von einem Fixpunkt weg zum andern hin. Fasst man einen beliebigen Anfangspunkt A ins Auge, so entdeckt man, dass die Bilder von A und so weiter eine Skala bilden. Diese Skala ist der konkreten Projektivität eigen und wird durch ihr Doppelverhältnis gemessen. Die Gruppe der Projektivitäten mit denselben Fixpunkten lässt sich beschreiben durch den Logarithmus des Doppelverhältnisses als Intensitätsfaktor. Das sind verschiedene Bewegungen. Man kann Bewegungen vergleichen, indem man die Intensitätsfaktoren ins Verhältnis setzt. Eine Standardbewegung dient dazu, Zeitverhältnisse zu repräsentieren. Ebenso selbstverständlich geht eine räumliche Metrisierung. Durch diesen Grundgedanken entsteht eine projektive Raum- oder Zeitmetrik aus dem Begriff der Bewegung.

Um den Übergang von der allgemeinen Beziehung zwischen Raum, Zeit und Geschwindigkeit zu den in der Physik gebräuchlichen zu finden, formuliert man die projektiven Beziehungen um und erweitert die Auffassung des Begriffs Geschwindigkeit im Sinne der nichteuklidischen Geometrie. Man betrachte zuerst Letzteres bei einem hyperbolischen Mass als Beispiel.

Man bestimme das hyperbolische Mass[14] des Vektors v. Auf einer Geraden besitze eine hyperbolische Massbestimmung die Fundamentalpunkte $+c$ und $-c$. Die projektive Skala auf der Geraden sei euklidisch, ohne dass man eine euklidische Massbestimmung zugrunde legt.[15] Dann folgt gemäss Theorie das hyperbolische Mass für den Vektor v, der mit $c_0/2$ multiplizierte Logarithmus des Doppelverhältnisses[16], zu

$$u = \frac{c_0}{2} \ln DV(0, v, c, -c) = \frac{c_0}{2} \ln \frac{c}{c-v} : \frac{c}{c+v},$$

$$u = \frac{c_0}{2} \ln \frac{1+\frac{v}{c}}{1-\frac{v}{c}} = c_0 \cdot \operatorname{artanh}\left(\frac{v}{c}\right).$$

In der nichteuklidischen Geometrie spricht man vom nichteuklidischen Abstand der Punkte 0 und v, man verwendet keinen speziellen Ausdruck, um einen Unterschied zwischen euklidischem und nichteuklidischem Abstand zu machen. Das Bedürfnis zu einem speziellen Ausdruck stammt von der fehlenden Unterscheidung von Skala und Massbestimmung. Die zugrunde liegende Skala braucht nicht als euklidische Massbestimmung aufgefasst zu werden, im Gegenteil, es würde nur zu der bereits erwähnten Schwierigkeit führen[17], dass zwei gleichzeitig verwendete Massbestimmun-

---

[14] Siehe Abschnitt 4.7.

[15] Vergleiche Figur 3.3.

[16] Vergleiche Abschnitte 4.1 und 4.7.

[17] Vergleiche Abschnitt 8.7.

gen Widersprüche ergeben können. *Der zu einem nichteuklidischen Raum spezialisierte projektive Raum steht gleichberechtigt neben einem euklidisch spezialisierten, solange man von konkreten Erfahrungen absieht. Steht man auf dem Standpunkt einer nichteuklidischen Massbestimmung, muss diese real genommen werden und nicht als algebraische Hilfskonstruktion, die richtige nummerische Resultate liefert. Nur dann integriert man die verwendete Struktur in den Erkenntnisprozess, erhebt man sich über den Modellbegriff als hypothetische Konstruktionen und geht mit Begriffen statt mit kantschen Anschauungen um.* Es besteht deshalb keine Veranlassung, der nichteuklidischen Grösse einen anderen Namen zu geben. Der Ausdruck Schnelligkeit oder Rapidität[18], der für den obigen Ausdruck von u verwendet wird, wird deshalb nicht gebraucht, und stattdessen wird einfach von nichteuklidischer oder nur von Geschwindigkeit gesprochen. Missverständnisse treten nicht auf, wenn man konsequent den Standpunkt der entsprechenden Massbestimmung einnimmt.

13.6 Addition von Geschwindigkeiten

Ganz analog erhält man auch die relativistische Formel für die Addition zweier Geschwindigkeiten. Man geht aus von zwei Geschwindigkeiten v_1 und v_2 mit dem hyperbolischen Mass u_1 und u_2 und erhält eine vom Mass w. Dann folgt

$$w = u_1 + u_2 = \frac{c_0}{2} \ln DV(0, v_1, c, -c) + \frac{c_0}{2} \ln DV(0, v_2, c, -c)$$

$$= \frac{c_0}{2} \ln \left[\frac{c + v_1}{c - v_1} \frac{c + v_2}{c - v_2} \right] = \frac{c_0}{2} \ln \left[\frac{c + V}{c - V} \right],$$

wobei V der Wert der Summengeschwindigkeit ist. Auflösen nach V ergibt die bekannte Additionsformel

$$V = \frac{v_1 + v_2}{1 + \frac{v_1 v_2}{c^2}}.$$

Die Bemerkung des letzten Abschnitts zum Begriff Geschwindigkeit ist auch hier angebracht: Konsequenterweise müsste man v_1, v_2 und V als Skalenwerte bezeichnen und u_1, u_2 und w als Geschwindigkeiten. Dann addieren sich auch im relativistischen Fall die Geschwindigkeiten und *die relativistische Additionsformel ist nur die Vorschrift, wie man die Skalenwerte von zwei Geschwindigkeiten zum Skalenwert der Summe verarbeiten soll.* Die Schwierigkeit liegt darin, dass die Physik die hyperbolische Massbestimmung nicht zur Kenntnis nimmt und immer nur von der relativistischen

[18] Siehe Abschnitt 8.7.

Rechnung spricht, woraus eine ganze Menge von Interpretationsproblemen entsteht. Dazu kommt, dass v_1, v_2 und V physikalisch aus Weg und Zeit bestimmt werden und der Weg natürlich euklidisch gemessen wird.

13.7 Aufspaltung bei variablen Geschwindigkeiten

Die nichteuklidische Geschwindigkeit geht in die gewöhnliche Geschwindigkeit über, wenn man die nichteuklidische Massbestimmung in eine euklidische überführt. Das kann man mit der verallgemeinerten Lorentztransformation mit der beliebigen Grenzgeschwindigkeit w zeigen.

Es gilt nämlich

$$\arctan(iv) = i\operatorname{artanh}(v).$$

Damit folgt aus der obigen Beziehung[19]

$$u = c_0 \cdot \operatorname{artanh}\left(\frac{v}{c}\right)$$

die Beziehung zwischen Skalenwert v und Mass, also der nichteuklidischen Geschwindigkeit u

$$u = \frac{w}{e} \arctan\left(\frac{e}{w} v\right).$$

Für eine hyperbolische Massbestimmung ist $e^2 = i^2 = -1$, im Falle einer elliptischen $e^2 = 1$. Mit $e/w \to 0$ erhält man den euklidischen Ausartungsfall mit $u = v$.

Diesen Zusammenhang zwischen Skalenwert und Mass lege man nun einer verallgemeinerten Beziehung zwischen Raum, Zeit und Momentangeschwindigkeit zugrunde.[20] Löst man die Formel für u nach v auf, ergibt sich

$$v = \frac{w}{e} \tan\left(\frac{e}{w} u\right).$$

Den Spezialfall der Gleichung zwischen Rapidität und Geschwindigkeit erhält man mit $w = c$ und $e^2 = i^2 = -1$. Wie in der speziellen Relativitätstheorie kann man daher v als Quotienten von Weg- und Zeitdifferential ansetzen[21]

$$\frac{dx}{dt} = \frac{w}{e} \tan\left(\frac{e}{w} u\right).$$

[19] Siehe Abschnitt 13.5.

[20] Er entspricht der Doppelverhältnisformel bei beliebiger Massbestimmung für die Geschwindigkeit. Andererseits entspricht diese Beziehung auch der Zielpunktsabbildung von Abschnitt 12.8.

[21] Dieser Ansatz impliziert, dass u als Funktion des Parameters t vorliegt. Durch diese Funktion geht natürlich, im üblichen Sinne gesprochen, ganz wesentlich die Art und Weise der Veränderung von u mit dem Parameter t ein. Der Zusammenhang zwischen Geschwindigkeit und Zeit hängt dann vom konkreten Problem und den verschiedenen Metriken ab.

Diese Gleichung ergibt die Beziehung zwischen Weg, Zeit und nichteuklidischer Geschwindigkeit u, vorausgesetzt, dass x und t in der üblichen Weise aufgefasst werden. Sie wird dem prinzipiellen Vorgehen entsprechend nicht als Definition der Geschwindigkeit betrachtet, sondern als Vorschrift zur Aufspaltung der Geschwindigkeit in Raummass und Zeitmass.

Analoge Überlegungen können bei Weg und Zeit durchgeführt werden. Beim Weg hat man als Beziehung zwischen Skalenwert x und Mass X die Gleichung

$$x = \frac{x_0}{e_x} \tan\left(\frac{e_x}{x_0} X\right),$$

dabei entspricht x_0 dem einen Grenzelement der Massbestimmung, und für e_x gilt Gleiches wie für e. Die Beziehung für die Zeit ist völlig analog.

Die nichteuklidische Geschwindigkeit u wird nun in nichteuklidisch aufgefassten Weg und Zeitmass aufgespalten, indem der Differentialquotient dx/dt als Differentialquotient von Skalenwerten angesehen wird, wobei man bei beliebigen Skalen den Differentialquotienten geeignet zu verallgemeinern hat. Es gilt

$$\frac{dx}{dX} = \frac{1}{\cos^2\left(\frac{e_x}{x_0} X\right)}$$

und Analoges für t. Daraus folgt

$$\frac{dX}{dT} = \frac{\cos^2\left(\frac{e_x}{x_0} X\right)}{\cos^2\left(\frac{e_t}{t_0} T\right)} \frac{dx}{dt}.$$

Man erhält folgende Beziehung zwischen den nichteuklidischen Grössen X, T und u

$$u = \frac{w}{e_v} \arctan\left(\frac{\cos^2\left(\frac{e_t}{t_0} T\right)}{\cos^2\left(\frac{e_x}{x_0} X\right)} \frac{e_v}{w} \frac{dX}{dT}\right).$$

Im dreifachen Grenzfall $e_x/x_0 \to 0$, $e_t/t_0 \to 0$, $e_v/w \to 0$ ergibt sich die übliche Definition der Geschwindigkeit. Sind die Massbestimmungen für x und t euklidisch, entsteht die Schnelligkeits- oder Rapiditätsformel.

Damit ist die angekündigte projektive Fundierung des Geschwindigkeitsbegriffs und die Aufspaltung der Geschwindigkeit in Weg und Zeitmass in allgemeiner projektiver Art geleistet. Dem Aufbau des Geschwindigkeitsbegriffs entsprechend kann der in der Physik gebräuchliche Zusammenhang zwischen den drei Grössen als Spezialfall durch besondere Wahl der verwendeten Skalen erzeugt werden, so dass die quantitativen Beziehungen die geforderten werden.

Was bislang nicht berücksichtigt wurde, ist der problembezogene konkrete Zusammenhang zwischen der Geschwindigkeit und dem Zeitmass oder dem Raummass. Er geht, wie bereits erwähnt, dort ein, wo die variable projektive Geschwindigkeit parametrisiert angenommen wird, immer unter Berücksichtigung, dass diese mathematische Art, die Variabilität der Geschwindigkeit zu beschreiben, keine erkenntnismässige Bedeutung hat. Die Zeit als Parameter geht der Geschwindigkeit nicht zwangsläufig voraus, auch wenn die Mathematik dies suggeriert.

Das Ziel dieser Bemühungen um einen projektiven Geschwindigkeitsbegriff war, zu belegen, dass es mit den Mitteln der projektiven Geometrie möglich ist, zum Begriff einer Geschwindigkeit vorzustossen, der nicht an ein räumlich-zeitliches Umfeld des Menschen gebunden ist, sondern unabhängig von Distanzvorstellungen und vorgegebenen Zeiten irgendwelcher Art zu fassen ist und der ausserdem allgemeiner ist als der physikalische. Gleichwohl kann er an die Erfahrungswelt angeknüpft werden. Man ist damit in der Lage, vom Geschwindigkeitsbereich eines Beobachters auszugehen und die Elemente dieses Bereichs inhaltlich denken zu können, im gleichen Sinne wie die Elemente der synthetischen projektiven Geometrie gedacht werden können. Es besteht nun die Aufgabe, die Konsequenzen dieser Geschwindigkeitsauffassung in der Physik herauszuarbeiten. Man wende sich deshalb einem weiteren in der neueren Physik wichtigen Grundbegriff zu, der mit dem Geschwindigkeitsbereich in Beziehung steht.

13.8 Geschwindigkeitsbereich und Minkowskis Raumzeit

Die einsteinsche Lösung des Problems der Gleichzeitigkeit und die Beziehung der Maxwellgleichungen zur minkowskischen Metrik fussen auf der Vorstellung, dass sich das Licht in einem gegebenen Raum im Vakuum isotrop mit einer konstanten, vom Bewegungszustand der Lichtquelle unabhängigen Geschwindigkeit in Form von elektromagnetischen Wellen ausbreite. Bei einer andern Ausbreitungsform des Lichts ergeben sich für den Übergang von einem Inertialsystem in ein anderes andere Transformationsgleichungen und eine andere Form der Maxwellgleichungen. Man muss allerdings davon ausgehen, dass sich die mathematischen Beziehungen bei der nummerischen Auswertung von experimentellen Fakten, etwa beim Zyklotron, bestens bewährt haben – die Form der Maxwellgleichungen ist längst tausendfach verifiziert.

Das Problem der Lichtausbreitung, die verschiedenen Annahmen über Eigenschaften des Lichts, aber auch über Raum und Zeit in der üblichen Theorie können für Phänomenologen ein Stein des Anstosses sein:[22] Der Begriff der Lichtgeschwindigkeit müsste inhaltlich modifiziert werden. Die Gesichtspunkte zu Raum, Zeit und Geschwindigkeit, die, ohne Subjekt und

[22] Man erinnere sich an die Ausführungen über die Phänomenologie in Licht- und Elektrizitätslehre in Kapitel 9.

Objekt zu trennen, entwickelt wurden, und die projektive Interpretation der Lorentzgruppe ergeben eine Deutung der Lichtgeschwindigkeit als Grenzgeschwindigkeit einer hyperbolischen Massbestimmung im Geschwindigkeitsbereich.

Ausgangspunkt ist der Geschwindigkeitsbereich des Beobachters als projektiver Raum. Raum und Zeit werden von der Geschwindigkeit geschaffen, indem durch die Geschwindigkeit für den Beobachter ein Nebeneinander und ein Nacheinander erscheint, physikalisch Weg und zugehöriges Zeitmass. Der Geschwindigkeitsbereich wird nicht primär als Tangentialraum in einem beliebigen Punkt eines Anschauungsraumes aufgefasst, da sonst zusätzliche Beobachterstandpunkte eingeführt würden. Primär ist der Geschwindigkeitsbereich, sekundär ist der durch die Geschwindigkeit erzeugte Raum, es wird eine Standpunktsverschiebung angestrebt.

Die formale Beschreibung einer Geschwindigkeit kann mit projektiven kartesischen Koordinaten im Geschwindigkeitsbereich geschehen. Um in diesem allgemein zu messen, muss eine projektive Massbestimmung eingeführt werden. Eine euklidische Metrik ergibt die klassische Kinematik, geht man vom Postulat aus, dass die Grösse c als Naturkonstante unabhängig sein soll vom Bewegungszustand des Beobachters, wählt man die Metrik des Geschwindigkeitsbereichs hyperbolisch.

Bei einer hyperbolischen Massbestimmung im Geschwindigkeitsbereich sind die Transformationsgleichungen isomorph den Lorentztransformationen in reeller Form. Die vier Koordinaten werden als homogene Koordinaten eines Geschwindigkeitsvektors, als Relativgeschwindigkeit bezüglich des Beobachters aufgefasst und nicht als Raumkoordinaten x, y, z und Zeit t. Durch Normierung kann der Raum-Zeit-Vierervektor erhalten werden. Versucht man die projektive Interpretation mit den üblichen Gesichtspunkten der Lorentz-Minkowski-Welt zu vergleichen, kann man einen dem Geschwindigkeitsbereich entsprechenden Ausdruck suchen – der Physiker nennt ihn die Raumzeit.

Die gedankliche Konstruktion der Raumzeit ergab sich als Konsequenz aus den Lorentztransformationen, wo sich Ort und Zeit nicht mehr trennen lassen. Ein neues Etwas, die Raumzeit, eine Verbindung von Ort und Zeit, werde bei der Lorentztransformation in sich transformiert. Es gibt aber keine Erfahrung dieser minkowskischen Raumzeit als von etwas Einheitlichem, Erfahrungen treten nur bei räumlichen oder zeitlichen Prozessen oder mit Geschwindigkeiten auf.

Welche Fakten sprechen nun für die projektive Interpretation, für einen Paradigmenwechsel? Es ist bereits erwähnt worden, dass der Raum-Zeit-Vierervektor praktisch nirgends auftritt, wenn es darum geht, wichtige Experimente der Mikrophysik mit Rechnungen zu ergänzen. Ausnahmen machen die Maxwellgleichungen[23] und die Feynman-Diagramme. Dazu kommt

---

[23] Man vergleiche dazu die Abschnitte 15.3 und 15.8.

die immer wieder auftretende Frage, ob etwas «Wirkliches» gemessen wird oder nur etwas Scheinbares, wenn Raum-Zeit-Koordinaten verwendet werden.[24] Die Interpretation der im Raum-Zeit-Bereich gedeuteten Lorentztransformationen ist deshalb unbefriedigend, Raum-Zeit-Koordinaten im Lorentz-minkowskischen Sinne sind erkenntnismässig problematisch.

Die verschiedenen Normierungen[25], die bei der Lorentztransformation in Raum-Zeit-Koordinaten beim Übergang auf das System K von zwei verschiedenen Koordinatensystemen K' und K'' mit bezüglich K unterschiedlichen Relativgeschwindigkeiten entstehen, sind im Geschwindigkeitsbereich einfach zu interpretieren. Die Übergänge finden in homogenen Koordinaten statt, sie haben mit verschiedenen Normierungen den gleichen Gehalt. Der Übergang zu Raum-Zeit-Verhältnissen ist in jedem System für sich durchzuführen. Damit entfallen viele Interpretationsschwierigkeiten bei den Lorentztransformationen.

Bei der Uhren-Synchronisation[26] wurde gezeigt: Lässt man in zwei relativ zueinander bewegten Inertialsystemen die Einstein-Synchronisation wieder in eine Einstein-Synchronisation übergehen, erhält man die Lorentztransformation im engeren Sinne, wenn man zusätzlich das Prinzip von der Konstanz der Lichtgeschwindigkeit benützt. Die postulierten Eigenschaften der Lichtausbreitung sind aber nicht unabhängig vom Synchronisationsverfahren, und effektiv voraussetzungslos kann nur die Zwei-Wege-Lichtgeschwindigkeit gemessen werden, welche nur das Verhältnis von Strecken- und Zeitmassstäben zu bestimmen erlaubt.[27] Als wesentlich bleiben das Relativitätsprinzip und das Postulat von der Konstanz der Lichtgeschwindigkeit als gedankliche oder teilweise gedankliche Elemente, die nicht oder nicht vollständig empirisch vorliegen.

Aus diesem Grunde besteht keine Notwendigkeit, das einsteinsche Synchronisationsverfahren zu universalisieren, es als etwas allgemein Notwendiges vorauszusetzen. Wie allenfalls eine Zeit von einem Inertialsystem zu einem andern übertragen werden soll, muss bei einer konkreten Problemstellung bestimmt werden; man hat dazu mit der verallgemeinerten Lorentztransformation diverse Möglichkeiten. Der Begriff einer allgemeinen Gleichzeitigkeit kann im Zusammenhang mit den wirklich interessanten mikrophysikalischen Experimenten fallengelassen werden. Auch steht der einsteinsche Ansatz mit der Uhren-Synchronisation in einem gewissen Widerspruch zum Versuch, Subjekt und Objekt nicht zu trennen, weil durch diese Konstruktion ein Netz von räumlich-zeitlichen Beziehungen bestimmt wird, das Standpunkte verschiedener Beobachter gleichzeitig verlangt. Bei den Gedanken Einsteins kann man den Eindruck erhalten, dass beim Aufbau der Theorie die Vorstellung von einem Anschauungsraum und ein vom

[24] Siehe Abschnitt 8.5.
[25] Siehe Abschnitt 8.4.
[26] Siehe Kapitel 7.
[27] Vergleiche Kapitel 7.

Menschen losgelöster Zeitbegriff von besonderem Einfluss war, die physikalischen Fakten wurden in die bis in alle Einzelheiten ausgebildete Raumzeit-Welt gedanklich eingepasst. Dass die empirischen Fakten in der Theorie nur in bunter Einkleidung mit theoretischen Überlegungen auftreten, hat sich an verschiedenen Stellen ergeben. Bei der Lorentz-Invarianz der Naturgesetze etwa ist keine Trennung von Empirie und Gedanken möglich, das eine stützt das andere. Schliesslich sei an die dubiose Rolle des Raum-Zeit-Kontinuums in der Mikrophysik erinnert.[28]

Trennt man Subjekt und Objekt nicht, so liegt mit der projektiven Interpretation der Lorentzgruppe keine Notwendigkeit vor, Begriffe und Anschauungen der Einstein-minkowskischen Raumzeit-Welt zu berücksichtigen. Das komplizierte Netz der raumzeitlichen Konstruktionen, das zum Formalismus der Lorentztransformationen im Laufe der vielen Jahre der Entwicklung der Relativitätstheorie aufgebaut wurde, ein grosser Teil der Literatur über Längenkontraktionen und Zeitdilatationen, verliert bei dem angestrebten erkenntnistheoretischen Ansatz und der projektiven Auffassung seine Bedeutung. Man kann deshalb wenigstens dem zweiten Teil der minkowskischen Prophetie zustimmen, allerdings mit modifiziertem Inhalt:

> «Raum für sich selbst und Zeit für sich selbst werden in blossen Schatten versinken, und nur eine Art von Verbindung zwischen ihnen wird überleben.»

So wie Raumkoordinaten und Zeit im relativistischen Kalkül zu einem Vierervektor zusammengefasst werden, bilden Energie und Impulskoordinaten einen Vierervektor. Ganz entsprechend, wie die Diskussion des Zeitbegriffs zur projektiven Interpretation führen kann, kann eine anders gedeutete Energiegrösse zur gleichen Auffassung führen und eine neue Sicht des relativistischen Kalküls eröffnen: auch hier ein Paradigmenwechsel.[29]

- Die Lorentzgruppe ist isomorph der Gruppe der projektiven Punktabbildungen im dreidimensionalen Raum, die eine ovale Fläche zweiter Ordnung invariant lassen.
- Die mathematische Struktur der relativistischen Physik lässt sich deshalb als vierdimensionale projektive Beschreibung von dreidimensionalen Geschwindigkeiten auffassen.
- Analog dem Aufspaltungsprozess beim Erkennen einer Geschwindigkeit lässt sich eine Geschwindigkeit durch eine projektive Uhr oder durch eine projektive Raummetrik in Raummass und Zeitmass aufspalten.
- Der Begriff der Raumzeit ist eine verschlüsselte Bezeichnung des projektiven Geschwindigkeitsraums.

---

[28] Vergleiche Abschnitt 8.8.

[29] Siehe T. Kuhn [59].

14
Das projektive Dualitätsprinzip in der Physik

INHALT: Kraft in der Physik; Dualitätsprinzip physikalisch, Reziprokgeschwindigkeit als duale Geschwindigkeit; Transformationsverhalten einer Reziprokgeschwindigkeit wie das des Impuls-Energie-Vierervektors; Einsteins Masse-Energie-Äquivalenz als projektive Beziehung zwischen den Normen von Geschwindigkeit und Reziprokgeschwindigkeit; der homogene Hamilton-Formalismus ist Grundlage des Prinzips der stationären Wärmedistanz, Energie: problembezogene Zerlegung einer Geschwindigkeit in Raum und Zeit, Beispiel des freien Falls; Clifford-Algebren als die geeignete mathematische Struktur.

14.1 Zum modernen Kraftbegriff

Der Begriff der Kraft hat seinen Ursprung in Krafterlebnissen des Menschen durch den Tastsinn, den Eigenbewegungssinn oder Gleichgewichtssinn. Über diesen anthropomorphen Kraftbegriff ist die Physik mit ihrem Kraftbegriff im Laufe der Zeit weit hinausgegangen. Nach dem Prinzip, Subjekt und Objekt zu trennen, ist der Zusammenhang mit den Sinneserlebnissen vollständig ausgeblendet worden, unabhängig vom Krafterlebnis werden Anziehungs- und Abstossungskräfte aller Art zwischen den verschiedensten Objekten postuliert. Aber sind nicht erfahrbare Kräfte noch Kräfte gemäss der Bedeutung des Wortes? Offensichtlich müsste man den Kraftbegriff auf nicht erfahrbare Situationen erweitern, die indirekt erschlossen werden und die mit einem analogen Kalkül wie eine erfahrbare Kraft mathematisch beschrieben werden können. Die Frage stellt sich auch, wie weit Kraft-Postulierungen überhaupt ohne Alternativen sind, wie weit andere Auffassungen Hypothesen von nicht erfahrbaren Kräften ersetzen können, selbst das Ursache-Wirkungs-Schema müsste hinterfragt werden, wenn man wirklich empirisch vorgehen wollte. Es wird aber nicht etwa behauptet, dass die gebräuchlichen physikalischen Gesetze in dem Sinne falsch seien, dass sie falsche Resultate ergäben, sondern nur, dass andere gedankliche Ausdeutungen möglich sein könnten.

14.2 Reziprokgeschwindigkeiten

Das Dualitätsgesetz der projektiven Geometrie[1] erlaubt nun eine andere Sichtweise postulierter, nicht erfahrbarer «Kräfte». Dazu betrachte man projektive Bewegungen, die ein Fixpunktstetraeder haben, die Wegkurventransformationen sind. Die Theorie[2] der Wegkurven ist in sich dual, man kann jeweils den Begriff Punkt durch den Begriff Ebene ersetzen und umgekehrt, Gerade durch Gerade, ferner «verbinden» durch «schneiden» und «schneiden» durch «verbinden», «liegen in» durch «gehen durch» und umgekehrt, und die Struktur bleibt gleich, aus einem Fixpunktstetraeder entsteht ein Fixebenentetraeder. Im Weiteren wird nun gezeigt, dass man auch diesen dualen Aspekt mit einem sinnvollen physikalischen Begriff verbinden kann, es erweist sich sogar als zweckmässig, eine gleichberechtigte Zweiheit von Räumen ins Auge zu fassen.[3]

Aufgrund des Dualitätsprinzips der projektiven Geometrie lassen sich zwei unterschiedliche Räume charakterisieren: der geeignet metrisierte gewöhnliche projektive Raum und der in gleichwertiger Art konkretisierte und metrisierte und nicht nur formal verwendete Dual- oder Gegenraum. Da im vorliegenden Zusammenhang das Räumliche nicht das Entscheidende ist, wird die Zweiheit Raum-Gegenraum auf den Geschwindigkeitsbereich bezogen. Die Grundidee:

- Das Zusammenwirken eines Geschwindigkeitsbereichs mit einem Gegen-Geschwindigkeits- oder Reziprokgeschwindigkeitsbereich trete an die Stelle des postulierten Wirkens von hypothetischen Kräften, beschrieben in Raum und Zeit.

Geschwindigkeiten und Reziprokgeschwindigkeiten werden als Grundlage für die verschiedensten physikalischen Zusammenhänge betrachtet. Es wird

[1] Vergleiche Kapitel 1 und 2.

[2] L. Edwards [24], [25] und C. Ostheimer/R. Ziegler [79]

[3] Man vergleiche dazu auch G. Adams [2], [3], O. Conradt [15], [16], P. Gschwind [33], [34], [35], [37], [38], N. Thomas [110], G. Unger [111], [112].

aber nicht behauptet, dass durch die Sinne erfahrbare Kräfte nicht existierten. Die bekannten Gesetze mit ihren formelmässigen Beziehungen folgen durch Aufspalten von Geschwindigkeiten in Raum und Zeit.

Um die formalen Beziehungen zu erhalten, verwendet man ein projektives selbstpolares Koordinatensystem.[4] Bei physikalischen Anwendungen wird man die dem Nullpunkt gegenüberliegende Koordinatenebene unendlichfern und die ersten drei Achsen senkrecht aufeinander wählen. Ein gegenräumlicher, also ein ebenenhafter Vektor, wird durch eine Anfangsebene, die unendlichferne Ebene, und eine bestimmte Endebene festgelegt, nummerisch durch seine Ebenenkoordinaten u_x, u_y, u_z oder durch homogene Ebenenkoordinaten u_i, $i = 1, \ldots, 4$. Die Zahlen u_i sind die bis auf eine beliebige Konstante gegebenen Koordinaten der Endebene, dualentsprechend der Formulierung von gewöhnlichen Vektoren in einem projektiven Koordinatensystem.[5] Die Dualität wird also im Geschwindigkeitsbereich betrachtet, wobei die Elemente des Dualraums aus noch zu erläuternden Gründen Reziprokgeschwindigkeiten genannt werden. Im Übrigen können analoge duale Überlegungen für ebenenhafte Vektoren angestellt werden wie für projektive Geschwindigkeiten, so dass Reziprokgeschwindigkeiten aus einer Art Bewegung im Ebenenraum aufgebaut werden können.

Verschiedene Möglichkeiten sind vorhanden, um eine Beziehung zwischen einem projektiven Geschwindigkeitsvektor v und einem ebenenhaften Reziprokgeschwindigkeitsvektor u herzustellen. Eine der einfachsten ist die Polarität an einer Quadrik und insbesondere die, die durch Uminterpretieren der Koordinaten gegeben ist,[6]

$$u_i = a v_i, \qquad i = 1, \ldots, 4, \qquad a \in \mathbb{R}.$$

Der Faktor a bewirkt eine Umnormierung, somit stellt die Beziehung eine Polarität plus eine Umnormierung dar. *Ein projektiver Vektor kann nur dann direkt eine physikalische Grösse darstellen, wenn er geeignet normiert ist.* Geht man von einer Normierung des Geschwindigkeitsvektors aus, so erhält man mit dieser Beziehung eine Normierung für die Reziprokgeschwindigkeit.

Satz 14.1

Voraussetzung: Die Normierung des projektiven Geschwindigkeitsvektors v

---

[4] Vergleiche Kapitel 3.

[5] Es handelt sich um das duale Gegenstück zu einem Ortsvektor, der vom Nullpunkt zu einem bestimmten Punkt führt. Dem Nullpunkt entspricht die unendlichferne Ebene, dem Endpunkt die bestimmte Endebene. So wie alle Punkte zwischen Nullpunkt und Endpunkt zum Vektor gehören, bilden alle Ebenen durch die Schnittgerade von unendlichferner Ebene und Endebene, die zwischen diesen beiden Ebenen liegen, den ebenenhaften Vektor.

[6] Siehe Abschnitt 3.10.

sei

$$v_1^2 + v_2^2 + v_3^2 = v^2.$$

Behauptung: Die zugehörige polare Reziprokgeschwindigkeit u hat dann die Normierung

$$\langle u, u\rangle = u_1^2 + u_2^2 + u_3^2 - u_4^2 = -a^2 v_4^2 \left(1 - \frac{v^2}{v_4^2}\right).$$

Beweis: Sei

$$\langle u, u\rangle = u_1^2 + u_2^2 + u_3^2 - u_4^2 = -d^2,$$

zu bestimmen ist dann d. Es folgt

$$\langle u, u\rangle = a^2(v_1^2 + v_2^2 + v_3^2 - v_4^2) = a^2(v^2 - v_4^2) = -d^2$$

und

$$d^2 = a^2 v_4^2 \left(1 - \frac{v^2}{v_4^2}\right). \quad \square$$

Mit dieser Beziehung erhält man aus der Normierung von v eine Normierung von u, wenn a gegeben ist. So weit sind das rein projektive Beziehungen, wobei durch die Quadrik, an der die Polarität definiert wird, auch die Grundlage einer Metrik gelegt ist. Die Verbindung zu physikalischen Begriffen ist als Nächstes zu finden.

14.3 Reziprokgeschwindigkeiten in der Physik

In der relativistischen Physik, deren Formalismus für sinnvoll gehalten wird, werden Grössen durch ihr Transformationsverhalten bei Lorentztransformationen charakterisiert. Eine Beziehung zu diesen Grössen erhält man, wenn man demonstriert, wie sich beim projektiven Ansatz die entsprechenden Transformationseigenschaften ergeben.

Als Nächstes ist deshalb zu zeigen, wie sich eine Reziprokgeschwindigkeit transformiert, wenn man im Geschwindigkeitsbereich zu einem Koordinatensystem mit einem andern Nullpunkt übergeht, wenn also die Beobachtergeschwindigkeit geändert wird. Dazu betrachtet man zwei projektive Koordinatensysteme mit entsprechend parallelen Achsen.

Satz 14.2

Voraussetzung: u_i, $i = 1, \ldots, 4$, seien die ebenenhaften Koordinaten eines Ebenenvektors.[7] Die projektive Transformation der v_i sei in der folgenden Form gegeben

$$\rho v_i = \sum_{k=1}^{4} a_{ik} v'_k, \quad i = 1, \ldots, 4, \quad \rho \neq 0, \quad \det(a_{ik}) \neq 0.$$

[7] Vergleiche Kapitel 3.

Behauptung: Die u_i transformieren sich zu den v_i kontravariant. Die Transformationsmatrix für die Ebenenkoordinaten u'_i erhält man aus derjenigen für die Punktkoordinaten durch Transponierung, wenn man gleichzeitig die u_i mit den u'_i vertauscht, abgesehen vom Vorzeichenwechsel beim vierten Koeffizienten, der wegen der verwendeten Form der Ebenengleichung entsteht.

Beweis: Die Endebene des Ebenen-Vektors u kann in Form einer linearen Gleichung geschrieben werden

$$\langle v, u\rangle = v_1u_1 + v_2u_2 + v_3u_3 - v_4u_4 = 0.$$

Die v_i sind allgemeine Variablen und die u_i gegebene Zahlen. Setzt man

$$\rho u'_i = a_{1i}u_1 + a_{2i}u_2 + a_{3i}u_3 - a_{4i}u_4, \quad i = 1, \ldots, 3,$$

und

$$\rho u'_4 = -a_{14}u_1 - a_{24}u_2 - a_{34}u_3 + a_{44}u_4,$$

erhält man mit obiger Ebenengleichung bis auf den Faktor ρ

$$\left\langle \sum_{k=1}^{4} a_{ik}v'_k, u \right\rangle = v'_1u'_1 + v'_2u'_2 + v'_3u'_3 - v'_4u'_4 = \langle v', u'\rangle = 0. \quad \square$$

Man betrachte nun die bereits diskutierte spezielle Transformation im Geschwindigkeitsbereich.[8] Dabei sei w die Relativgeschwindigkeit von K' bezüglich K. Es gilt

$$v_1 = \frac{v'_1 + \frac{w}{c}v'_4}{\sqrt{1-\frac{w^2}{c^2}}}, \quad v_2 = v'_2, \quad v_3 = v'_3, \quad v_4 = \frac{\frac{w}{c}v'_1 + v'_4}{\sqrt{1-\frac{w^2}{c^2}}}$$

oder

$$v'_1 = \frac{v_1 - \frac{w}{c}v_4}{\sqrt{1-\frac{w^2}{c^2}}}, \quad v'_2 = v_2, \quad v'_3 = v_3, \quad v'_4 = \frac{-\frac{w}{c}v_1 + v_4}{\sqrt{1-\frac{w^2}{c^2}}}.$$

Man erhält als Transformationsgleichungen für eine Reziprokgeschwindigkeit u

$$u'_1 = \frac{u_1 - \frac{w}{c}u_4}{\sqrt{1-\frac{w^2}{c^2}}}, \quad u'_2 = u_2, \quad u'_3 = u_3, \quad u'_4 = \frac{-\frac{w}{c}u_1 + u_4}{\sqrt{1-\frac{w^2}{c^2}}}.$$

Da die v_i und die u_i homogene Koordinaten bedeuten, sind sie nur bis auf eine weggelassene Konstante $\rho \neq 0$ bestimmt.

[8] Siehe Abschnitt 8.7.

Die hyperbolische Massbestimmung im Geschwindigkeitsbereich wurde mit der Unabhängigkeit der Lichtgeschwindigkeit vom Bewegungszustand des Beobachters eingeführt. Das bedeutet geometrisch, dass die Quadrik

$$\langle v, v\rangle = v_1^2 + v_2^2 + v_3^2 - v_4^2 = 0$$

bei starren Transformationen[9] in sich übergeht. Betrachtet man die Transformation von einem Koordinatentetraeder zu einem andern vom Standpunkt der Reziprokgeschwindigkeit, gilt wegen der Art der zugrunde liegenden Koordinatensysteme und wegen der Isomorphie zur Transformation im Geschwindigkeitsbereich auch eine Invarianz der Quadrik in ebenenhaften Koordinaten.[10]

$$\langle u', u'\rangle = {u_1'}^2 + u_2'^2 + u_3'^2 - u_4'^2 = u_1^2 + u_2^2 + u_3^2 - u_4^2 = \langle u, u\rangle\,.$$

Die Invarianz der Inzidenzrelation folgt ganz analog

$$\begin{aligned} \langle u', v'\rangle &= u_1'v_1' + u_2'v_2' + u_3'v_3' - u_4'v_4' \\ &= u_1v_1 + u_2v_2 + u_3v_3 - u_4v_4 = \langle u, v\rangle\,. \end{aligned}$$

Den Zusammenhang mit bekannten physikalischen Grössen erhält man durch Vergleichen ihrer Transformationseigenschaften mit denen der ebenenhaften Vektoren: Der reelle Impuls-Energie-Vierervektor

$$\left(p_x, p_y, p_z, \frac{E}{c}\right)$$

hat die gleichen Transformationseigenschaften wie eine Reziprokgeschwindigkeit.

Satz 14.3
Der Impuls-Energie-Vierervektor kann projektiv als Ebenenvektor, als eine Reziprokgeschwindigkeit aufgefasst werden.

Eine heuristische Überlegung mag den Namen Reziprokgeschwindigkeit rechtfertigen. Wenn man den Raum-Zeit-Vierervektor

$$(x, y, z, ct)$$

so umnormiert, dass die vierte Komponente zu c wird, erhält man eine Geschwindigkeit. Analog kann man den Impuls-Energie-Vierervektor durch

---

[9] Siehe Kapitel 4.

[10] Der Zusammenhang einer Gleichung einer Quadrik in Punktkoordinaten mit der Gleichung in Ebenenkoordinaten ist bei F. Klein [56], Kapitel II, §4 zu finden. Vergleiche ferner Kapitel 3.

Division mit E so umnormieren, dass in der vierten Komponente c^{-1} auftritt

$$\left(\frac{p_x}{E}, \frac{p_y}{E}, \frac{p_z}{E}, \frac{1}{c}\right).$$

Die entstehende Grösse hat die Dimension einer reziproken Geschwindigkeit, deshalb Reziprokgeschwindigkeit.[11]

• Der Impuls-Energie-Vierervektor beschreibt projektiv eine Reziprokgeschwindigkeit.

14.4 Die einsteinsche Masse-Energie-Äquivalenz

Satz 14.4

Voraussetzung:
1. Man normiere den homogenen Geschwindigkeitsvektor v auf $v_4 = c$.
2. u sei eine Reziprokgeschwindigkeit und es gelte $u_i = av_i, i = 1, \ldots, 4$.
3. a sei die Masse m eines Körpers ohne Trägheitsmomente, das heisst, u ist der Impuls-Energie-Vierervektor $\left(p_x, p_y, p_z, \frac{E}{c}\right)$.

Behauptung: Es gilt

$$p_x^2 + p_y^2 + p_z^2 - \frac{E^2}{c^2} = -m^2c^2\left(1 - \frac{v^2}{c^2}\right) = -m_0^2c^2.$$

Beweis: Mit 1. stellen die v_i die normalen Geschwindigkeitskomponenten[12] (v_x, v_y, v_z, c) dar, wobei

$$v^2 = v_x^2 + v_y^2 + v_z^2$$

das Quadrat der Geschwindigkeit v des Körpers relativ zum Beobachter ist. Man erhält

$$d^2 = a^2c^2\left(1 - \frac{v^2}{c^2}\right),$$

für die Reziprokgeschwindigkeit

$$\langle u, u\rangle = u_1^2 + u_2^2 + u_3^2 - u_4^2 = -a^2c^2\left(1 - \frac{v^2}{c^2}\right),$$

---

[11] Es wäre naheliegend, statt von Reziprokgeschwindigkeit einfach von verallgemeinertem Impuls zu sprechen, um die Sprache der Physik beizubehalten. Das wird aber vermieden, weil sich erstens die Bezeichnung Reziprokgeschwindigkeit aus geometrischen Gründen aufdrängt und weil zweitens, wie man noch sehen wird, nur eine bestimmte Normierung des ebenenhaften Vektors den Impuls-Energie-Vektor darstellt.

[12] Vergleiche Abschnitt 8.7.

und für den Energie-Impuls-Vierervektor mit $a = m$

$$p_x^2 + p_y^2 + p_z^2 - \frac{E^2}{c^2} = -m^2c^2\left(1 - \frac{v^2}{c^2}\right).$$

Man folgert mit der Ruhemasse m_0

$$d = mc\sqrt{1 - \frac{v^2}{c^2}}, \quad m_0 = m\sqrt{1 - \frac{v^2}{c^2}}$$

die Behauptung. □

Durch Wahl der Konstanten a als Masse m des Körpers bindet man die projektiven Vektoren v und u an die physikalischen Gegebenheiten an. Mit dieser Normierung erhält man die Formel der speziellen Relativitätstheorie für die Energie. Die Impuls-Energie-Normierung des ebenenhaften Vektors u lautet somit

$$\langle u, u\rangle = u_1^2 + u_2^2 + u_3^2 - u_4^2 = -m_0^2c^2.$$

Die projektiv gegebene Reziprokgeschwindigkeit u lässt sich mit dieser Beziehung in der Art normieren, dass u_1, u_2, u_3 direkt die ebenenhaften Impulskomponenten darstellen und u_4 die Energiegrösse Ec^{-1}. Die Ruheenergie

$$E = m_0c^2$$

bestimmt geometrisch eine Gewichtung der unendlichfernen Ebene.

Wenn man den homogenen Geschwindigkeitsvektor umnormiert, ändert sich geometrisch nichts, es bleibt bei der verwendeten Anordnung, auch beim umnormierten Impuls-Energie-Vektor. Der direkte Zusammenhang mit physikalischen Grössen ist aber nur bei einer ganz bestimmten Normierung dieser beiden Vektoren gegeben, wenn der Geschwindigkeitsvektor in der vierten Koordinate c stehen hat und die Reziprokgeschwindigkeit die Impuls-Energie-Normierung aufweist. Der Umnormierungsfaktor a ist dann auch gleich der Masse m, und es folgt die bekannte relativistische Beziehung zwischen Geschwindigkeit und Impuls.[13]

[13] So weit gelten die Überlegungen für Körper mit verschwindenden Trägheitsmomenten und ohne Krafteinwirkungen. Liegt ein Feld vor, können die Beziehungen beibehalten werden, wenn man die Komponenten u_i durch die entsprechenden Differenzen $u_i - A_i$ ersetzt, wo A_i die Feldkomponenten sind. Ist das Feld ortsabhängig, wird durch die Normierungsvorschrift eine Beziehung zwischen Ort und Reziprokgeschwindigkeit gestiftet, indirekt eine Zerlegung der Geschwindigkeit in Strecke und Zeit erzeugt. Im Falle eines starren Körpers mit nichtverschwindenden Trägheitsmomenten ist die Beziehung zwischen Geschwindigkeit und Impuls keine Polarität mehr, sondern eine kompliziertere Zuordnung im Raum der linearen Komplexe. Siehe G. Adams [2].

14.5 Der homogene Hamilton-Formalismus

Es ist nun naheliegend, zu untersuchen, wie sich ein Bewegungsablauf mit Geschwindigkeit und Reziprokgeschwindigkeit darstellt, wenn man nicht von Raum, Zeit und von postulierten, nicht erfahrbaren Kräften ausgeht. Wenn dieses Konzept dasselbe leistet wie eine Krafthypothese und wenn es ebenso gut mit der Erfahrung übereinstimmt, wenn also die quantitativen Resultate gleichwertig sind, hat man zwei Betrachtungsweisen zur Auswahl, wobei bei der zweiten mit der Krafthypothese auch das Ursache-Wirkungs-Schema wegfällt.

Die Ausführungen über den Hamilton-Formalismus und die Minimalprinzipien[14] haben ergeben, dass das Hamilton-Prinzip die Mechanik von einem übergeordneten, rein mathematischen Standpunkt aus dominiert; aus ihm sind sämtliche mechanischen Bewegungen ableitbar. Die eigentlichen Begriffsbildungen des Hamilton-Prinzips befinden sich auf einem Feld, von dem aus erst durch Spezialisierung der mathematischen Begriffe die physikalische Auffassung entsteht. Vom Hamilton-Prinzip geht man deshalb aus, um die Mechanik projektiv zu formulieren. Da das konventionelle Hamilton-Prinzip die Parametrisierung bestimmt, den konkreten Ablauf der Bewegung in Raum und Zeit, muss man die entsprechenden Konsequenzen in der Auffassung des Bewegungsablaufs ziehen. Bei der projektiven Interpretation der Lorentzgruppe hat man an Stelle von Raum-Zeit-Vierervektor und Energie-Impuls-Vierervektor zwei projektive Vektoren; deshalb verwendet man die homogene Formulierung des Hamilton-Prinzips für dieses Vorhaben.

Man kann die hamiltonschen Gleichungen, das hamiltonsche Variationsproblem und die anschliessende Theorie in eine homogene Form bringen, die die Zeit t nicht vor den andern Koordinaten q auszeichnet.[15] Dazu führt man einen eineindeutig mit der Zeit t verknüpften Parameter T ein, eine topologische oder projektive Zeit, und fasst Koordinaten und Zeit als Funktionen dieses Parameters auf. Dann setzt man

$$Q_k(T) = q_k(t(T)), \quad k = 1, \dots, n; \quad Q_0(T) = t(T).$$

Mit dem Zeichen $'$ wird die Ableitung nach T oder nach t bezeichnet, falls keine Verwechslung möglich ist. Ferner wird eine Art einsteinscher Summenkonvention verwendet, indem jeweils bei Faktoren mit gleichen Indizes von 0 bis n summiert werden soll.

Ein physikalisches System wird durch $n+1$ Koordinaten $Q(T)$ und die zugehörigen Geschwindigkeiten $Q'(T)$ beschrieben. Das Wirkungsintegral

---

[14] Vergleiche Kapitel 11.

[15] Siehe P. A. M. Dirac [20], P. Mittelstaedt [77], [78].

erscheint damit in folgender Gestalt

$$S(q(t)) = \int_{t_1}^{t_2} L(q, q', t)dt = \int_{T_1}^{T_2} L^*(Q, Q')dT = S^*(Q(T)),$$

wobei die neue Lagrange-Funktion L^* durch

$$L^*(Q, Q') = t' L(q, q', t)$$

gegeben ist. Die verallgemeinerten Impulse zu L^* sind

$$P_k = \frac{\partial L^*}{\partial Q'_k}.$$

Mit ihnen kann eine neue Hamilton-Funktion

$$H^* = P_k Q'_k - L^*$$

definiert werden. H^* hängt von den Q, Q' und den P, aber nicht von T ab. Aus der Gleichung für L^* folgt

$$P_k = \frac{\partial L^*}{\partial Q'_k} = \frac{\partial L}{\partial q'_k} = p_k$$

für $k = 1, \ldots, n$, das heisst, die gewöhnlichen Impulse stimmen mit den P überein. Damit erhält man

$$H^* = H^*(Q, P, Q'_0).$$

Eine vollständige Elimination der Q' ist nicht möglich, da für L^* die folgende Homogenitätsrelation gilt

$$Q'_k \frac{\partial L^*}{\partial Q'_k} - L^* = 0.$$

Aus dieser Gleichung, den Gleichungen für P und H^* folgt

$$H^*(Q, P, Q'_0) = 0,$$

so dass man

$$L^* = P_k Q'_k$$

schreiben kann. Man erhält aus der vorletzten Gleichung die zusätzliche Bedingung

$$p_0 + H(q, p, t) = 0,$$

die die Unabhängigkeit der Koordinaten q und p einschränkt. Damit folgt

$$p_0 = -H,$$

das heisst, die Zeit ist der negativen Hamilton-Funktion auch im homogenen Kalkül kanonisch konjugiert. In diesem Kalkül lautet das Wirkungsintegral

$$S^* = \int_{T_1}^{T_2} P_k Q_k' dT.$$

Es ist wegen der Homogenitätsrelation invariant gegenüber Transformationen der unabhängigen Variablen T, es hängt also nicht von der Wahl des Parameters T ab. Aus dem Wirkungsintegral erhält man die Bewegungsgleichungen durch Variation

$$\delta S^* = 0.$$

Das stellt eine Erweiterung des üblichen hamiltonschen Prinzips dar, weil das Extremum von S^* auch hinsichtlich der Funktionen $Q_0(T)$ und $P_0(T)$ bestimmt wird. Diese Erweiterung ist aber bedeutungslos, da S^* invariant gegenüber Tranformationen von T ist und die Koordinaten und Impulse nicht unabhängig variiert werden dürfen, sondern der Nebenbedingung

$$p_0 = -H$$

gehorchen müssen. Diese Nebenbedingung kann mit einem Lagrange-Parameter $K(T)$ berücksichtigt werden. Das Variationsproblem heisst dann

$$\delta \int_{T_1}^{T_2} (P_k Q_k' - K \cdot (P_0 + H)) dT = 0,$$

wobei die Q und die P unabhängig variiert werden dürfen. Aus diesen $2n + 2$ Gleichungen plus Nebenbedingung können die $2n + 3$ Funktionen $Q(T), P(T)$ und $K(T)$ berechnet werden. Die Variation führt auf

$$Q_k' = K \cdot \frac{\partial P_0}{\partial P_k} + K \cdot \frac{\partial H}{\partial P_k},$$

$$-P_k' = K \cdot \frac{\partial P_0}{\partial Q_k} + K \cdot \frac{\partial H}{\partial Q_k}.$$

Der Index 0 ergibt bedeutungslose Beziehungen, die andern Indizes führen auf die kanonischen Gleichungen

$$q_k' = \frac{\partial H}{\partial p_k}, \quad -p_k' = \frac{\partial H}{\partial q_k}.$$

Diese Gleichungen lassen sich auch in den homogenen Variablen formulieren. Sie stimmen mit den inhomogenen völlig überein. Somit ist eine die Zeit nicht auszeichnende Formulierung der hamiltonschen Bewegungsgleichungen möglich.

14.6 Die Wärmedistanz

Die homogene Beschreibung der Hamilton-Theorie lässt sich verwenden, um die Wirkungsfunktion S projektiv zu deuten. Die inhaltliche Übereinstimmung des homogenen Formalismus mit dem inhomogenen gewährleistet, dass die vorgeschlagene projektive Deutung des homogenen Formalismus in Raum und Zeit die bekannten nummerischen Resultate liefert.

Geschwindigkeitsvektor v und Reziprokgeschwindigkeitsvektor u können, geeignet normiert, gemäss dem homogenen Formalismus als Funktionen eines Parameters T aufgefasst werden, den man insbesondere als projektive Zeit nehmen kann.[16] Oder man kann davon ausgehen, dass es für einen konkreten Ablauf eines mechanischen Prozesses einen Zusammenhang zwischen v und u in der Form $u = u(v)$ gibt.

Dann kann man die Wirkungsfunktion[17] S folgendermassen schreiben

$$S = -\int \langle u, dv \rangle = -\int (u_1 dv_1 + u_2 dv_2 + u_3 dv_3 - u_4 dv_4).$$

Der Integrand ist ein Skalarprodukt zwischen einem punkthaften und einem ebenenhaften Vektor. Er stellt eine vereinfachte Form der so genannten *Wärmedistanz*[18] dar, wenn man sich auf Körper ohne Trägheitsmoment beschränkt. Die Wärmedistanz gibt eine Aussage über die durchschnittliche Beziehung zwischen Geschwindigkeit und Reziprokgeschwindigkeit. Sind momentan die beiden Grössen inzident, ist der Integrand null. Die Wärmedistanz ermittelt eine Art durchschnittlicher Abweichung von der Inzidenz, etwas wie eine Abstandsspannung.

Das hamiltonsche Prinzip lässt sich dann mit den neuen Aspekten als Extremalprinzip für die Wärmedistanz formulieren.

Prinzip der stationären Wärmedistanz

Die Bewegung eines Körpers verläuft nach dem Prinzip der stationären Wärmedistanz, so dass das Integral zwischen zwei Geschwindigkeitszuständen stationär ist. Im Spezialfall ergibt sich entsprechend dem Prinzip von Maupertuis das Prinzip der minimalen Wärmedistanz.

Die Hamilton-jacobische Theorie gibt bei einem konkreten mechanischen Ablauf weitere Auskunft über den Zusammenhang zwischen Geschwindigkeit und Reziprokgeschwindigkeit. Ein mechanischer Ablauf beginnt mit

---

[16] Dies bedeutet auch hier nicht, dass die Zeitmetrik erkenntnismässig den anderen Grössen vorausgeht, auch wenn die Mathematik die Zeit als Parameter darstellt und die Grössen wertmässig mit dem Parameter ändern. Vergleiche Kapitel 5.

[17] Siehe Abschnitt 11.2.

[18] Der Begriff Wärmedistanz ist von G. Adams [2] für den Bereich der Mechanik starrer Körper gebildet worden. Er wird auch hier verwendet, weil sich der allgemeine Fall in analoger Weise ergibt.

einer Anfangsgeschwindigkeit und einer Anfangsreziprokgeschwindigkeit – Anfangskoordinaten und -impulse wie in der klassischen Theorie sind erst für die raum-zeitliche Beschreibung interessant. Man kann eine raum-zeitliche Beschreibung, wenn einmal die Geschwindigkeit in Funktion der Zeit oder des Weges gegeben ist, durch Integration ermitteln. Mit einer kontinuierlichen Transformation, wie in der klassischen Mechanik eine Berührungstransformation[19], wird die Anfangsgeschwindigkeit stetig in einen andern Geschwindigkeitszustand übergeführt.

Bei der Auswertung des Hamilton-Integrals für ein konkretes Problem bildet man die Hamilton-Funktion H des Problems und setzt sie im Hamilton-Integral an Stelle der Energie E, also als vierte Koordinate des Impuls-Energie-Vierervektors ein. Man erinnere sich nun an die Ausführungen zum Energiebegriff:[20] Der Energiebegriff ist weitgehend inhaltsleer, und der Gehalt des Energiesatzes besteht im Wesentlichen aus einer Rechenvorschrift. Weil ein allfällig vorhandenes Feld Funktion von Ortskoordinaten und Zeit sein kann, bedeutet die Energie nun, wie die Reziprokgeschwindigkeit auf den Raum oder auf die Zeit zu beziehen ist – zwischen Reziprokgeschwindigkeit und Geschwindigkeit eines Körpers besteht eine direkte Beziehung – und wie die Geschwindigkeit in Raum und Zeit zu zerlegen ist, wie sie sich in Funktion der Zeit verhält. Dabei spielt allerdings eine Rolle, wie die Aufspaltung der Geschwindigkeit in Raum und Zeit grundsätzlich angesetzt wird.[21] Geht man von einer Aufspaltung aus, bestimmt der Typ des Feldes die Zerlegung. Damit bekommt der Energiebegriff einen Inhalt. *Die Energie gibt also die problembezogene Vorschrift zur Aufspaltung einer Geschwindigkeit in Raum und Zeit.*

14.7 Beispiel

Zur Verdeutlichung des Aufspaltungsprozesses und der Art, wie man eine Geschwindigkeit auf eine Distanzmetrik bezieht, betrachte man ein Beispiel. Im Geschwindigkeitsbereich sei eine hyperbolische Massbestimmung gegeben, in der Sprache der Physik gesprochen, gelte eine relativistische Kinematik. Geschwindigkeit und Reziprokgeschwindigkeit seien entsprechend normiert. Man nehme das Beispiel des freien Falls.[22]

---

[19] Eine Transformation, bei der Berührung in Berührung übergeht.

[20] Vergleiche Kapitel 6.

[21] Siehe Kapitel 13.

[22] In der Literatur findet man verschiedene Lösungen der relativistischen Rechnung dieses Problems. So betrachtet etwa L. D. Landau [63] eine geradlinige Bewegung, bei der die Beschleunigungskomponenten im jeweiligen Ruhesystem konstant bleiben. Das Resultat lässt sich in das bekannte klassische überführen, wenn die Lichtgeschwindigkeit über alle Grenzen gross gewählt wird. Eine andere Version findet man bei H. Grei-

Man geht aus von der Normierungsvorschrift für Reziprokgeschwindigkeiten, die bei konkreten physikalischen Problemen einzuhalten ist

$$u_1^2 + u_2^2 + u_3^2 - u_4^2 = -m_0^2 c^2.$$

Geht die Bewegung in Richtung der 1-Achse, folgt

$$u_1^2 - u_4^2 = -m_0^2 c^2.$$

Den gemachten Überlegungen gemäss stellt dann u_1^2 das Impulsquadrat des Körpers und u_4^2 bis auf den Faktor c^{-2} das Energiequadrat dar, und zwar im System des Beobachters, der den bewegten Körper verfolgt, somit gilt

$$p^2 - \frac{E^2}{c^2} = -m_0^2 c^2.$$

Der Bezug auf eine Strecke geschieht durch die Vorgabe der Energie. Beim vorliegenden Beispiel hat man für $x = 0$ die Ruheenergie $m_0 c^2$. Die Abhängigkeit von x wird durch die Lageenergie gegeben, eine Beziehung zwischen der Gesamtenergie E und der Lagekoordinate ist also zu finden, die dem konkreten Problem entspricht. Nimmt man an, dass die Änderung der Energie nur auf die Änderung der Lageenergie mgx bezogen wird, wo

$$m = \frac{m_0}{\sqrt{1 - \frac{v^2}{c^2}}},$$

kann folgende Gleichung angegeben werden

$$mg dx = c^2 dm.$$

Durch Integration mit der Bedingung $m(0) = m_0$ erhält man

$$m = m_0 \exp\left(\frac{gx}{c^2}\right),$$

und die Energie-Lagekoordinaten-Beziehung wird zu

$$E = m_0 c^2 \exp\left(\frac{gx}{c^2}\right).$$

E hat man nun in die Normierungsvorschrift für Reziprokgeschwindigkeiten einzusetzen

$$p^2 - m_0^2 c^2 \exp\left(\frac{2gx}{c^2}\right) = -m_0^2 c^2.$$

---

nacher [32]. Auch diese lässt sich in die klassische überführen. Mehr noch erweist sich die landausche Version als vereinfachte Näherung der greinacherschen.

Wir nehmen den Ansatz von Greinacher, da seine Lösung direkt als Beispiel für die sinnvolle Verwendung der hyperbolischen Massbestimmung im Geschwindigkeitsbereich dient, die landausche Lösung nicht. Ausserdem passt sie besser in unsere Gesamtkonzeption. Was von Greinacher übernommen wird, ist einzig die Bestimmung der Energie.

Man löst nach dem Impuls auf

$$p = m_0 c \sqrt{\exp\left(\frac{2gx}{c^2}\right) - 1}.$$

Dies ist der konkrete Bezug der Reziprokgeschwindigkeit zum Raum, der durch x zum Beispiel euklidisch gemessen wird.

Mit der Beziehung zwischen Reziprokgeschwindigkeit und Geschwindigkeit

$$p = \frac{m_0 v}{\sqrt{1 - \frac{v^2}{c^2}}}$$

folgt

$$v = \frac{p}{m_0}\sqrt{1 - \frac{v^2}{c^2}} = c\sqrt{1 - \frac{v^2}{c^2}}\sqrt{\exp\left(\frac{2gx}{c^2}\right) - 1}$$

und

$$v(x) = c\sqrt{1 - \exp\left(-\frac{2gx}{c^2}\right)}.$$

Dies ist der konkrete Bezug der Geschwindigkeit des Körpers zum Raum. Die Geschwindigkeit hat als projektiver Vektor folgende Gestalt

$$\left(c\sqrt{1 - \exp\left(-\frac{2gx}{c^2}\right)}, 0, 0, c\right),$$

die Reziprokgeschwindigkeit

$$\left(m_0 c\sqrt{\exp\left(\frac{2gx}{c^2}\right) - 1}, 0, 0, m_0 c \exp\left(\frac{gx}{c^2}\right)\right).$$

Wie man leicht nachprüft, erfüllt die Reziprokgeschwindigkeit die Normierungsvorschrift für jedes x.

Jetzt wird die Geschwindigkeit v in Weg und Zeit aufgespalten, also eine bestimmte Parametrisierung von v und x wird bestimmt, je nach der gewählten Geschwindigkeits- und Streckenmetrik. Die einfachste Wahl ist

$$v = \frac{dx}{dt} = c\sqrt{1 - \exp\left(-\frac{2gx}{c^2}\right)}.$$

Separation und Integration führen auf die Beziehung

$$t = \frac{c}{g}\operatorname{artanh}\left(\sqrt{1 - \exp\left(-\frac{2gx}{c^2}\right)}\right) + C.$$

Mit $x = 0$ für $t = 0$ folgt $C = 0$. Daraus schliesst man auf

$$x(t) = \frac{c^2}{g} \ln \left(\cosh \left(\frac{gt}{c} \right) \right)$$

und daraus auf die Geschwindigkeit in Funktion der Zeit

$$v(t) = \frac{dx}{dt} = c \tanh \left(\frac{gt}{c} \right).$$

Abschliessend kann man noch nach t auflösen

$$gt = c \cdot \operatorname{artanh} \left(\frac{v}{c} \right) = \frac{c}{2} \ln \left(\frac{1 + \frac{v}{c}}{1 - \frac{v}{c}} \right) = u.$$

Die Formel für die Geschwindigkeit beim freien Fall ergibt sich also auch in der nichteuklidischen Version, wenn man an Stelle der Geschwindigkeit die nichteuklidische Geschwindigkeit, die Rapidität, nimmt.

Es werde noch die Wirkungsfunktion berechnet, die zusammen mit dem jacobischen Formalismus als Prinzip der minimalen Wärmedistanz formuliert wurde. Man denke sich dazu die positive x-Achse nach unten und beim Fallbeginn mit 0 bezeichnet. Der fallende Körper sei in die Höhe h gehoben worden. Der Impuls in Funktion von Energie E und Ort x ist

$$p^2 = \frac{E^2}{c^2} - m_0^2 c^2 \exp \left(\frac{2g(h-x)}{c^2} \right).$$

Dann ergibt sich die reduzierte Wirkung zu

$$S_1 = \int_0^x p dx = \int_0^x \sqrt{\frac{E^2}{c^2} - m_0^2 c^2 \exp \left(\frac{2g(h-x)}{c^2} \right)} dx$$

und daraus

$$\begin{aligned} S_1 &= \frac{Ec}{g} \operatorname{arcosh} \left(\frac{E}{m_0 c^2} \exp \left(-\frac{g}{c^2}(h-x) \right) \right) \\ &\quad - \frac{c}{g} \sqrt{E^2 - m_0^2 c^4 \exp \left(\frac{2g(h-x)}{c^2} \right)}. \end{aligned}$$

Nach der jacobischen Theorie ist die partielle Ableitung von S_1 nach E gleich der Zeit.

$$\frac{\partial S_1}{\partial E} = \frac{c}{g} \operatorname{arcosh} \left(\frac{E}{m_0 c^2} \exp \left(-\frac{g}{c^2}(h-x) \right) \right) = t - t_0.$$

Mit den obigen Randbedingungen und der Berücksichtigung von

$$E = m_0 c^2 \exp \left(-\frac{gh}{c^2} \right)$$

folgt $t_0 = 0$. Die entstehende Zeit stimmt mit der besprochenen überein. Welche Zeitbestimmung aus dem jacobischen Formalismus respektive aus dem Prinzip der kleinsten Wärmedistanz folgt, ergibt sich aus dem Zerlegungsansatz für die Geschwindigkeit wie bei der diskutierten Aufspaltung. Erst nach der Zerlegung lässt sich im Wirkungsintegral ein Zeitdifferential abspalten.

Deutlicher tritt der Begriff der Wärmedistanz hervor, wenn man im Wirkungsintegral die Ortsdifferentiale durch Geschwindigkeit mal Zeitdifferential ersetzt. Man integriert dann das Skalarprodukt eines Impulses mit einer Geschwindigkeit, eine *momentane Wärmedistanz.*

Im Beispiel ist

$$p(t) = m_0 c \sinh\left(\frac{gt}{c}\right), \quad v(t) = c \tanh\left(\frac{gt}{c}\right).$$

Damit hat man als homogene Vektoren für Geschwindigkeit und Reziprokgeschwindigkeit in Funktion der Zeit

$$\left(c \tanh\left(\frac{gt}{c}\right), 0, 0, c\right), \qquad \left(m_0 c \sinh\left(\frac{gt}{c}\right), 0, 0, m_0 c \cosh\left(\frac{gt}{c}\right)\right).$$

Die Wärmedistanz in Funktion der Zeit ergibt sich zu

$$\begin{aligned} S &= \int_0^t p(\tau) v(\tau) d\tau = m_0 c^2 \int_0^t \frac{d\tau}{\cosh\left(\frac{g\tau}{c}\right)} \\ &= \frac{m_0 c^3}{g} \arctan\left(\sinh\left(\frac{gt}{c}\right)\right). \end{aligned}$$

Berücksichtigt man die Beziehung zwischen x und t, sieht man die Übereinstimmung mit der obigen Formel in Funktion des Orts.[23]

14.8 Clifford-Algebren

Die mathematische Physik verwendet eine Reihe von verschiedenen mathematischen Hilfsmitteln und Strukturen: reelle Zahlen, komplexe Zahlen,

---

[23] Der freie Fall ist in der Physik elementar, mit dem relativistischen Formalismus wird er beträchtlich komplizierter, so dass man sich leicht fragt, was damit gewonnen wird. Der Gewinn liegt im Prinzipiellen, der Begriff der polaren Reziprokgeschwindigkeit wird im relativistischen Formalismus erkennbar, klassisch nicht, wegen der ausgearteten Massbestimmung der euklidischen Kinematik. Die vierdimensionale Schreibweise ist auch Wegbereiter zur projektiven Auffassung.

Andere Beispiele, etwa eine harmonische Schwingung, würden analog behandelt, man hätte die Energiefunktion zu bestimmen und die normierte Reziprokgeschwindigkeit anzusetzen. Die weitere Rechnung führt aber auf nicht geschlossen lösbare Integrale, so dass nur Näherungslösungen angegeben werden können, was für die meisten physikalischen Probleme gilt. Die Situation stellt sich hier nicht anders dar als in andern Gebieten der theoretischen Physik, wo Näherungen aller Art den Hauptteil der Theorien bilden.

Vektoren, Tensoren, Matrizen, Quaternionen, Clifford-Algebren und anderes. Welche Strukturen und Hilfsmittel eingesetzt werden, richtet sich danach, was für Eigenschaften eine Struktur aufweisen soll, aber auch danach, was der Forscher bei der Formulierung seiner Theorien an Kenntnissen hat oder an Vorschlägen von andern Wissenschaftern erhält.[24] Bemerkenswert ist, dass es bei den meisten physikalischen Gebieten mehrere Möglichkeiten gibt, den gedanklichen Zusammenhang formal auszudrücken, wobei die eine verwendete Struktur Vorteile in einer bestimmten Hinsicht, eine zweite in anderer Hinsicht hat.[25] Welche der Strukturen sich langfristig durchsetzt, hängt von mehreren Gründen ab; neben Modeerscheinungen oder mathematischen Schulen gibt es auch bewusstseinsgeschichtliche und weltanschauliche Gründe.

Welche Bedeutung hat nun die algebraische Struktur im vorliegenden Zusammenhang? Das besprochene Konzept gründet neben der vermiedenen Trennung von Subjekt und Objekt auf den Begriffen der in umfassender Weise genommenen projektiven Geometrie, deshalb die Frage: Welche algebraische Struktur gehört zur projektiven Geometrie? Die Clifford-Algebren leisten das Gewünschte, je nach Betrachtungsebene benötigt man Clifford-Algebren mit acht, sechzehn, zweiunddreissig oder gar noch mehr Basiselementen.[26] Wählt man die Algebra gross genug, kann man, ohne geometrische Beschränkungen in Kauf nehmen zu müssen, als Grundkörper die reellen statt der komplexen Zahlen wählen.[27]

Historisch gehen die komplexen Zahlen auf das Problem der Quadratwurzel aus negativen Zahlen zurück. Die imaginäre Einheit i erlaubt die Erweiterung des reellen Zahlkörpers zum Körper der komplexen Zahlen, in welchem Quadratwurzeln aus negativen Zahlen eine Lösung haben. In der Physik verwendete man komplexe Zahlen in der Schwingungslehre oder in der Elektrodynamik wegen der formalen Eleganz und der Vereinfachung der Struktur. Erst in der schrödingerschen Quantenmechanik war es wirklich notwendig, komplexe Zahlen einzusetzen. Andere mathematische Strukturen, die für die Anwendung auch das Nötige liefern, wie Clifford-Algebren, sind nicht berücksichtigt worden, weil sie nicht bekannt waren und weil eine gewisse Scheu bei den Physikern zu beobachten war, mit allgemeineren algebraischen Strukturen zu arbeiten; Clifford-Algebren mit Nullteilern

---

[24] Berühmtes historisches Beispiel sind M. Born und P. Jordan, die 1925 dank ihrer Kenntnis der Matrizenrechnung, welche damals noch wenig geläufig war, die heisenbergsche Multiplikation von Gesamtheiten als Multiplikation von Matrizen erkannten.

[25] Man erinnere sich an den berühmten Streit zwischen der Quaternionenschule und den Anhängern der Vektorrechnung im 19. Jahrhundert.

[26] Siehe O. Conradt [15], [16], P. Gschwind [34], [35], [38], D. Hestenes [46], [47], [48].

[27] Wir begnügen uns mit diesen Hinweisen, was die Beziehung zwischen Struktur und projektiver Geometrie betrifft. Eine umfassendere Darstellung aufgrund der neuesten Entwicklungen der algebraischen Seite kann man bei O. Conradt [16] finden.

waren in dieser Hinsicht besonders ungewohnt.[28] Auch bestand wegen der Vorstellung der raum-zeitlichen Verhältnisse keine Veranlassung, an Stelle komplexer Zahlen cliffordsche Zahlen zu verwenden. Cliffordsche Zahlen werden aber notwendig bei grundlegendem projektiven Vorgehen, bei konsequenter Berücksichtigung der Dualität auch in der Physik.

Es wurde kaum je berücksichtigt, dass eine algebraische Struktur in der mathematischen Physik den Charakter eines «Gedanken-Gefängnisses» haben kann, wenn sie zu einfach ist. Dazu betrachte man die Bedeutung des imaginären $i = \sqrt{-1}$ in drei geometrischen Problemkreisen: in der Erzeugung von Drehungen in der Ebene, der Erzeugung von Transformationen in den Dualbereich und dem Hinweis auf eine indefinite Metrik. Einleuchten dürfte, dass, wenn man einer algebraischen Grösse mehrere geometrische Dinge zuordnet, nur schwer Verwechslungen ausgeschlossen werden können. In einigen physikalischen Theorien werden sogar alle drei Möglichkeiten in einem einzigen Zusammenhang gleichzeitig verwendet, was zwangsläufig zu Interpretationsproblemen führt.[29] Diese Schwierigkeiten scheinen erkannt zu werden, und es wird heute oft auch eingesehen, dass man eine umfassendere algebraische Struktur braucht, um Klarheit zu erhalten. Die Clifford-Algebren beseitigen die genannten Fakten auf sehr allgemeine Art, wobei es gelungen ist, die üblichen mathematischen Hilfsmittel einschliesslich der ganzen Analysis und Differentialgeometrie in einen einheitlichen formalen Kalkül einzubauen.

Wenn man sich auch nicht einer generellen Vereinheitlichung der formalen Sprache in der Mathematik verschreiben will, und wenn man wegen des grundsätzlich projektiven Standpunktes einzelne geometrisch-algebraische Zuordnungen anders vornehmen muss, insbesondere was die Bedeutung des Dualraums betrifft, leistet diese Struktur doch derart Umfassendes, dass man sie zweifellos als die geeignete formale Ausdrucksweise für den projektiven Ansatz ansehen kann.

Ersetzt man das imaginäre i an verschiedenen Stellen der mathematischen Physik durch den Pseudoskalar der Clifford-Algebra, so bricht man einerseits mit einer Tradition, andererseits bricht man aber bewusst ein «Gedanken-Gefängnis» auf. Dieses Vorgehen ergibt den Schlüssel für eine Reihe von neuartigen Interpretationen von Strukturen der Lichtlehre, der Elektrodynamik und der Quantenmechanik.[30]

---

[28] Einschränkend muss allerdings gesagt werden, dass die diracsche Formulierung der relativistischen Gleichung für das Elektron mit den γ-Matrizen die cliffordschen Algebren explizit verwendete, aber in Form von Matrizen, so dass die algebraische Struktur einer Algebra nicht direkt im Vordergrund stand. Dirac hatte ursprünglich seine Theorie mit den Mitteln der projektiven Geometrie formuliert, er musste sie aber umformulieren, weil schon damals die Kenntnis der projektiven Geometrie die Ausnahme war.

[29] Man vergleiche D. Hestenes [48].

[30] Weitere Ausführungen findet man bei P. Gschwind [35], [38] und bei Hestenes [46], [48]. Bei Hestenes muss allerdings berücksichtigt werden, dass die physikalischen Interpretationen auf völlig konventioneller Basis stattfinden.

• Der Impuls-Energie-Vierervektor kann entsprechend seiner Transformationseigenschaften projektiv als Ebenenvektor, physikalisch als Reziprokgeschwindigkeit aufgefasst werden.
• Die einsteinsche Masse-Energie-Äquivalenz kann projektiv als Ausdruck einer Polarität zwischen Geschwindigkeitsvektor und Reziprokgeschwindigkeit angesehen werden.
• Der Schritt zur Physik wird durch die Normierung der beiden Vektoren und durch die Beziehung der Normierungen gemacht.
• Der homogene Hamilton-Formalismus stellt das hamiltonsche Prinzip im projektiven Raum dar.
• Ein Prinzip der extremalen Wärmedistanz vertritt projektiv das Wirkungsprinzip.
• Die Energie im Impuls-Energie-Vierervektor definiert die problembezogene Aufspaltung der Geschwindigkeit in Raum und Zeit.
• Die Clifford-Algebren stellen die geeigneten algebraischen Strukturen dar, um die projektiven und dann die physikalischen Fakten, die aus dem Dualitätsgesetz folgen, zu formulieren.

15

Teilchen und Umkreisgrössen

INHALT: Evidenzen des Atomismus, diskrete Werte, Atomismus in der Antike, Darstellung der Mikrowelt in Apparaten; mathematische Struktur als letzte Quintessenz in der Mikrophysik; Dualitätsprinzip: Physik der Mikrowelt als Physik von Umkreisgrössen; lineare Vermittlung einer Polarität; projektiver Welle-Teilchen-Dualismus; Klein-Gordon-Gleichung: Differentialgleichung der linearen Vermittlung einer Polarität; Imaginärtheorie nach v. Staudt; projektiver Spin; projektive Dirac-Gleichung; Materie und Antimaterie; projektive Proca- und Maxwellgleichungen.

15.1 Die Evidenzen des Atomismus

Erfolgreich wurde versucht, die Mikrophysik, die Welt der kleinsten Teile, und das Universum gedanklich in einen Zusammenhang zu bringen, Gesetze der Teilchenphysik stützen die Gesetze der Universumsphysik. Die Ergebnisse sind, wenn auch sehr komplex und mit einer Menge von Annahmen garniert, beeindruckend, und es ist erstaunlich, was alles aus der Teilchenphysik für das Universum folgt.

Gleichwohl ist es berechtigt, Fragen zu diesem Thema zu stellen, die sich aus den verschiedenen herausgearbeiteten Resultaten ergeben. Man beginne beim Atomismus überhaupt. Was liegt an Phänomenen des Atomismus vor? Quantenhafte Erscheinungen gibt es bei verschiedenen physikalischen Versuchen, einige Stichworte: Kathodenstrahlen als negative Ladungsträger, Durchlässigkeit der Materie für Kathodenstrahlen, Zeemaneffekt, Radioaktivität, Gesetz der Wärmestrahlung, Rutherfordstreuung, wilsonsche Nebelkammer, Röntgenbeugung.[1]

Das Wesentliche dabei ist, dass diskrete Werte auftreten, elektrische Ladungen oder Energien ergeben sich als Vielfache von Grundgrössen oder gehorchen gewissen mathematischen Formeln für diskrete Werte. Zwingend zu verbinden mit der Vorstellung von kleinsten Teilchen, den Atomen oder irgendwelchen Teilchen, sind aber diskrete Werte von physikalischen Grössen nicht, wie schon die Saitenschwingung oder die diskreten Werte von Knicklasten bei einem dünnen, achsial belasteten Stab zeigen. Bei den Versuchen zur Nichtlokalität der Quantenwelt ist der Schluss auf kleinste Teile auch nicht zwingend.[2] Am ehesten ist der Schluss bei den Versuchen mit einem Auffangschirm für Lichtquanten bei geringer Intensität des Lichts zulässig. Zur Atomauffassung braucht es immer eine entsprechende Intention, eine Überzeugung, dass die Welt aus kleinsten Teilen aufgebaut sein muss, weil sie sonst nicht erklärbar sei oder weil keine andere Erklärungsmöglichkeit bestehe.[3] Vergessen wird dabei allerdings, dass die Atomvorstellungen aus Zeiten übernommen worden sind, in denen nur die Materie ein Objekt der Erkenntnis war, alles war materiell zu beschreiben, zu erklären oder vorzustellen, ein problematischer Zeitbegriff[4] mag das begünstigt haben.

Bereits in der Antike gab es eine gewisse Vorwegnahme der atomistischen Naturansicht, etwas vereinfacht gesagt hatte der antike Atomismus aber noch keinen materialistischen Charakter, er müsste eher in der Art gesehen werden wie das mathematische Kontinuumproblem. Der mechanistische Atomismus des 19. Jahrhunderts bildete sich aus der Erklärung der Kompressibilität der Gase aus den Zwischenräumen ihrer Atome und aus dem Bedürfnis, aus den einfachen Zahlenverhältnissen der chemischen Verbindungen ein suggestives Bild zu erhalten. Die kinetische Theorie der Gase war so erfolgreich, dass sich die atomistische Naturansicht immer stärker ausprägte. Auch heute wird noch immer davon ausgegangen, dass ein Klumpen Materie atomistisch aufgebaut sei, auch wenn die Grenzen der einzelnen Teilchen verschwimmen.

Diese Meinung hält sich, weil man konkret chemische Forschung so betreibt, dass man auf dem Computerbildschirm Moleküle mit genau vorgegebenen chemischen und physikalischen Eigenschaften nach Gesetzen der räumlichen Anordnung von Atomen diverser Elemente konstruiert, und – erstaunlich für den Betrachter – die Forschung funktioniert, und zwar auf höchster Stufe der Komplexität; Flüssigkristalle mit bestimmten Eigenschaften, biotechnologische Aufgabenstellungen oder Gentechnologie sind

---

[1] M. v. Laue [61]
[2] N. Herbert [44]
[3] Siehe Abschnitt 1.1.
[4] Siehe Abschnitt 5.1.

die bekanntesten Beispiele. Dazu kommen hochkomplexe Geräte, Elektronenmikroskop oder das Rastertunnelmikroskop, die völlig neue Dimensionen eröffnen, die Welt der Atome und Moleküle zu «betrachten»; man muss wohl «betrachten» sagen, denn die Nanotechnologie plant sogar einzelne Atome zu transportieren, zu verschieben, also etwas mit den kleinsten Teilen zu konstruieren.

Inwiefern sind diese Fakten nun aber Evidenzen für eine Welt der Atome, eine Welt der mikroskopischen *Materie*teilchen, eine Welt, die aus dem unendlich Kleinen, von innersten Zentren aus konstruiert ist? Man kann wohl nicht mehr sagen: eine Welt, die im Sinne des klassischen Materialismus aus Materieteilchen aufgebaut ist, weil es genügend Evidenzen gibt, die mit den üblichen physikalischen Schlussweisen klar ergeben, dass Teilchen ganz wunderliche Eigenschaften haben, respektive verschiedene Eigenschaften von Materiebruchstücken gerade nicht mehr haben: Farben, Temperaturen oder Gerüche, oder sogar nicht einmal Ort und Impuls in der gleichen Richtung gleichzeitig messbar sind. Dem Atom fehlt das allerprimitivste Merkmal, an das man bei einem Stück Materie im gewöhnlichen Leben denkt. Wenn nun Moleküle oder gar Atome im Rastertunnelmikroskop betrachtet werden, muss, ganz analog zur Interpretation von Fotos von astronomischen Gebilden, Planeten, Planetoiden, der Mondoberfläche und andern, viel weiter entfernten Objekten berücksichtigt werden, wie «Bilder» in den Apparaturen entstehen, gar wie sie im eigentlichen Sinne des Wortes aus den gemessenen *Intensitätsverteilungen* konstruiert werden. Die Funktionsweise dieser Apparate beruht auf bestimmten physikalischen, allenfalls chemischen Effekten. Sie konstruieren ganz entsprechend der allgemein akzeptierten Auffassung der verwendeten Effekte aus den Messwerten, etwa in elektrischer Form, die «Bilder», erzeugen «Fotos», die gar nicht optischen Ursprungs sind. Oft werden die «Bilder» abschliessend noch mit Bildbearbeitung auf dem Computer retuschiert, künstlich mit Farben versehen, die überhaupt nicht vorkommen dürfen, weil man sich, um wissenschaftlich zu sein, auf die primären Sinnesmerkmale beschränken muss. Ein Apparat beweist also nie das Vorhandensein von irgend etwas in einer bestimmten Form, weil die Apparatur entsprechend der geltenden wissenschaftlichen Auffassung konstruiert ist und genau nach dieser auch arbeitet, er bestätigt deshalb nur die geltende Theorie. Mögliche Alternativen können prinzipiell nur mit der anderen Komponente der menschlichen Erkenntnis gedacht, gefunden oder als Möglichkeit erfasst werden: dem menschlichen Denken. Der Materialismus ist eine den meisten Denkern anerzogene und unbewusste Denkgesinnung und kein wissenschaftliches Resultat, welches der Kontrolle durch Experimente unterliegen würde oder welches auf die Logik hin überprüft würde.

Sobald die Sinneswahrnehmung mit Apparaturen unterstützt wird, besteht die Schwierigkeit, genau abzugrenzen, was noch Sinneswahrnehmung ist und was bereits denkerisch verarbeitete Dinge sind, welche nach einer im Voraus festgelegten Theorie durch Konstruktion einer Apparatur erst produziert wurden. Bei rein optischen Apparaten ist das noch kaum der Fall, sobald aber elektrische und quantenmechanische Effekte der Mikrophysik eine Rolle spielen, handelt es sich nicht mehr um eine wirkliche Sinneswahrnehmung. Kurz, urteilt man vom Standpunkt des realistischen Idealismus, wo echte Wahrnehmung und Begriff in der Erkenntnis zusammengefügt werden, kann bei apparaturgestützten Interpretationen nicht davon gesprochen werden, dass sie eine echte Erkenntnis darstellen, die räumliche-zeitliche und mit aller Art von sekundären Sinneseigenschaften behaftete Objekte verarbeitet.

Es stellt sich damit die entscheidende Frage: Was kann als objektiv Gültiges von in dieser Art Entstandenem für eine Analyse zugrunde gelegt werden? Weder die Ersatzwahrnehmung, die die Apparatur liefert, noch die damit zementierten Theorien sind dazu geeignet, da sich beide nur gegenseitig stützen und damit kein gesichertes Fundament vorliegt. Die Theorien sind im Allgemeinen mit einer Reihe von Annahmen, mit historischem, vor allem materialistischem Ballast und Gewohnheiten, etwa bezüglich der Sinnesqualitäten, durchsetzt, so dass sie nicht für eine Analyse Verwendung finden können. Es bleibt einzig die mathematische Struktur, die die Zusammenhänge rein quantitativ beschreibt, wenn man sie losgelöst von überkommenen materialistischen Vorstellungen fasst. Sie beschreibt die letzte abstrakte Quintessenz der inneren Struktur des Problems, sie übernimmt damit im Bereich der Mikrophysik in gewisser Weise die Rolle der Phänomene, Phänomene, die denkerisch erfasst und verarbeitet werden können. Der Unterschied zu den normalen Phänomenen ist der, dass sie im Bewusstsein auftreten und nicht in einer Aussenwelt vorgestellt werden. Deshalb wird angestrebt, anstelle naivrealistischer Hilfsvorstellungen den Begriffsinhalt, der sich in den mathematischen Formeln verbirgt, herauszuholen. Dies ist berechtigt, weil gerade in der Quantenphysik die mathematische Intuition die Pseudorealität der vielen Hilfsvorstellungen schliesslich überwunden hat. Man kann also gerade da dem Physiker am meisten zustimmen, wo er die mathematische Form der Beschreibung der Sinneswelt beibehält und auf die Begleitvorstellungen verzichtet.[5]

Mathematische Strukturen können in verschiedenen isomorphen Formen auftreten, was schon rein geometrisch verschiedene Interpretationen zulässt, etwa die relativistische und die projektive Interpretation der Lorentzgruppe und die entsprechende Auffassung des Energie-Impuls-Vierervektors, aber auch physikalische alternative Vorstellungen können die Folge sein. Denkt man dies konsequent zu Ende, ist der Schluss naheliegend, die Evidenzen für eine atomistische Mikrophysik mindestens zu relativieren, weil ganz gegenteilige geometrische und damit letztlich auch physikalische Sichtweisen mit der gleichen mathematischen Struktur vereinbar sind. Eine Konsequenz in der gleichen Richtung wurde bereits bei der Diskussion

[5] Vergleiche G. Unger [111].

über die dubiose Rolle des Raum-Zeit-Kontinuums als Möglichkeit dargestellt: Das Raum-Zeit-Kontinuum als Medium für die Mikrophysik sollte durch die Welt des Energie-Impuls-Vektors, respektive durch die zu dieser gehörenden S-Matrix-Theorie, abgelöst werden.

Wo führt dies nun aber hin? Man betrachte zunächst den Materiebegriff. Er umfasst als eine Invariante – etwas, was bleibenden Charakter hat – die Summe der sinnlichen Eigenschaften der Körper und Stoffe, das Zusammensein von Sinnesqualitäten. Damit weiss man auch, was die Grenze der sinnlichen Eigenschaften sein soll, man versteht die Aussage: Die Physik überschreitet in ihren modernen Ergebnissen nicht nur die Grenze der materiellen Welt, sondern auch die der sinnlichen Welt überhaupt an den verschiedensten Stellen.[6] Schliesslich lässt sich formulieren, was ein Teilchen eigentlich ist. *Teilchen sind die Art der sinnlichen Erscheinung eines Nichtsinnlichen, sie sind Fragmente oder Bruchstücke der Materie, die auftreten, wenn man die Materie an den Grenzen der Sinneswirklichkeit untersucht.*[7] Als Eigenschaften besitzen sie elektrische Ladung, Masse und Weiteres, mathematisch werden sie unter anderem durch den Impuls-Energie-Vierervektor beschrieben.

Die konsequente Ausdeutung des systematisch durchgeführten projektiven Ansatzes mit dem Dualitätsgesetz führt zu der wohl wichtigsten Folgerung, dass der Impuls-Energie-Vierervektor als ebenenhafter Vektor nicht von einem Zentrum ausgehende Grössen beschreibt, sondern genau das Gegenteil, Grössen, die vom Umkreis des Geschwindigkeitsraumes her bestimmt sind, die kurz Umkreisgrössen genannt werden können. Der Schwerpunkt der Betrachtung liegt also nicht bei der Teilchenvorstellung als Materieklümpchen in einem Anschauungsraum, sondern bei den Geschwindigkeiten und Reziprokgeschwindigkeiten. Eine geeignete Normierung führt über die Masse zur Anbindung an die Physik. Denkt man das in allen Einzelheiten durch, für Teilchen, Atome und Moleküle, was nicht allzu schwierig ist, denn die Mathematik bleibt grösstenteils dieselbe, ist die Physik der Mikrowelt eigentlich auch genau das Gegenteil, *sie ist auch eine Physik der Umkreisgrössen, man müsste also die Kräfte, die die Welt im Innersten zusammenhalten, nicht nur im Innersten, in den wunderlichen Teilchen und ihren Wechselwirkungen suchen, sondern auch im Umkreis des Geschwindigkeitsbereichs.* Eine kopernikanische Wende?

Man bleibe realistisch und betrachte die Interpretation der mathematischen Struktur mit Umkreiskräften als zweite Möglichkeit neben der alten mit den Atom- und Molekülkräften, eingedenk der Situation in der relativistischen Quantenmechanik, wo mit Diracs Gleichung überraschend negative Energie als mathematischer Grundgedanke auftrat und schliesslich die Evidenz im Physikalischen gefunden wurde. Selten traten neue Dinge

[6] E. Schrödinger [93]
[7] G. Unger [111]

in der Physik gleichzeitig in Form von neuen experimentellen Fakten und in Form von neuen Ideen auf, meistens nur das eine oder das andere, erst langes Warten brachte jeweils die fehlende Komponente zur Etablierung einer neuen Sicht. Ähnlich wird es bei der Deutung der Mikrophysik sein, ob und wann die Deutung mit den Umkreisgrössen als evident gelten wird, ob überhaupt je, hängt wohl davon ab, ob es gelingt, Kräfte aus dem Umkreis als sinnvoller aufzufassen als Kräfte aus dem Innersten der Materie. Hier gilt wahrscheinlich auch das, was Max Planck[8] im Rückblick auf seine wissenschaftliche Laufbahn voll Bedauern bemerkte:

> «Eine neue wissenschaftliche Wahrheit pflegt sich nicht in der Weise durchzusetzen, dass ihre Gegner überzeugt werden und sich als belehrt erklären, sondern vielmehr dadurch, dass die Gegner allmählich aussterben und dass die heranwachsende Generation von vornherein mit der Wahrheit vertraut gemacht ist.»

Im Sinne der Wissenschaftstheorie[9] wäre ein Paradigmenwechsel nötig, was neben vielem anderen auch eine ähnliche Problematik ist wie bei einem Vexierbild, bei dem man je nach Situation eine alte Frau oder einen jungen Mann erkennt. Eine mathematische Struktur kann entsprechend dem herrschenden Paradigma in dieser oder einer anderen Art gelesen werden. Um dem Paradigmenwechsel Vorschub zu leisten, werden im Folgenden einige Beispiele erläutert.

15.2 Stetige lineare Vermittlung einer Polarität

Die im Folgenden betrachtete Verwandlung spielt im Weiteren eine wichtige Rolle. Sie erlaubt es nämlich, Geschwindigkeiten und Reziprokgeschwindigkeiten mit Fouriertransformation in Verbindung zu bringen, so dass man eine wirklich neue Interpretation des Welle-Teilchen-Dualismus erhält.

Eine Polarität oder ein Polarsystem ist eine projektive Abbildung, die Punkte in Ebenen und Ebenen in Punkte und Geraden in Geraden abbildet. Die Fälle von Inzidenzpaaren – also Punkt liegt in der zugehörigen Ebene und umgekehrt – liegen auf einer Fläche zweiten Grades. Da nun Geschwindigkeit und zugehörige Reziprokgeschwindigkeit polar sind bezüglich einer Quadrik, spielen Polaritäten in den weiteren Betrachtungen eine wichtige Rolle. Insbesondere stellt sich die Frage nach der stetigen Verwandlung von Geschwindigkeiten in Reziprokgeschwindigkeiten, projektiv von Punkten in Ebenen und umgekehrt.[10]

---

[8] M. Planck [84], S. 22.

[9] Siehe T. Kuhn [59].

[10] L. Locher hat dieses Problem gelöst. Wir folgen L. Locher [66] und fassen das Wichtigste zusammen. Der gleiche Artikel ist in L. Locher [68] abgedruckt.

Man lege ein nichtausgeartetes Polarsystem zugrunde, das eine Quadrik bestimmt. Das Koordinatensystem werde so gewählt, dass sie in projektiven Punktkoordinaten $x(x_1, x_2, x_3, x_4)$ die Gleichung

$$\langle x, x\rangle = x_1^2 + x_2^2 + \varepsilon x_3^2 + \varepsilon' x_4^2 = 0$$

hat. ε und ε' seien reell. $\varepsilon > 0$, $\varepsilon' > 0$ ergibt eine Fläche ohne reelle Punkte, eine nullteilige Fläche, $\varepsilon > 0$, $\varepsilon' < 0$ eine ovale und $\varepsilon < 0$, $\varepsilon' < 0$ eine ringartige Fläche. Sei ferner

$$\langle \xi, x\rangle = \xi_1 x_1 + \xi_2 x_2 + \varepsilon \xi_3 x_3 + \varepsilon' \xi_4 x_4.$$

Die Gleichung einer Ebene kann dann geschrieben werden als

$$\langle a, x\rangle = a_1 x_1 + a_2 x_2 + \varepsilon a_3 x_3 + \varepsilon' a_4 x_4 = 0.$$

$a(a_1, a_2, a_3, a_4)$ ist dann der Ebenenvektor in Ebenenkoordinaten.[11]

Ein Flächenelement besteht aus einem Punkt und einer mit diesem Punkt inzidenten Ebene.

Definition: Mit $x * a$ bezeichnet man das folgende Flächenelement: Der vorne stehende Vektor x bedeute den Punkt des Flächenelements, der hinten stehende Vektor a seine Ebene.

Die beiden Vektoren $x(x_1, x_2, x_3, x_4)$ und $a(a_1, a_2, a_3, a_4)$ bestimmen das Flächenelement. Wegen der Homogenität der Koordinaten und der Inzidenzbedingung

$$\langle a, x\rangle = 0$$

ist ein Flächenelement schon durch fünf Zahlen bestimmt. Mit diesen Verabredungen gilt dann Folgendes: Das Polarsystem ordnet dem Punkt ξ die Ebene ξ, der Ebene α den Punkt α mit den gleichen Koordinatenwerten zu. Dem Flächenelement $\xi * \alpha$ entspricht dann also das Flächenelement $\alpha * \xi$.

Jeder Punkt ξ des Raumes soll durch eine stetige Transformation in die zugehörige Polarebene bezüglich der absoluten Quadrik umgeformt werden. Das geschehe so, dass die sämtlichen ∞^2 Flächenelemente des Punktes ξ im Allgemeinen stetig in die ∞^2 Flächenelemente der Polarebene ξ übergeführt werden.

Der Punkt des Flächenelements beschreibe die Verbindungsgerade $l = \xi\alpha$ des Ausgangspunktes ξ mit dem End*punkt* α, dem Pol der Ebene α. d sei die Schnittgerade der Ausgangsebene α mit der Polarebene ξ des Punktes ξ. Die Ausgangsebene drehe sich um d. Die Leitlinie l und die Drehlinie d sind konjugierte Polaren des Polarsystems. Die verschiedenen Flächenelemente werden nun noch in ihrer Bewegung geeignet koordiniert. Der Ausgangspunkt soll der Zeit $t = 0$ entsprechen, zur Zeit $t = 1$ sollen sämtliche ∞^5

[11] Siehe Kapitel 3.

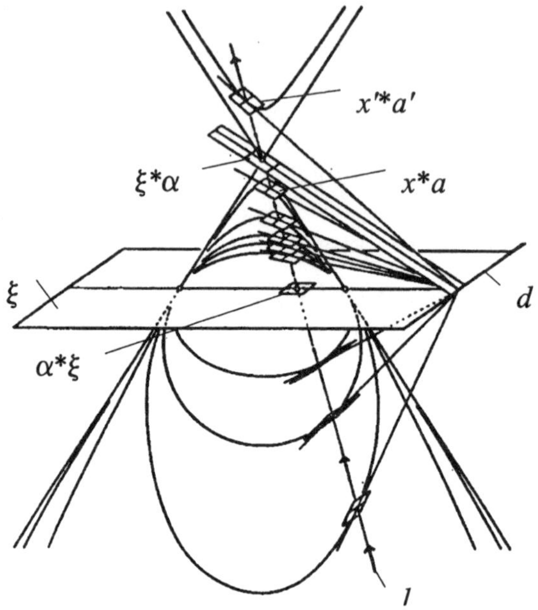

FIGUR 15.1. Weg eines Flächenelementes: Der Punkt ξ des Ausgangselementes ist oben als kleiner Kreis, die durch ihn gehende Ebene α als schräger Streifen gezeichnet. Dem Punkt ξ entspricht die horizontal gedachte Ebene. Sie enthält den als kleinen Kreis markierten Punkt, welcher der Ebene α entspricht. $x * a$ und $x' * a'$ sind zwei Zwischenlagen von Flächenelementen, das erste geht direkt, das zweite über die unendlichferne Ebene. Der Punkt eines Flächenelements läuft auf der Geraden l, seine Ebene dreht sich um die konjugierte Polare d von l. Bearbeitet aus Locher [68].

Flächenelemente des Raumes die Quadrik des Polarsystems berühren. e und e' seien die reellen oder imaginären Schnittpunkte der Leitlinie l des Ausgangselements $\xi * \alpha$ mit der Quadrik. Dem Element $\xi * \alpha$ seien zwei Lagen $x * a$ und $x' * a'$ zur Zeit $t \neq 0$ und $t \neq \infty$ zugeordnet, so dass die Doppelverhältnisse[12] gleich der Zeit t sind,

$$(\xi \alpha x e) = (\xi \alpha x' e') = t.$$

Das Ausgangselement $\xi * \alpha$ wird also in zwei Elemente aufgelöst, die sich für $t \to \infty$ im Endelement $\alpha * \xi$ wieder vereinigen.

Die Leitlinie l sei

$$\rho x = \xi + \lambda \alpha, \quad \rho \neq 0.$$

[12] Siehe Kapitel 4.

Sie schneide die Quadrik in den Punkten e und e'. Es gilt für die zugehörigen Parameterwerte λ und λ'

$$\rho^2 \langle x, x\rangle = \langle \xi + \lambda\alpha, \xi + \lambda\alpha\rangle = \langle \xi, \xi\rangle + 2\lambda \langle \xi, \alpha\rangle + \lambda^2 \langle \alpha, \alpha\rangle = 0,$$

und wegen der Inzidenz von Punkt und Ebene des Flächenelements folgt aus $\langle \xi, \alpha\rangle = 0$

$$\lambda = +\sqrt{-\frac{\langle \xi, \xi\rangle}{\langle \alpha, \alpha\rangle}}, \qquad \lambda' = -\sqrt{-\frac{\langle \xi, \xi\rangle}{\langle \alpha, \alpha\rangle}}.$$

Somit folgt

$$\rho e = \xi + \lambda\alpha, \qquad \rho' e' = \xi + \lambda'\alpha, \qquad \rho, \rho' \neq 0.$$

Ist das Element $\xi * \alpha$ zur Zeit t in der Lage $x * a$ beziehungsweise $x' * a'$, so soll

$$\rho x = \xi + \mu\alpha, \qquad \rho' x' = \xi + \mu'\alpha, \qquad \rho, \rho' \neq 0$$

gelten. Es ergibt sich für die Doppelverhältnisse[13]

$$t = \frac{\mu}{\lambda}, \qquad t = \frac{\mu'}{\lambda'}.$$

Damit hat man für die Abbildungsvorschrift

$$\rho x(t) = \xi + \lambda t\alpha, \qquad \rho' x'(t) = \xi + \lambda' t\alpha, \qquad \rho, \rho' \neq 0.$$

Satz 15.1
Behauptung: Die Vektoren x und x' erfüllen die Gleichung

$$\Omega(t) := \langle \xi, \xi\rangle \langle x, x\rangle - (1 - t^2) \langle \xi, x\rangle^2 = 0$$

einer Quadrik mit Parameter t.
Beweis: Es gilt für x

$$\rho^2 \langle x, x\rangle = \langle \xi, \xi\rangle + 2\lambda t \langle \xi, \alpha\rangle + \lambda^2 t^2 \langle \alpha, \alpha\rangle = (1 - t^2) \langle \xi, \xi\rangle,$$

ferner

$$\rho \langle \xi, x\rangle = \langle \xi, \xi\rangle + \lambda t \langle \xi, \alpha\rangle = \langle \xi, \xi\rangle,$$

woraus die Behauptung folgt. □

Alle Flächen dieser Quadrikschar berühren die Quadrik des Polarsystems längs der Kurve, in der jene von der Polarebene des Punktes ξ geschnitten wird. Man kann sie nichteuklidische Kugeln nennen. Für $t = 0$ hat man als Ausartung den Kegel mit der Spitze ξ, der die Quadrik des Polarsystems

[13] Siehe Abschnitt 4.1.

berührt. $t = 1$ liefert diese Quadrik selbst und für $t \to \infty$ ergibt sich die doppelt zählende Polarebene des Punktes ξ.

Den ∞^2 Flächenelementen des Punktes ξ entsprechen zur Zeit t nur Flächenelemente, deren Punkte x, x' auf der obigen Quadrik liegen. Nun sollen die Ebenen der Flächenelemente alle durch die Polare d der Geraden $l = \xi\alpha$ gehen. d und l sind aber bezüglich jeder Quadrik der obigen Schar konjugiert. Der Ebenenvektor a des Elementes $x{*}a$ ist also so zu bestimmen, dass die Ebene

$$\langle a, X \rangle = 0$$

mit dem laufenden Vektor X die entsprechende Quadrik berührt. Die Gleichung der Tangentialebene im Punkte x der Quadrik lautet dann

$$\sum_{i=1}^{4} \frac{\partial \Omega}{\partial x_i} X_i = 0.$$

Man erhält mit $\langle \xi, x \rangle$ und den x

$$\frac{\partial \Omega}{\partial x_i} = \frac{2}{\rho} t \langle \xi, \xi \rangle (t\xi_i + \lambda\alpha_i).$$

Ferner folgt aus den beiden Ebenengleichungen

$$\sigma a(t) = t\xi + \lambda\alpha, \qquad \sigma' a'(t) = t\xi + \lambda'\alpha, \qquad \sigma, \sigma' \neq 0.$$

Satz 15.2
Behauptung: Die beschriebene Transformation stellt eine Berührungstransformation mit Ω als Leitgleichung dar.
Beweis: Für jedes t folgt

$$\sum_{i=1}^{4} \frac{\partial \Omega}{\partial x_i} dx_i = -\sum_{i=1}^{4} \frac{\partial \Omega}{\partial \xi_i} d\xi_i.$$

Man erhält durch Ausrechnen mit

$$\frac{\partial \Omega}{\partial x_i} = \frac{2t \langle \xi, \xi \rangle}{\rho} \sigma a_i, \qquad \frac{\partial \Omega}{\partial \xi_i} = -2(1 - t^2) \frac{t \langle \xi, \xi \rangle}{\rho^2} \lambda\alpha_i,$$

die Gleichung

$$\langle a, dx \rangle = \frac{\lambda(1 - t^2)}{\rho\sigma} \langle \alpha, d\xi \rangle .$$

Diese Beziehung ist die Bedingung dafür, dass inzidente Elemente, Punkt und Ebene, wieder in inzidente übergeführt werden, die Transformation eine Berührungstransformation ist. □

Man kann leicht überblicken, wie ein Punkt des Punktraums in die entsprechende Polarebene des Ebenenraums umgewandelt wird. Seine Flächenelemente – jedes spaltet sich in zwei auf – entfernen sich im Allgemeinen stetig vom Ausgangselement, so dass sie ständig eine Quadrik, eigentlich nichteuklidische Kugeln, umhüllen, welche die Quadrik des Polarsystems berühren. $t = 1$ ist ein Ausnahmemoment. die Flächenelemente aller

Punkte werden zu Elementen der Quadrik des Polarsystems. Für $t \to \infty$ schmiegen sie sich von zwei Seiten der Polarebene des Ausgangspunktes an.

Sei die Transformation $T(t)$ durch die Beziehungen

$$\rho x(t) = \xi + \lambda t \alpha, \qquad \sigma a(t) = t\xi + \lambda \alpha, \quad \rho, \sigma \neq 0$$

gegeben. Die $T(t)$ bilden eine einparametrige Gruppe. Es sei

$$T(t)(\xi * \alpha) = x * a, \qquad T(t')(x * a) = y * b.$$

Mit den Proportionalitätskonstanten $\rho', \sigma' \neq 0$ gilt dann etwa

$$\rho' y(t') = x + \Lambda t' a, \qquad \sigma' b(t') = t' x + \Lambda a, \qquad \Lambda = \sqrt{-\frac{\langle x, x \rangle}{\langle a, a \rangle}} = \frac{\sigma}{\rho}.$$

Es folgt

$$\rho\rho' y = (1 + tt')\xi + \lambda(t + t')\alpha, \quad \rho\sigma' b = (t + t')\xi + \lambda(1 + tt')\alpha$$

oder

$$\rho'' y = \xi + \lambda \frac{t + t'}{1 + tt'} \alpha, \qquad \sigma'' b = \frac{t + t'}{1 + tt'} \xi + \lambda \alpha, \quad \rho'', \sigma'' \neq 0.$$

Die zusammengesetzte Transformation ist also wieder eine Transformation vom gleichen Typ und es gilt

$$T(t') \circ T(t) = T\left(\frac{t + t'}{1 + tt'}\right).$$

Mit $t = \tanh s$ folgt

$$T(s') \circ T(s) = T(s + s'),$$

wobei s die nichteuklidische Entfernung des Punktes x vom festen Ausgangspunkt ξ darstellt.[14] Je nach den Realitätsverhältnissen muss t durch eine imaginäre Zeit ersetzt werden. Dass die andern Gruppenaxiome erfüllt sind, ergibt sich sofort.

Man hat damit den folgenden Satz:

Satz 15.3

Behauptung: Die diskutierte Gruppe von Berührungstransformationen, die den Punktraum in den gemäss einem gegebenen Polarsystem entsprechenden Ebenen- oder Dualraum überführen und umgekehrt, ist die Gruppe der nichteuklidischen Dilatationen, sie stellt die nichteuklidische Form des huygensschen Prinzips dar.

Wie man aus der Figur 15.2 entnimmt, hat die Verwandlung den Charakter einer Umstülpung.

---

[14] Siehe Kapitel 4.

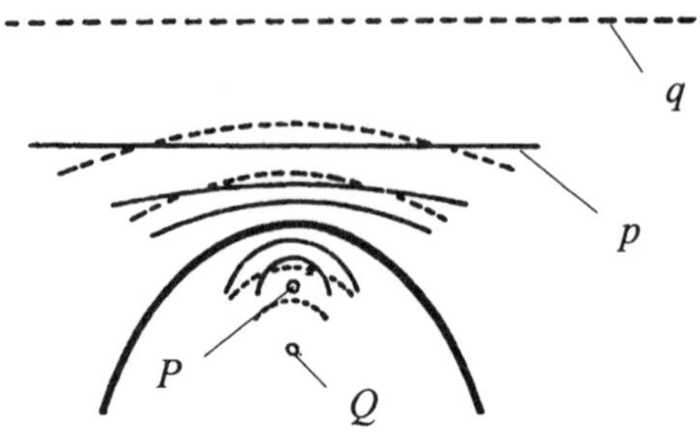

FIGUR 15.2. Das huygenssche Prinzip als Umstülpung. Wie man der Figur entnehmen kann, ist diese Art von stetiger Transformation von den Grundelementen in ihre polaren Elemente eine Umstülpung. Quelle Locher [68].

15.3 Ein projektiver Welle-Teilchen-Dualismus

Wie kann nun der Welle-Teilchen-Dualismus auf projektiver Basis gedeutet werden? Mit dem Impuls ist der Teilchenaspekt bereits bearbeitet worden, es bleibt der Wellenaspekt. Die Wellenphänomene sind je nach Gebiet, Akustik, Optik, Elektrodynamik und Quantenmechanik, unterschiedlicher Natur. Während Wellen in der Akustik Phänomencharakter haben – man kann effektiv sehen, wie sich etwas hin und her bewegt –, gilt das für die Lichtlehre nicht:[15] Knoten und Bäuche in der Art wie bei mechanischen Wellen treten wohl als Phänomene auf, aber es liegt keine beobachtbare Bewegung vor.[16] Die Wahrscheinlichkeitswellen der Quantenmechanik schliesslich sind überhaupt nur *gedachte* Wellen, mathematische Grössen, die sich mit einem in der Akustik für Wellen verwendeten Formalismus beschreiben lassen. Im Weiteren werden nur «Wellen» der Lichtlehre, der Elektrizitätslehre und quantenmechanische «Wellen» betrachtet.

In diesen Gebieten werden Wellen durch Überlagerung von harmonischen Anteilen aufgebaut, man kann sich daher darauf beschränken, den Ausdruck

$$D = A \cdot \exp(i(mr - nt))$$

zu interpretieren. Er stellt eine periodische Auslenkung in Richtung des Vektors A dar. Die Welle schreitet in Richtung von m fort, n stellt die Fortpflanzungsgeschwindigkeit der Welle dar, wenn m ein Einsvektor ist, und r beschreibt die Stelle, an der die Auslenkung zur Zeit t stattfindet.

[15] Siehe Kapitel 9 und G. Unger [111], Band II.
[16] Vergleiche auch P. Gschwind [38].

Der Zusammenhang mit den Phänomenen geht über die Phase[17]

$$mr - nt.$$

In den verschiedenen Gebieten wird sie aus unterschiedlichen Grössen gebildet, so benützt man in der Optik

$$kr - \omega t,$$

wenn k die Fortpflanzungsrichtung der Welle und ω die Kreisfrequenz ist. In der Quantenmechanik schreibt man mit dem Raum-Zeit- und dem Impuls-Energie-Viererivektor

$$pr - Et.$$

Mit den de broglieschen Beziehungen[18] gehen die Ausdrücke ineinander über. In allen Fällen stellt die Phase ein Skalarprodukt zweier Vektoren dar.[19]

Projektiv ist die Phase gleich der Inzidenzrelation von Geschwindigkeit v und Reziprokgeschwindigkeit u

$$\langle u, v \rangle = u_1 v_1 + u_2 v_2 + u_3 v_3 - u_4 v_4,$$

die für eine physikalische Interpretation des Skalarprodukts normiert werden müssen.

In einem nächsten Schritt wird der Ausdruck $\exp(ia)$ gedeutet, wenn a die Phase darstellt, wobei die komplexe Form und nicht die reelle Form mit $\sin(a)$ oder $\cos(a)$ verwendet wird. Man ist übereinstimmend der Meinung, dass in der Elektrodynamik, also auch in der Optik, die komplexe Schreibweise zwar praktisch und elegant sei, dass sie aber hier im Gegensatz zur Situation in der Quantenmechanik nicht nötig sei. Ob dieser Unterschied in der Natur der Sache liegt, ist offen, rein mathematisch ist das wohl richtig, gleichwohl wird hier ausschliesslich die komplexe exponentielle Form verwendet. Die folgenden Überlegungen werden für die «Wellen» der

[17] Vergleiche Kapitel 9.

[18] Siehe Abschnitt 11.4.

[19] Der Begriff der Welle in der üblichen Auffassung ist ein Ergebnis der Aufspaltung der Geschwindigkeit in Raum und Zeit. Der phoronomische Charakter der Wellen verschwindet, wenn man die beiden Vektoren projektiv auffasst und es unterlässt, die Geschwindigkeit aufzuspalten.

In der Lichtlehre schliesst nur die Phase an die Phänomene an, nicht die Begriffe der Welle oder der Wellenlänge. Das Verhältnis von Lichtweg zu Wellenlänge, das als Argument der periodischen Funktionen angegeben wird, kann als andere Deutung des normierten Skalarprodukts in der Phase aufgefasst werden. Berücksichtigt man noch die Bedeutung der Phase bei der Entwicklung der Wellenmechanik, ergibt sich sowohl für Lichtlehre als auch für Elektrodynamik und Quantenmechanik mit der projektiven Interpretation der mathematischen Struktur ein neues Bild. Für Genaueres siehe P. Gschwind [38].

Quantenmechanik durchgeführt, sie können aber sinngemäss für die beiden andern Gebiete übernommen werden.

Bisher wurde gezeigt[20], dass Geschwindigkeit und Reziprokgeschwindigkeit polare Vektoren bezüglich der metrischen Quadrik sind, nun soll ein kontinuierlicher Übergang vom einen Vektor zum andern betrachtet werden. Die nichteuklidische Dilatation oder das nichteuklidische huygenssche Prinzip[21] ist die einfachste stetige Verwandlung dieser Art, da sie linear ist. Die quantenmechanische «Welle» ist keine Welle im Raum, wo etwas hin und her bewegt wird, schon von den Phänomenen her nicht, deshalb kann sie nun in diesen Kontext verlegt werden.

Definition: Die «Welle» wird im Umwandlungsprozess von Punktvektor zu Ebenenvektor und umgekehrt als Umstülpungsprozess gedacht, was wegen der Struktur dieses Prozesses ohne weiteres möglich ist.

Die lineare Führung der Umwandlung von Punktvektor in Ebenenvektor kann nun mit Elementen einer geeigneten Clifford-Algebra geschrieben werden, wenn man den Pseudoskalar ϵ, mit $\epsilon^2 = -1$, verwendet. Die Multiplikation mit ϵ führt einen Punkt ξ in seine Polarebene $\epsilon\xi$ über und umgekehrt.

Satz 15.4

Voraussetzung: Die Transformation sei gegeben durch

$$\rho y = \xi + \lambda t \epsilon \xi, \quad t \in [0, \infty)\,.$$

Behauptung: Die Transformation kann auch in der Form

$$\rho' y = (\cos\tau + \epsilon \sin\tau) \cdot \xi = \exp(\epsilon\tau) \cdot \xi, \quad \tau \in \left[0, \frac{\pi}{2}\right]$$

geschrieben werden.

Beweis: Setzt man je nach Realitätsverhältnissen $\lambda t = \tan\tau$ oder $\lambda t = \tanh\tau$, was der Einführung eines nichteuklidischen Parameters τ entspricht, folgt

$$\rho y = \xi + \tan\tau \cdot \epsilon\xi = \xi + \frac{\sin\tau}{\cos\tau}\epsilon\xi, \quad \tau \in \left[0, \frac{\pi}{2}\right],$$

oder, da ρ eine freie Konstante ist,

$$\rho' y = (\cos\tau + \epsilon \sin\tau) \cdot \xi, \quad \tau \in \left[0, \frac{\pi}{2}\right].$$

Wächst τ von 0 bis $\frac{\pi}{2}$, geht dieser Ausdruck von 1 stetig in ϵ über, genau analog, wie beim entsprechenden komplexen Ausdruck

$$\cos\tau + i \sin\tau = e^{i\tau}$$

---

[20] Siehe Abschnitt 14.2.

[21] Siehe Abschnitt 15.2.

1 stetig in $i = \sqrt{-1}$ übergeführt wird. Multipliziert man eine komplexe Zahl a mit $\exp(2\pi i)$, ergibt sich eine volle Kreisbewegung in der komplexen Zahlenebene, bei Multiplikation eines Punktes a als cliffordsche Zahl mit $\exp(2\pi\epsilon)$ hat man entsprechend ein zweimaliges Durchlaufen eines Zyklus der Polarität vom Punkt zur Polarebene und wieder zum Punkt – im letzten Abschnitt allerdings auf der anderen Bahn, die vom zweiten möglichen Flächenelement «rückwärts» überstrichen wurde.

Um die zwischen 1 und ϵ entstehenden Zahlen von den komplexen Zahlen zu unterscheiden, spricht man von *Dualzahlen* oder eben *Biskalaren*. Entsprechend den eulerschen Beziehungen erhält man mit Hilfe entsprechender Reihenentwicklungen mit Dualzahlen

$$\cos\tau + \epsilon\sin\tau = e^{\epsilon\tau}, \quad \epsilon^2 = -1.$$

$$\rho' y = (\cos\tau + \epsilon\sin\tau)\cdot\xi = \exp(\epsilon\tau)\cdot\xi, \quad \tau\in\left[0,\frac{\pi}{2}\right]. \quad \square$$

Man sieht, dass die mathematische Struktur für die stetige Vermittlung der Polarität mit einer Clifford-Algebra mit $\epsilon^2 = -1$ die gleiche ist wie für die komplexe Welle mit komplexen Zahlen, man kann also $\exp(\epsilon a)$ an Stelle von $\exp(ia)$ verwenden.[22] Statt einer Welle im Raum – wenn man die komplexe Welle ins Reelle bringt – ergibt sich eine «Welle» bei der Vermittlung einer Polarität an der metrischen Quadrik.[23] Da die Phase a nicht von vornherein als explizite Funktion der Zeit aufgefasst wird, handelt es sich nicht um eine vollständige stetige Durchführung der Polarität in Funktion der Zeit. Je nach Inzidenzgrad von Geschwindigkeit und Reziprokgeschwindigkeit, je nach Wert der normierten Inzidenzrelation, folgt der Wert des Faktors $\exp(\epsilon a)$. Inzidenz ergibt den Wert 1, maximale Nichtinzidenz führt zum extremen Wert

$$\exp(\epsilon a) = \epsilon,$$

zum Übergang eines geometrischen Objektes in sein polares. Vorausgesetzt wird die Formulierung mit einer passenden Clifford-Algebra. Entsprechend sind die Zwischenstufen zu sehen. Vergleicht man dies mit der oben angegebenen rationellen Beschreibung von Wellen, liegt der Unterschied, abgesehen von der abweichenden Auffassung der Zeit, in der unterschiedlichen Sicht bezüglich reell und imaginär, dort als rationelle Beschreibung, hier als Gegensatz realer Art zwischen Geschwindigkeit und Reziprokgeschwindigkeit.

Mit den Exponentialfunktionen werden in der Quantenmechanik mit Hilfe der Fouriertransformation Wellenpakete gebildet. Sie gelten als aus den harmonischen Anteilen aufgebaut, wobei sich aber in der Mischungsauffassung vor allem ein mathematisches Faktum versteckt, nämlich das Theorem

---

[22] Man vergleiche dazu insbesondere P. Gschwind [38].

[23] Siehe auch L. Locher [68] und P. Gschwind [35].

von Fourier, das aber nicht unbedingt eine physikalische Realität beschreiben muss.[24]

Auch in der Elementarteilchentheorie verwendet man dieses Theorem mit Erfolg, etwa im Zusammenhang mit den Gleichungen von Dirac, Maxwell, Proca und anderen. Diese Gleichungen sind erster Ordnung in n-komponentigen Funktionen $\Psi(x)$, welche in ebene Wellen entwickelt werden

$$\Psi(x) = \psi(p)\exp(ipx).$$

Damit erhält man entsprechende Gleichungen ohne Differentialoperatoren – da die partielle Ableitung von $\exp(ipx)$ nach x auf eine Multiplikation mit ip hinausläuft –, die dann mit Hilfe der projektiven Geometrie studiert werden können.[25]

Die harmonischen Anteile eines Wellenpaketes können durch Integration an die Realität herangebracht werden

$$\Psi(x) = \int \psi(p)\exp(ipx)dp.$$

Aber auch $\Psi(x)$ selbst stellt noch keine beobachtbare Grösse dar, erst

$$|\Psi(x)|^2 = \Psi(x)\Psi^*(x) = \int \left(\int \psi(p-s)\psi(s)ds\right)\exp(ipx)dp.$$

Diesen Formalismus kann man nun in Betracht ziehen, wenn man statt komplexer Zahlen die Elemente einer Clifford-Algebra verwendet. Man hat an Stelle des imaginären i den entsprechenden Pseudoskalar ϵ und die Wellenfunktion als Element einer Clifford-Algebra zu setzen. Die Fourier-Darstellung beschreibt die Beziehung zwischen dem Geschwindigkeitsbereich und dem Reziprokgeschwindigkeitsbereich. Das kann für die zur Mechanik erweiterte Phoronomie, für Lichtlehre, Elektrodynamik und vor allem für die Quantenphysik gelten.[26]

In der Wellenmechanik waren Korpuskel- und Interferenzphänomene die Beweggründe, um ein materielles Teilchen mit der Wellenauffassung durch

---

[24] Vergleiche Abschnitt 9.2.

[25] E. R. Paërl [80]

[26] Der Dualismus von Geschwindigkeit und Reziprokgeschwindigkeit ist aus geometrischen Gründen direkt nur mit einer nichteuklidischen Massbestimmung mit selbstpolarer Fundamentalquadrik metrisierbar. Dieses Konzept lässt sich in der relativistischen Physik dank der nichteuklidischen Kinematik durchführen. Bei ausgearteten Massbestimmungen, etwa der euklidischen, wo das Fundamentalgebilde nicht selbstpolar ist, existieren keine eindeutigen Pol-Polarebenen-Beziehungen, wie sie in der Beziehung zwischen Geschwindigkeit und Reziprokgeschwindigkeit als Ausgangspunkt verwendet wurden. Man hat dann für eine entsprechende Auffassung der klassischen Mechanik eine zweite, polareuklidische Massbestimmung festzulegen und geeignet mit der andern Massbestimmung zu koppeln. Die klassische Mechanik könnte aber auch mit einer sehr grossen Quadrik als Grenzfall der relativistischen, das heisst nichteuklidischen Mechanik aufgefasst werden.

die de brogliesschen Beziehungen zu vereinigen, wenn auch mit der Zeit der Wellenbegriff durch Wahrscheinlichkeitswellen einen neuartigen Charakter bekam – nur noch in der mathematischen Struktur hat er Gemeinsames mit dem Wellenbegriff der Akustik. Notwendig wurden die neuen Begriffsbildungen dort, wo das plancksche Wirkungsquantum in vergleichbare Grösse zu den betrachteten Grössen kam – es bestand keine Veranlassung, diese Begriffe auch in der klassischen Mechanik zu verwenden. Erst das ehrenfestsche Theorem[27] brachte die Verbindung zur klassischen Mechanik: Der Schwerpunkt der Wahrscheinlichkeitswolke bewegt sich nach der klassischen Mechanik, wenn man ihm die Masse m zuordnet und die Kraftkomponenten als die zeitlichen Ableitungen der Impulsmittelwerte auffasst.

Definition: Der projektive Welle-Teilchen-Dualismus besteht dagegen aus Punktvektor und polarem Ebenenvektor als Geschwindigkeit und Reziprokgeschwindigkeit. Die einsteinsche Masse-Energie-Äquivalenz bestimmt zur Normierung des Geschwindigkeitsvektors die Normierung des Reziprokgeschwindigkeitsvektors und die Anbindung an die Masse. Dazu gehört eine stetige «wellenartige» Verwandlung der beiden Vektoren ineinander nach den Gesetzen des nichteuklidischen huygensschen Prinzips. Die de brogliesschen Beziehungen bestimmen dazu die «Wellen»-Parameter.[28]

Man beschreibt also nicht statistisch materielle Teilchen in einem Anschauungsraum, sondern wellenartig mit ebenenhaften Reziprokgeschwindigkeiten verbundene Geschwindigkeiten, die mit einer Masse verknüpft sind.

15.4 Differentialgleichung der stetigen Vermittlung einer Polarität

Satz 15.5

Voraussetzung: 1. Der Reziprokgeschwindigkeitsvektor sei folgendermassen

---

[27] Siehe L. de Broglie [11].

[28] Was bis jetzt dargelegt wurde, ist eine Umdeutung der klassischen, der relativistischen Punktmechanik und des Welle-Teilchen-Dualismus. Alle Aspekte gelten nur für Körper mit verschwindenden oder vernachlässigbaren Trägheitsmomenten, in der realen Welt sind das aber nur Grenzfälle. Die Relativitätstheorie kennt keine starren Körper, weil sie zu ihr im Widerspruch stehen. In der Sprache der projektiven Geometrie: man bleibt im Punkt- und Ebenenraum, nicht berücksichtigt wurde der Linienraum. Aber die Mechanik starrer Körper ist geometrisch höhere Liniengeometrie, welche mit jeder projektiven Massbestimmung, insbesondere einer hyperbolischen Massbestimmung, vereinbar ist – es wurde bereits eine Mechanik starrer Körper bei allgemein projektiver Massbestimmung entwickelt. Siehe R. Ziegler [120].

normiert[29]

$$\langle u,u\rangle = u_1^2+u_2^2+u_3^2-u_4^2 = -a^2v_4^2\left(1-\frac{v^2}{v_4^2}\right).$$

2. Die Funktion ψ habe die Form einer «ebenen Welle», es gelte

$$\psi = f(u)\exp(\epsilon\,\langle u,v\rangle)$$

$$= f(u)\exp(\epsilon(u_1v_1+u_2v_2+u_3v_3-u_4v_4)),\qquad \epsilon^2=-1.$$

Behauptung: Die Funktion ψ erfüllt die projektive Form der Klein-Gordon-Gleichung

$$-\langle u,u\rangle\,\psi = \frac{\partial^2\psi}{\partial v_1^2}+\frac{\partial^2\psi}{\partial v_2^2}+\frac{\partial^2\psi}{\partial v_3^2}-\frac{\partial^2\psi}{\partial v_4^2} = a^2v_4^2\left(1-\frac{v^2}{v_4^2}\right)\psi.$$

Beweis: Die Behauptung folgt sofort mit

$$u_i\psi = \epsilon\frac{\partial\psi}{\partial v_i},\quad i=1,\ldots,3;\qquad u_4\psi = -\epsilon\frac{\partial\psi}{\partial v_4}.\quad \square$$

Als Ausdruck der Normierung des Reziprokgeschwindigkeitsvektors ist die Differentialgleichung eine projektive Invariante. Die Funktion ψ ist für beide Vorzeichen der vierten Komponente im Exponenten von ψ Lösung dieser Differentialgleichung, der Spezialfall von ψ der stetigen Vermittlung auf «direktem» und «indirektem Weg» ist also geometrisch gesehen Lösung dieser Differentialgleichung.

In der relativistischen Quantenmechanik heisst sie bei entsprechender Normierung mit

$$a^2v_4^2\left(1-\frac{v^2}{v_4^2}\right) = m_0^2c^2$$

Klein-Gordon-Gleichung

$$\frac{\partial^2\psi}{\partial v_1^2}+\frac{\partial^2\psi}{\partial v_2^2}+\frac{\partial^2\psi}{\partial v_3^2}-\frac{\partial^2\psi}{\partial v_4^2} = m_0^2c^2\psi.$$

Sie ist das relativistische Analogon, die vierdimensionale Form der Schrödinger-Gleichung. Die Klein-Gordon-Gleichung wird für spinfreie Teilchen verwendet, nachdem sie zuerst verworfen wurde, weil sie Zustände negativer Energie zulässt, was damals als sinnlos galt.

[29] Vergleiche Abschnitt 14.2.

15.5 Imaginärtheorie nach von Staudt

Es folgt eine kurze Zusammenfassung der von staudtschen Imaginärtheorie.[30] Zwei Strahlen x und x' durchlaufen ein Strahlenbüschel mit dem Träger G. Man kann dann davon sprechen, dass zwei Strahlenbüschel gegeben sind mit dem gleichen Träger G. Diese beiden Büschel können insbesondere projektiv sein, $G(abc) \,\overline{\wedge}\, G(a'b'c')$, wo abc und $a'b'c'$ drei Paare sich entsprechender Strahlen seien. Der Umlaufsinn von abc kann gleich dem Umlaufsinn von $a'b'c'$ sein oder entgegengesetzt, je nachdem nennt man die Projektivität gleichsinnig oder ungleichsinnig. Sind x und x' entsprechende Strahlen in der Projektivität, so durchläuft x' das Strahlenbüschel G im ersten Fall im gleichen, im zweiten Fall im entgegengesetzten Sinne zu x. Fallen x und x' einmal zusammen, so nennt man diesen Strahl einen Doppelstrahl, und es können höchstens zwei Doppelstrahlen auftreten, falls die Projektivität keine Identität sein soll. Aus Stetigkeitsgründen haben ungleichsinnige Projektivitäten immer zwei Doppelstrahlen, bei gleichsinnigen können Doppelstrahlen vorhanden sein oder auch nicht.

Projektivitäten nennt man Involutionen, wenn ihre Elemente sich wechselseitig entsprechen. Dabei genügt es, dass sich zwei Elemente wechselseitig entsprechen, damit sich alle Elemente wechselseitig entsprechen. Ferner kann man zeigen, dass eine Involution durch zwei Paare ihrer sich wechselseitig entsprechenden Elemente festgelegt ist. Ungleichsinnige Involutionen besitzen Doppelstrahlen und heissen hyperbolisch. Gleichsinnige oder elliptische Involutionen, wie man sie auch nennt, besitzen dagegen keine Doppelstrahlen, im Unterschied zu den allgemeinen gleichsinnigen Projektivitäten, die Doppelstrahlen haben können. Im Gegensatz zu den hyperbolischen Involutionen haben deshalb die elliptischen Involutionen einen Richtungssinn; man kann zwei Drehsinne unterscheiden.

Man betrachte nun in der Ebene einer Kurve zweiter Ordnung eine Gerade g. Auf ihr wird durch die Kurve eine Involution konjugierter Punkte erzeugt. Die Paarung ist gegeben durch einen Punkt P auf g und den Schnittpunkt der Polaren von P mit g. Schneidet die Gerade g die Kurve, so ist die entstehende Involution hyperbolisch, sie hat als Doppelpunkte die Kurvenpunkte, weil die sich selbst entsprechen. Meidet die Gerade g die Kurve, so gibt es keine Doppelpunkte, und die Involution ist elliptisch.

Analoges gilt für ein Strahlenbüschel: Die konjugierten Strahlen in einem Punkte in der Ebene eines Strahlenbüschels zweiter Ordnung sind entsprechende Elemente einer Involution. Die Involutionen sind hyperbolisch, falls der Träger des Strahlenbüschels im naiven Sinn ausserhalb der «Kurve» liegt, und elliptisch, falls der Träger innerhalb liegt.

Mit der Involution konjugierter Elemente bezüglich einer Kurve oder eines Strahlenbüschels zweiter Ordnung lässt sich nun eine geometrische

[30] Siehe L. Locher [70].

Definition für imaginäre Elemente formulieren:

Definition: Durch eine elliptische Involution in einem Punkte werden zwei imaginäre Geraden dieses Punktes dargestellt, die imaginären Doppelstrahlen jener Involution.
Durch eine elliptische Involution auf einer Geraden werden zwei imaginäre Punkte dieser Geraden dargestellt, die imaginären Doppelpunkte jener Involution.

Damit ist die ebene Geometrie so vervollständigt, dass jeder Punkt mit einem Strahlenbüschel zweiter Ordnung genau zwei Geraden gemeinsam hat, reelle oder imaginäre, und jede Gerade hat mit einer Punktreihe zweiter Ordnung genau zwei Punkte gemeinsam.

Von Staudts Idee war es nun, die beiden durch eine elliptische Involution dargestellten imaginären Elemente einzeln zu fassen durch die beiden unterscheidbaren Orientierungen der elliptischen Involution.

Definition: Ein imaginäres Element wird somit durch eine gerichtete elliptische Involution dargestellt.[31]

Eine imaginäre Gerade geht durch einen reellen Punkt, wenn die sie darstellende gerichtete Involution diesen Punkt zum Träger hat. Eine imaginäre Gerade geht durch einen imaginären Punkt, wenn die sie darstellende gerichtete Involution ein Schein[32] der den Punkt darstellenden gerichteten Involution ist. Entsprechendes gilt für die duale Situation. Es lässt sich dann zeigen, dass mit diesen Definitionen die Axiome der Verknüpfung und des Sichenthaltens der projektiven Geometrie erfüllt sind. Die Axiome der Anordnung ergeben erst den Unterschied von reellen und imaginären Elementen. Damit hat man die synthetische projektive Geometrie auf die imaginären Elemente ausgeweitet.

15.6 Projektive Spinoren

Satz 15.6
Voraussetzung: Gegeben sei eine nichtausgeartete Fläche zweiten Grades, die man in der Form[33]

$$\langle x, x\rangle = x_1^2 + x_2^2 + \varepsilon x_3^2 + \varepsilon' x_4^2 = 0$$

schreibe, was durch die Wahl eines geeigneten Koordinatentetraeders möglich ist. Für ausgeartete Flächen kann man analog vorgehen.[34]

---

[31] G. K. Ch. von Staudt [97], [98]

[32] duale Operation zu Schnitt

[33] Siehe Abschnitt 15.2.

[34] Man vergleiche etwa F. Klein [56].

Behauptung: Ein vierkomponentiger Spinor $(\lambda_1, \lambda_2, \mu_1, \mu_2)^T$ definiert mit projektiven Koordinaten einen Punkt auf dieser Quadrik.

Beweis: Auf einer Fläche zweiten Grades liegen zwei Scharen von Geraden, die Erzeugenden, die jeweils eine Regelschar und die dazu gehörende Leitschar bilden. Je nach Typ der Quadrik sind die Erzeugendenscharen reell oder imaginär. Diese Geradenscharen als einparametrige Gebilde werden mit den Parametern λ respektive μ parametrisiert, das heisst, es werden projektive Koordinaten eingeführt, genau so, wie man auf einer Geraden oder in einem Strahlenbüschel Koordinaten einführen kann. Dazu bezieht man die Quadrik auf ein Tangentialkoordinatentetraeder, das ist ein Tetraeder, das mit vier seiner Kanten in der Quadrik liegt. Vier seiner Kanten liegen dann zu je zweien auf der gleichen Erzeugendenschar. Durch folgende projektive Transformation erhält man das Verlangte, $\rho \neq 0$,

$$\begin{aligned}
\rho y_1 &= x_1 + \sqrt{\varepsilon} i x_3, \\
\rho y_2 &= x_2 + \sqrt{\varepsilon'} i x_4, \\
\rho y_3 &= x_1 - \sqrt{\varepsilon} i x_3, \\
\rho y_4 &= -x_2 + \sqrt{\varepsilon'} i x_4.
\end{aligned}$$

Es folgt

$$\begin{aligned}
\langle x, x\rangle &= \left(x_1 + \sqrt{\varepsilon} i x_3\right)\left(x_1 - \sqrt{\varepsilon} i x_3\right) + \left(x_2 + \sqrt{\varepsilon'} i x_4\right)\left(x_2 - \sqrt{\varepsilon'} i x_4\right) \\
&= \rho^2 (y_1 y_3 - y_2 y_4) = 0.
\end{aligned}$$

Die Gleichung der Quadrik im Tangentialtetraeder, dem y-System, lautet also

$$y_1 y_3 - y_2 y_4 = 0.$$

Vier Kanten des y-Tetraeders liegen auf der Quadrik, da

$$\begin{aligned}
P_1P_2 &: (\ldots/\ldots/0/0), \quad P_1P_4 : (\ldots/0/0/\ldots), \\
P_2P_3 &: (0/\ldots/\ldots/0), \quad P_3P_4 : (0/0/\ldots/\ldots)
\end{aligned}$$

der Fläche angehören. Ferner sind die vier Eckpunkte Pole der Tetraederflächen. Die Polarform im y-System lautet

$$u_1 y_3 - u_2 y_4 + u_3 y_1 - u_4 y_2 = 0.$$

Dem Eckpunkt $P_1(1/0/0/0)$ entspricht also etwa die Polarebene $u_3 = 0$. Da die Eckpunkte des Tetraeders auf der Fläche liegen, sind die Tetraederflächen Tangentialebenen der Quadrik. Die Ebene $P_2P_3P_4$ berührt die Quadrik in P_3, $P_1P_3P_4$ in P_4, $P_1P_2P_4$ in P_1 und $P_1P_2P_3$ in P_2. Dann sind insbesondere die beiden Kanten P_1P_3 und P_2P_4 konjugierte Polaren in Bezug auf die Quadrik.

Zur Parametrisierung der Erzeugenden setze man nun

$$y_1 = \lambda y_4, \quad \lambda y_3 = y_2.$$

Es gilt

$$y_1y_3 - y_2y_4 = \lambda y_4y_3 - \lambda y_3y_4 = 0,$$

die Quadrikgleichung ist also erfüllt für jedes $\lambda \in \mathbb{C}$. Für festes λ stellt die erste Gleichung eine Ebene dar, die durch die Schnittgerade der beiden Ebenen $y_1 = 0$ und $y_4 = 0$, somit durch die Kante P_2P_3 geht. Die zweite Gleichung beschreibt entsprechend eine Ebene, die durch die Kante P_1P_4 geht. Diese beiden Ebenen schneiden sich in einer Geraden, die sowohl die Kante P_2P_3 als auch die Kante P_1P_4 trifft. Wählt man $\lambda \in \mathbb{R}$, erhält man die ganze Schar von Geraden, die der Quadrik angehören, also Erzeugende einer Schar sind.

Die zweite Schar erhält man entsprechend durch den Ansatz

$$y_1 = \mu y_2, \quad \mu y_3 = y_4.$$

Die so erhaltenen Geraden gehen alle durch die beiden Kanten P_3P_4 und P_1P_2. Man erhält so auch alle Geraden auf der Quadrik.

Je nach Typ der Fläche sind die Geraden reell oder nicht. Ringartige Flächen, $\varepsilon < 0, \varepsilon' < 0$, haben reelle Erzeugende, ovale, $\varepsilon > 0, \varepsilon' < 0$, und nullteilige, $\varepsilon > 0, \varepsilon' > 0$, haben so genannte nieder oder hoch imaginäre Erzeugende.

Durch die Wahl der beiden Parameter λ und μ sind zwei Erzeugende verschiedener Scharen festgelegt, und da die Erzeugenden der einen Schar alle die Erzeugenden der andern Schar schneiden, wie immer bei Regelschar und Leitschar, wird durch λ und μ genau ein Punkt auf der Quadrik festgelegt.

Durch die folgenden Verhältnisse definiert man projektive Koordinaten für die Erzeugenden

$$\lambda = \frac{\lambda_1}{\lambda_2}, \quad \mu = \frac{\mu_1}{\mu_2}.$$

Fasst man die vier Zahlen λ_i und μ_i zu einer Viererspalte zusammen, erhält man einen projektiven Spinor $(\lambda_1, \lambda_2, \mu_1, \mu_2)^T$. Er definiert also mit projektiven Koordinaten genau einen Punkt auf der Quadrik. □

Was bedeutet nun projektiv die Multiplikation eines Spinors mit dem Exponentialfaktor $\exp(\epsilon\alpha)$, was ein Ausdruck folgender Form ist

$$\psi = \begin{pmatrix} \lambda_1 \\ \lambda_2 \\ \mu_1 \\ \mu_2 \end{pmatrix} e^{\epsilon\alpha} ?$$

Geometrisch ergibt die Multiplikation mit dem Exponentialfaktor bei grösser werdendem α die stetige Durchführung einer Polarität.[35] Da der Spinor

[35] Siehe Abschnitt 15.2.

einen Punkt der vermittelnden Quadrik festlegt, verändert sich der Punkt selbst bei der Transformation nicht. Betrachtet man aber den Punkt als Träger eines Geradenbüschels, zwei dieser Geraden sind die beiden Erzeugenden der Quadrik in dem Punkt, so wird bei der Transformation eine Drehung nach der einen oder andern Richtung im Geradenbüschel durchgeführt, je nach Vorzeichen von α. Berücksichtigt man die von staudtsche Imaginärtheorie[36], so kann diese Konstellation als imaginäres Geradenpaar in dem Punkt der Quadrik aufgefasst werden, jede Drehrichtung bestimmt eine imaginäre Gerade.[37] Damit hat man den Satz 15.7 bewiesen:

Satz 15.7
Behauptung: Ein projektiver Spinor mit Exponentialfaktor beschreibt eine imaginäre Gerade nach von Staudt im Geradenbüschel der beiden Erzeugenden eines Punktes der metrischen Quadrik.

Spinoren werden für die Formulierung physikalischer Theorien verwendet, wenn die Invarianz bei Lorentztransformationen wichtig ist. Das bedeutet projektiv, dass die verwendeten Konfigurationen gegenüber den hyperbolischen Bewegungen – den projektiven Transformationen, die die reelle ovale absolute Quadrik invariant lassen – invariant sein müssen. Das imaginäre Geradenpaar ist in diesem Sinne invariant und somit von direkter physikalischer Bedeutung. Gleichwohl handelt es sich beim Produkt des Spinors mit dem Exponentialfaktor um einen Akt der Umstülpung des punkthaften Geschwindigkeitsbereichs in den ebenenhaften Reziprokgeschwindigkeitsraum und umgekehrt.[38]

15.7 Die projektive Dirac-Gleichung, Antimaterie

Man kann von der Klein-Gordon-Gleichung zu einer Differentialgleichung 1. Ordnung übergehen, wenn man entweder Clifford-Algebren oder Matrizen statt gewöhnliche Zahlen verwendet, wie das Dirac zu seiner Zeit gemacht hat. Um gleichsam die Wurzel ziehen zu können, setzt man bei beliebiger Normierung und mit einer Reziprokgeschwindigkeit U an[39]

$$(\gamma_4 U_4 - \gamma_1 U_1 - \gamma_2 U_2 - \gamma_3 U_3)^2 = d^2.$$

Man erhält

$$\langle U, U \rangle = -d^2,$$

[36] Siehe Abschnitt 15.5.

[37] Diese Interpretation geht auf U. Pinkall [83] zurück.

[38] Man kann auch für eine euklidische Massbestimmung Spinoren einführen, allerdings nur mit zwei Komponenten, und damit auf dem Kugelkreis einen Punkt festlegen. Das hängt damit zusammen, dass der Spin physikalisch kein relativistischer Effekt ist.

[39] Vergleiche Abschnitt 15.4.

wenn

$$\gamma_i\gamma_k + \gamma_k\gamma_i = -2\delta_{ik}, \quad i = 1,2,3, \quad k = 1,\ldots,4; \quad \gamma_4^2 = 1.$$

Man kann zeigen, dass die γ als Matrizen mindestens 4×4-Matrizen sein müssen, wobei verschiedene Darstellungen möglich sind.

Mit den bekannten Pauli-Spinmatrizen[40]

$$\sigma_1 = \begin{pmatrix} 0 & 1 \\ 1 & 0 \end{pmatrix}, \quad \sigma_2 = \begin{pmatrix} 0 & -i \\ i & 0 \end{pmatrix}, \quad \sigma_3 = \begin{pmatrix} 1 & 0 \\ 0 & -1 \end{pmatrix}$$

bildet man die entsprechenden Matrizen für $k = 1, 2, 3$

$$\gamma_k = \begin{pmatrix} 0 & \sigma_k \\ -\sigma_k & 0 \end{pmatrix}, \quad \gamma_4 = \begin{pmatrix} E & 0 \\ 0 & -E \end{pmatrix}, \quad E = \begin{pmatrix} 1 & 0 \\ 0 & 1 \end{pmatrix}.$$

Man sucht nun eine Lösung in Form eines Spinors

$$u = (u_1, u_2, u_3, u_4)^T.$$

Der Einfachheit wegen sei $U_3 = 0$, was keine Einschränkung der Allgemeinheit ist. Aus der Matrizengleichung

$$(\gamma_4 U_4 - \gamma_1 U_1 - \gamma_2 U_2)u = du$$

folgen die vier Gleichungen für u

$$\begin{aligned} (U_4 - d)u_1 - \quad (U_1 - iU_2)u_4 &= 0, \\ (U_4 - d)u_2 - \quad (U_1 + iU_2)u_3 &= 0, \\ (-U_4 - d)u_3 - (-U_1 + iU_2)u_2 &= 0, \\ (-U_4 - d)u_4 - (-U_1 - iU_2)u_1 &= 0. \end{aligned}$$

Man erhält für die Verhältnisse von jeweils zwei u-Komponenten

$$\frac{u_1}{u_4} = \frac{U_1 - iU_2}{U_4 - d} = \frac{U_4 + d}{U_1 + iU_2}, \quad \frac{u_2}{u_3} = \frac{U_1 + iU_2}{U_4 - d} = \frac{U_4 + d}{U_1 - iU_2}.$$

Aus beiden Verhältnissen folgt als einzige Bedingung für die U_i die Beziehung

$$U_4^2 = d^2 + U_1^2 + U_2^2,$$

woraus zwei Lösungen für U_4 entspringen

$$U_4 = \pm\sqrt{d^2 + U_1^2 + U_2^2}.$$

[40] Siehe R. Feynman [30].

Man wählt nun für die Viererspalten von u zweckmässig solche, die jeweils zwei Nullen haben, also etwa

$$u = \begin{pmatrix} U_4 + d \\ 0 \\ 0 \\ U_1 + iU_2 \end{pmatrix}, \quad u' = \begin{pmatrix} 0 \\ U_4 + d \\ U_1 - iU_2 \\ 0 \end{pmatrix}.$$

Alle Grössen sind nur bis auf Vielfache bestimmt, also kann eine Normierung von u und u' geeignet gewählt werden. Mit den beiden Lösungen für U_4 entstehen somit vier unabhängige Lösungen.

Übergang zur Physik: Mit der Raum-Zeit-Normierung[41]

$$d^2 = a^2 v_4^2 \left(1 - \frac{v^2}{v_4^2}\right) = m_0^2 c^2$$

und $U = (p_1, p_2, 0, E/c)$ als Impuls-Energie-Vierervektor erhält man die in der Physik gebräuchliche Form der Dirac-Gleichung für freie Teilchen

$$(\gamma_4 E/c - \gamma_1 p_1 - \gamma_2 p_2)u = m_0 c u$$

und deren vier Lösungen

$$u = \begin{pmatrix} E/c + m_0 c \\ 0 \\ 0 \\ p_1 + ip_2 \end{pmatrix}, \quad u' = \begin{pmatrix} 0 \\ E/c + m_0 c \\ p_1 - ip_2 \\ 0 \end{pmatrix},$$

wobei

$$E = \pm c\sqrt{m_0^2 c^2 + p_1^2 + p_2^2}.$$

Die beiden Lösungen u und u' werden mit den zwei Stellungen des Teilchenspins zusammengebracht. Die beiden Möglichkeiten des Energievorzeichens führen zu Materie und Antimaterie.

Die Dirac-Gleichung hat, wie gezeigt, zu den beiden Vorzeichen der Energie,

$$E = \pm c\sqrt{p^2 + m_0^2 c^2},$$

je eine Lösung in Form einer Wellenfunktion

$$\psi_{1,2} = f(p) \exp(i(p_x x + p_y y + p_z z - Et)),$$

deren eine gewöhnlich als auslaufende Welle aufgefasst wird, deren andere aber anfänglich als sinnlos angesehen wurde. Mathematisch hatte man

41 Vergleiche Abschnitt 14.4.

dabei aber das Problem, dass dann das System der Wellenfunktionen unvollständig wäre, kein vollständiges Funktionensystem mehr darstellte. So hat man schliesslich auch negative Energien akzeptiert und damit die Antiteilchen eingeführt. Zwei mögliche Interpretationen wurden diskutiert. Erstens die Löchertheorie, wo ein «Loch» sich wie ein Elektron mit positiver Ladung verhält. Dirac schlug die Vorstellung vor, dass alle negativen Energieniveaus normalerweise gefüllt seien, Elektronen in Zuständen positiver Energie normalerweise nicht beobachtet würden, der Übergang in Zustände negativer Energie im Allgemeinen auch nicht, da diese nicht verfügbar seien, da schon besetzt. Ein Loch im «See» der Elektronen mit negativer Energie zeige aber seine Existenz, es wird als Positron angesehen. In einer zweiten Deutung werden Zustände negativer Energie als Zustände von Elektronen aufgefasst, welche sich zeitlich rückwärts bewegen.

Bei der projektiven Interpretation der Lorentzgruppe ergibt sich die Geometrie der Lösung der Dirac-Gleichung von Elektron und Positron mit der von staudtschen imaginären Geraden. Man hat dabei kein Problem mit negativer Energie und man braucht auch keinen See von Elektronen. Die Symmetrie in Materie und Antimaterie bleibt voll erhalten.

Bei der stetigen Vermittlung der Polarität spaltet sich jedes Flächenelement in zwei auf, eines, das sich direkt zum polaren Element bewegt, und eines, das sich, anschaulich gesprochen, von ihm weg bewegt und über das Unendlichferne von der anderen Seite auch zum polaren Element kommt. Das erste wird durch die Transformation

$$\rho' y = \exp \tau \cdot \xi, \quad \tau \in \left[0, \frac{\pi}{2}\right]$$

beschrieben, das zweite mit

$$\rho' y = \exp(-\tau) \cdot \xi, \quad \tau \in \left[0, \frac{\pi}{2}\right],$$

was den beiden Exponentialfaktoren der Wellenfunktion ψ entspricht. ξ stellt dabei ein Flächenelement dar. Der Wertebereich von τ kann natürlich das angegebene Intervall bei der Anwendung überschreiten. Richtet man den Blick auf die invarianten geometrischen Grössen, so sind es die beiden möglichen Drehsinne, mit denen man die beiden imaginären Geraden durch einen Punkt der metrischen Quadrik unterscheidet, worauf es jetzt ankommt. Diese zwei Möglichkeiten haben eine enge Beziehung zu dem, was man in der Physik Teilchen und Antiteilchen nennt.

Es ist bereits gezeigt worden, dass die projektiven Spinoren Punkte auf der metrischen Quadrik bestimmen.[42] Die Lösungen der Dirac-Gleichung bestehen dann aus je einer imaginären Geraden in vier verschiedenen Punkten E_1, E_2, P_1, P_2 der metrischen Quadrik, Figur 15.3. In den Geradenbüscheln der Punkte E_1 und E_2, die die Erzeugenden enthalten, denke man

[42] Siehe Abschnitt 15.6.

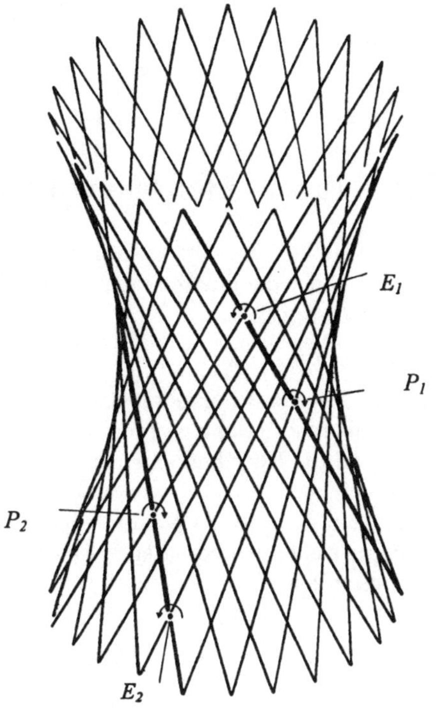

FIGUR 15.3. Die vier Lösungen der Dirac-Gleichung im reellen Bild: In den Geradenbüscheln der Punkte E_1 und E_2, die die Erzeugenden enthalten, denke man sich jeweils eine Involution gegen den Uhrzeigersinn orientiert. Diese von staudtschen imaginären Geraden sind in diesen Punkten das projektive Bild für je eine Spinstellung des Elektrons mit positiver Energie. Die beiden Punkte P_1 und P_2 tragen entsprechend die beiden Positronlösungen mit negativer Energie, als imaginäre Geraden mit der Orientierung der Involution im Uhrzeigersinn.

sich je eine, nach von Staudt eine imaginäre Gerade darstellende Involution gegen den Uhrzeigersinn orientiert. Diese imaginären Geraden sind das projektive Bild für ein Elektron mit je einer der beiden Spinstellungen und mit positiver Energie. Die beiden Punkte P_1 und P_2 tragen entsprechend die beiden Positronlösungen mit negativer Energie und den beiden Spinstellungen, als imaginäre Geraden mit der Orientierung der Involution im Uhrzeigersinn. Damit hat man den Satz 15.8:

Satz 15.8

Behauptung: Die vier Lösungen der Dirac-Gleichung stellen geometrisch je eine imaginäre Gerade im Sinne von von Staudt dar. Die imaginären Geraden gehen durch Punkte der metrischen Quadrik und gehören zu den

Geradenbüscheln, die je zwei Erzeugende verschiedener Schar der Quadrik enthalten. Zwei der imaginären Geraden sind Lösungen für die möglichen beiden Spinstellungen des Elektrons, die zwei andern sind Lösungen für das Positron.

15.8 Projektive Proca- und Maxwellgleichungen

Man geht aus von zwei punkthaften Vektoren in projektiven Koordinaten u_i, v_i, $i = 1, \ldots, 4$, und bildet die plückerschen Geradenkoordinaten[43] der Geraden durch die Punkte u, v

$$\rho q_{kj} = v_k u_j - u_k v_j, \quad j, k = 1, \ldots, 4, \quad j \neq k, \quad \rho \neq 0.$$

Da es keine Rolle spielt, welche Punkte auf der Geraden für die Berechnung der Geradenkoordinaten gewählt werden und weil die Punktkoordinaten projektiv sind, sind die Koordinaten einer Geraden nur bis auf eine Konstante ρ festgelegt.

Ferner seien U_k, V_k, $k = 1, \ldots, 4$ die polaren ebenenhaften Vektoren zu u respektive v mit den gleichen Koordinaten.[44] Dann folgt nach Multiplikation mit v_k und Summation

$$\rho \sum_{k=1}^{4} q_{kj} v_k = u_j \sum_{k=1}^{4} v_k^2 - v_j \sum_{k=1}^{4} u_k v_k, \quad j = 1, \ldots, 4.$$

Geht man bei v zum polaren Vektor über und fordert man, dass u in der Polarebene V von v liege, so folgt mit

$$\sum_{k=1}^{4} u_k v_k = \sum_{k=1}^{4} u_k V_k = 0, \quad \sum_{k=1}^{4} v_k^2 = \kappa^2,$$

die Beziehung

$$\rho \sum_{k=1}^{4} q_{kj} v_k = \rho \sum_{k=1}^{4} q_{kj} V_k = u_j \sum_{k=1}^{4} v_k^2 = \kappa^2 u_j, \quad j = 1, \ldots, 4, \quad \rho \neq 0.$$

Man erhält mit

$$\rho q_{kj} = v_k u_j - u_k v_j = V_k u_j - u_k V_j, \quad j, k = 1, \ldots, 4, \quad j \neq k, \quad \rho \neq 0,$$

die Gleichungen

$$\rho \sum_{k=1}^{4} q_{kj} V_k = \kappa^2 u_j, \qquad j = 1, \ldots, 4, \qquad \rho \neq 0;$$

$$\rho q_{kj} = V_k u_j - u_k V_j, \qquad j, k = 1, \ldots, 4, \quad j \neq k, \qquad \rho \neq 0.$$

---

[43] Siehe F. Klein [57] oder R. Ziegler [120].

[44] Siehe Abschnitt 3.10.

Mit dem verallgemeinerten Exponentialfaktor der Form[45]

$$\psi(v) = f(V)\exp(-\epsilon\,\langle V, v\rangle), \qquad \epsilon^2 = -1,$$

das heisst mit dem Ansatz «ebene Welle», folgt

$$V_i\psi = -\epsilon\frac{\partial\psi}{\partial v_i}, \quad i = 1, \ldots, 4.$$

Diese Beziehungen führen auf die projektive Form der Proca-Differentialgleichung

$$\rho\epsilon\sum_{k=1}^{4}\frac{\partial q_{kj}}{\partial v_k} = -\kappa^2 u_j, \qquad j = 1, \ldots, 4, \quad j \neq k, \qquad \rho \neq 0;$$

$$\rho q_{kj} = \epsilon\left[\frac{\partial u_j}{\partial v_k} - \frac{\partial u_k}{\partial v_j}\right], \qquad j, k = 1, \ldots, 4, \quad j \neq k, \qquad \rho \neq 0.$$

Die Proca-Differentialgleichung wird in normierter Form in der Elementarteilchenphysik für Teilchen mit Spin 1 verwendet. κ stellt dann die Ruhemasse dar, V ist der Impuls-Energie-Vierervektor.[46] Im allgemeinen Fall ist die physikalische Proca-Gleichung nicht lorentzinvariant, da die verwendeten geometrischen Objekte nicht auf der invarianten Quadrik liegen.

Aus der Proca-Gleichung erhält man die Maxwellgleichungen in der projektiven Form, indem man $\kappa = 0$ und $q_{kj} = F_{kj}$ setzt.

$$\sum_{k=1}^{4}\frac{\partial F_{kj}}{\partial v_k} = 0, \qquad j = 1, \ldots, 4, \quad j \neq k, \quad \rho \neq 0;$$

$$\rho F_{kj} = \frac{\partial u_j}{\partial v_k} - \frac{\partial u_k}{\partial v_j}, \qquad j, k = 1, \ldots, 4, \quad j \neq k, \quad \rho \neq 0.$$

Physikalisch beschreiben diese Gleichungen Elementarteilchen mit der Ruhemasse null, Photonen. Geometrisch gesehen liegt der Punkt v auf der metrischen Quadrik und seine Polarebene V ist Tangentialebene. Die durch die Punkte u und v definierte Gerade gehört zum Tangentenkomplex. Umgekehrt erhält man aus dem Sechservektor F_{kj} durch einen Ansatz mit «ebenen Wellen» und dem ebenenhaften Vektor V als Impuls-Energie-Vierervektor die Maxwellgleichung in obiger Form, und die Gleichung wird lorentzinvariant.

---

[45] Vergleiche Abschnitt 15.4.

[46] Vergleiche E. R. Paërl [80].

• Der projektiv interpretierte Welle-Teilchen-Dualismus kann als Inbegriff eines polaren Vektorpaares mit der wellenartigen stetigen Durchführung der Polarität aufgefasst werden.
• Durch geeignete Normierungen, Anknüpfung an eine Masse und mit den de broglieschen Beziehungen entstehen die physikalischen Grössen wie die Wellenparameter.
• Die Klein-Gordon-Gleichung ist die Differentialgleichung der stetigen linearen Vermittlung einer Polarität.
• Der projektive vierkomponentige Spinor mit Exponentialfaktor stellt ein imaginäres Geradenpaar im Geradenbüschel der beiden Erzeugenden eines Punktes der metrischen Quadrik dar.
• Ein Paar von Vektor und polarem Vektor mit der «wellenartigen», auf zwei Arten möglichen Vermittlung der Polarität ist projektiv der Inbegriff eines Paares von Teilchen und Antiteilchen.
• Die vier Lösungen der Dirac-Gleichung stellen geometrisch je eine imaginäre Gerade im Sinne von von Staudt dar. Die imaginären Geraden gehen durch Punkte der metrischen Quadrik und gehören zu den Geradenbüscheln, die je zwei Erzeugende verschiedener Scharen der Quadrik enthalten. Zwei der imaginären Geraden sind Lösungen für die möglichen beiden Spinstellungen des Elektrons, die zwei andern sind Lösungen für das Positron.

16
Zusammenfassung und Quintessenz

16.1 Voraussetzungen

• Die Ergebnisse beruhen auf Analysen aus der Erkenntnisposition des realistischen Idealismus.
• Der realistische Idealismus entspricht einer mittleren Erkenntnisposition zwischen Empirismus und Idealismus.
• Es gibt keine absolute Trennung von Subjekt und Objekt: Neben den empirischen Fakten wird die Bedeutung des Denkens und menschlicher Sinne beim Zustandekommen einer Erkenntnis berücksichtigt.
• Das Dualitätsgesetz der projektiven Geometrie wird für bestimmte Zusammenhänge in der mathematischen Physik verwendet.

16.2 Die Ergebnisse

Raum

• Raum ist ein Begriff oder eine Idee und keine Anschauungsform, er ist ein Erkenntnismittel.
• Der Raumbegriff lässt sich wie jeder Begriff zu verschiedenen Spezialfällen individualisieren.
• Die Spezialfälle sind keine beliebigen Modelle, sondern mögliche Resultate eines Erkenntnisprozesses.

• Dem Raumbegriff des realistischen Idealismus kommt auf mathematischem Feld die projektive Geometrie am nächsten.

Projektive Geometrie

• Projektive Geometrie ist unabhängig von jeder metrischen Geometrie.
• Sie ist eine Geometrie der Lage und der Anordnung, sie kennt keine Winkel und keine Längen.
• Sie kann gedacht werden ohne irgendwelche metrischen Hilfsmittel.
• Projektive Koordinaten können ohne Metrik mit Verbinden und Schneiden in allen Dimensionen in Raum und Gegenraum eingeführt werden.
• Grundgebilde werden in projektiven Koordinaten durch lineare Gleichungen beschrieben.

Metrische Geometrie

• Die Spezialisierung des Raumbegriffs geschieht durch Wahl einer Metrik.
• Ein metrischer Raum ist ein spezialisierter projektiver Raum.
• Es gibt achtzehn qualitativ verschiedene Möglichkeiten, einen projektiven Raum zu einem metrischen zu machen.
• Im metrischen Raum gibt es neben Lage und Anordnung Winkel- und Längenmessung.
• Bewegungen der metrischen Geometrie sind die projektiven Punkttransformationen, die eine ausgezeichnete Fläche zweiten Grades invariant lassen.
• Zwei verschiedene metrische Geometrien können aus axiomatischen Gründen nicht auseinander hergeleitet werden, sie können nur durch verschiedenartige Spezialisierung aus der projektiven Geometrie erhalten werden.
• Der Modellbegriff ist mit der Auffassung des Erkenntnisprozesses gemäss dem realistischen Idealismus verträglich. Ein Modell wird als Resultat eines Individualisierungsprozesses eines allgemeinen Begriffssystems aufgefasst.

Zeit

• Die Zeit ist keine Anschauungsform, sondern ein Begriff oder eine Idee und ein Erkenntnismittel.
• Die Zeit gehört der Erscheinungswelt an. Sie tritt da auf, wo das Wesen einer Sache in die Erscheinung tritt.
• Das Wesen einer Sache ist nur ideell erfassbar.
• Ein nicht adäquater Zeitbegriff kann Wegbereiter sein zu einer Auffassung der Materie – heute der Energie – als unzerstörbarem, die Veränderungen mit der Zeit überdauernden Dasein.

Geschwindigkeit

• Die Geschwindigkeit ist eine körperimmanente Eigenschaft, die in völliger Objektivität dem Subjekt gegenübertritt.
• Die Geschwindigkeit kann rein projektiv definiert werden und kann dann metrisch in Raum und Zeit zerlegt werden.

Energie

• Die Energie ist ein nominalistischer Begriff.
• Der Energiesatz ist ein ausgezeichnet funktionierendes Rechenverfahren.

Gleichzeitigkeit

• Physikalisch lässt sich kein Inertialsystem auszeichnen.
• Der Gang von ungestört transportierten Uhren für den Zeitvergleich von weit entfernten Orten ist operativ gesehen ein ungelöstes Problem.
• Zur zirkelfreien operativen Definition der Zeit darf das innere Zeitgefühl nicht verwendet werden, die Zeit muss aus einem Bewegungsvergleich ermittelt werden.
• Die einsteinsche Uhren-Synchronisation führt auf die Lorentztransformationen.
• Die Uhren-Synchronisation wird mit Licht durchgeführt.
• Die Form der Lichtausbreitung kann erst aufgrund der verwendeten Koordinaten beschrieben werden.
• Die Koordinaten können aber erst durch Annahme einer bestimmten Lichtausbreitungsart definiert werden.
• Ohne Uhren-Synchronisation kann nur die Zwei-Wege-Lichtgeschwindigkeit definiert werden.
• Die operative Definition einer Einweg-Geschwindigkeit in astronomischen Dimensionen ist wegen der ungelösten Uhren-Synchronisation folglich ein ungelöstes Problem.
• Die Lorentzinvarianz der Naturgesetze ist deshalb ein Postulat, das aber mit der Erfahrung gut übereinstimmt.

Spezielle Relativitätstheorie

• Die mathematische Struktur wird durch zahlreiche teils sehr genaue Experimente gestützt. Die Resultate der Berechnungen sind intern verträglich, der Kalkül funktioniert sehr gut.
• Die Interpretation des Kalküls genügt noch nicht einem Erkenntnisbedürfnis, das sich auf klare Begriffe stützt.
• Die Formulierung mit den Lorentztransformationen bedarf deshalb einer inhaltlich neuen Deutung.

• Die räumliche Lorentzgruppe ist isomorph der Gruppe der projektiven Punkttransformationen im projektiven Raum mit invarianter ovaler Fläche zweiter Ordnung.
• Die Lorentztransformationen können somit als vierdimensionale projektive Beschreibung von Geschwindigkeiten in einem mit einer hyperbolischen Metrik versehenen dreidimensionalen Geschwindigkeitsraum gedeutet werden.
• Der mathematische Kern der speziellen Relativitätstheorie ist deshalb eine hyperbolische Kinematik.

Lichtlehre

• Die Lichtgeschwindigkeit ist keine Geschwindigkeit des Lichts, sondern eine Geschwindigkeit, mit der sich Veränderungen am Licht fortpflanzen.
• Die Wellenlänge ist eine Hilfsgrösse, die aus mathematischen Überlegungen und bestimmten Phänomenen konstruiert wird.
• Beim Licht sind keine Wellen zu beobachten wie in der Akustik, beobachtet werden nur Knoten und Bäuche in Form von Helligkeitsgraden. Es gibt keine Hin- und Herbewegung.
• Der Begriff der Phase ist ein aus Phänomenen gewonnener sinnvoller Begriff.

Maxwellgleichungen

• Das elektromagnetische Feld zeigt nur Scheinphänomene im Sinne der «Teil-Erscheinung» eines nicht der physisch-sinnlichen Welt angehörenden Kräftebereichs.
• Die Maxwellgleichungen sind die mathematische Quintessenz der elektromagnetischen Erscheinungen.
• Die Maxwellgleichungen können metrikfrei formuliert werden.
• Die gewählte Metrik, und damit die Form der Maxwellgleichungen, hängt von der Verknüpfung des magnetelektrischen und des elektromagnetischen Sechservektors ab.
• Die Lorentzinvarianz der Maxwellgleichungen entsteht aus der einfachsten Verknüpfung der beiden Sechservektoren. Andere Beziehungen ergeben andere Invarianzen.
• Die Ausbreitungsgesetze des elektromagnetischen Feldes sind erst durch die Metrik gegeben oder umgekehrt.
• Die Lorentzinvarianz der Naturgesetze bleibt damit ein Postulat.
• Wie bei den Maxwellgleichungen ist allgemein die Form der physikalischen Gesetze von der zugrunde liegenden projektiven Metrik abhängig. Eine andere Metrik ergibt eine andere Form der Gesetze.
• Die Mechanik starrer Körper und die Elektrodynamik sind strukturgleich, wenn man sie mit projektiven Koordinaten beschreibt.

Wirkungsprinzip

• Das hamiltonsche Prinzip ist ein auf rein mathematischer Stufe stehendes Prinzip, das hervorragend funktioniert.
• Der Wirkungsbegriff als Produkt von Energie und Zeit hat keinen wirklichen physikalischen Inhalt.

Unschärferelation

• Die physikalische Herleitung der Unschärferelation ist heuristisch, mathematisch ist sie eine Konsequenz der Fouriertransformation.
• Die Interpretation der Unschärferelation ist noch immer uneinheitlich.
• Mit der Aufspaltung der Sinnesqualitäten in primäre und sekundäre nach Locke und der Unschärferelation lösen sich die Objekte in Gedankenformen auf.

Projektive Bewegungen

• Eine gleichförmige Bewegung lässt sich durch eine projektive Skala darstellen, eine konstante Geschwindigkeit kann durch den Logarithmus eines Doppelverhältnisses projektiv invariant nummerisch erfasst werden.
• Der freie Vektor kann projektiv als Elation, eine Perspektivität, deren Fixpunkt mit der Fixebene inzident ist, aufgefasst werden.
• Eine Menge von parametrisierten Projektivitäten ist das Bild einer beliebigen projektiven Bewegung, die Zielpunktsabbildung ist das Bild eines projektiven Tangentialvektors, eines momentanen Geschwindigkeitsvektors.
• Der Begriff der Raumzeit ist eine verschlüsselte Bezeichnung des projektiven Geschwindigkeitsraums.

Aufspaltung einer Geschwindigkeit

• Analog dem Aufspaltungsprozess beim Erkennen einer Geschwindigkeit lässt sich eine Geschwindigkeit durch eine projektiv metrisierte Uhr oder durch eine projektive Raummetrik in Raummetrik und Zeitmetrik aufspalten.

Dualitätsprinzip in der Physik

• Der Impuls-Energie-Vierervektor kann entsprechend seiner Transformationseigenschaften projektiv als Ebenenvektor interpretiert werden.
• Physikalisch kann er als Reziprokgeschwindigkeit aufgefasst werden, eine im Sinne des Dualitätsgesetzes mögliche Deutung als Umkreisgrösse.
• Die einsteinsche Masse-Energie-Äquivalenz ist dann in der Folge projektiv Ausdruck einer Polarität zwischen Geschwindigkeitsvektor und Reziprokgeschwindigkeit.

• Der Schritt zur Physik wird durch die Beziehung der Normierungen der beiden Vektoren und durch die Ankopplung an die Masse gemacht.
• Der homogene Hamilton-Formalismus stellt das hamiltonsche Prinzip im projektiven Raum dar.
• Ein Prinzip der extremalen Wärmedistanz vertritt projektiv das Wirkungsprinzip.
• Die Energie im Impuls-Energie-Vierervektor definiert die problembezogene Aufspaltung der Geschwindigkeit in Raum und Zeit.
• Die Clifford-Algebren stellen die geeigneten algebraischen Strukturen für die Formulierung der projektiven und der physikalischen Fakten, die aus dem Dualitätsgesetz folgen, dar.

Umkreisgrössen

• Der projektive Welle-Teilchen-Dualismus kann als Inbegriff eines polaren Vektorpaares mit der wellenartigen stetigen Durchführung der Polarität aufgefasst werden.
• Durch geeignete Normierungen, Anknüpfung an eine Masse und mit den de brogliesschen Beziehungen entstehen die physikalischen Grössen wie die Wellenparameter.
• Die Klein-Gordon-Gleichung ist die Differentialgleichung der stetigen linearen Vermittlung einer Polarität.
• Der projektive vierkomponentige Spinor mit Exponentialfaktor stellt ein imaginäres Geradenpaar im Geradenbüschel der beiden Erzeugenden eines Punktes der metrischen Quadrik dar.

Dirac-Theorie

• Ein Paar von Vektor und polarem Vektor mit der wellenartigen zweifachen Vermittlung der Polarität ist projektiv der Inbegriff eines Paares von Teilchen und Antiteilchen.
• Die vier Lösungen der Dirac-Gleichung mit Spinoren stellen geometrisch je eine imaginäre Gerade im Sinne von von Staudt dar. Die imaginären Geraden gehen durch Punkte der metrischen Quadrik und gehören zu den Geradenbüscheln, die je zwei Erzeugende verschiedener Scharen der Quadrik enthalten. Zwei der imaginären Geraden sind Lösungen für die möglichen beiden Spinstellungen des Elektrons, die zwei andern sind Lösungen für das Positron.

Proca- und Maxwellgleichungen

• Die Gleichungen von Proca und die Maxwellgleichungen sind Gleichungen der projektiven Geometrie.

16.3 Quintessenz – Paradigmenwechsel in der Quantenelektrodynamik

1. Die Erkenntnispositionen des naturwissenschaftlichen Empirismus einerseits und des realistischen Idealismus andererseits werden unter anderem charakterisiert durch eine streng praktizierte Subjekt-Objekt-Trennung beziehungsweise ein Vermeiden dieser Trennung.

2. Konsequenz ist eine völlig gegensätzliche Auffassung des Objektivitätscharakters der drei Grundbegriffe Raum, Zeit und Geschwindigkeit: In der empiristischen Physik ist die Geschwindigkeit eine aus Raum und Zeit abgeleitete Grösse, beim realistischen Idealismus ist die Geschwindigkeit die einzige wirklich objektive Grösse unter den drei Grundbegriffen.

3. Die vor allem von Einstein aufgestellte Forderung nach operativer Definition der physikalischen Begriffe kann wegen verschiedener logischer Zirkel nicht generell eingelöst werden.

4. Die gedanklichen Ausgestaltungen der speziellen Relativitätstheorie beruhen deshalb auf einigen nicht beweisbaren, aber gleichwohl sinnvollen Postulaten und Prinzipien, wie Relativitätsprinzip und Lorentzinvarianz der Naturgesetze.

5. Die räumliche Lorentzgruppe ist isomorph der Gruppe der projektiven Punkttransformationen mit invarianter ovaler Quadrik.

6. Die Fülle und die Präzision der experimentellen Fakten der speziellen Relativitätstheorie müssen als Verifizierung der mathematischen Struktur aufgefasst werden.

7. Im Sinne von «Rettet die Phänomene» können diese Fakten mit den gemäss dem realistischen Idealismus erhaltenen Grundlagen zu Raum, Zeit und Geschwindigkeit in Übereinstimmung gebracht werden. Man hat dazu die mathematische Struktur der Theorie als vierdimensionale projektive Beschreibung von immanenten, objektiven Geschwindigkeiten bezüglich des Beobachters im dreidimensionalen Raum *umzuinterpretieren*, was wegen 5. möglich ist. Deshalb wird nur ein Tangentialraum verwendet.

8. Die projektiven Gesichtspunkte lassen sich dadurch gewinnen, dass man den relativistischen Kalkül als homogene Darstellung von Geschwindigkeiten deutet.

9. Statt dass man Bewegungen von Teilchen in der so genannten Raumzeit beschreibt, erhält man eine projektiv formulierte hyperbolische Kinematik. Praktisch bedeutet das, dass Vierergeschwindigkeit und Viererimpuls die wichtigen Grössen sind und nicht die Raum-Zeit-Koordinaten.

10. Die Raum-Zeit-Koordinaten sind in dieser Auffassung rechnerische projektive Hilfsmittel, keine grundlegenden physikalischen Grössen.

11. Beschränkt man sich auf die Mikrophysik, kann man mit der Konzentration auf den Geschwindigkeitsraum und auf Reziprokgeschwindigkeiten viele bis heute nicht vollständig gelöste Probleme mit dem Beobachterstandpunkt und mit Fragen nach der Wirklichkeit von Zeitdilatation und Massstabskontraktionen umgehen und auch die «dubiose Rolle» des Raumzeit-Kontinuums einschränken.

12. Sind Geschwindigkeiten und deren Metrisierungen objektive Grössen, kann man mit den verschiedenen Möglichkeiten der Aufspaltung in Raum- und Zeitmetrik sämtliche notwendigen Beziehungen unter den drei Grundgrössen erhalten, ohne von a priori gegebenen Metrisierungen von Raum und Zeit auszugehen.

13. Durch das Dualitätsgesetz der projektiven Geometrie und dank des entsprechenden Transformationsverhaltens kann man den Impuls-Energie-Vierervektor als Ebenenvektor, als Umkreisgrösse einordnen. Er bildet mit dem Geschwindigkeitsvektor ein polares Vektorpaar.

14. Der Welle-Teilchen-Dualismus ist der Inbegriff eines polaren Vektorpaares mit einer stetigen linearen Verwandlung des einen Vektors in den andern gemäss dem Prinzip einer Polarität.

15. Der Zusammenhang lässt sich mathematisch besonders gut mit Clifford-Algebren formulieren.

16. Bei der üblichen euklidischen Version des Tetraeders für die projektiven Koordinaten besteht die formale Übereinstimmung von Kovarianten und Kontravarianten, wodurch kontravariante Grössen zu leicht durch kovariante ersetzt werden können.

17. Um der projektiven Geometrie gerecht zu werden, wäre zum Beispiel der Impuls-Energie-Vierervektor, ein Ebenenvektor, in der Clifford-Algebra mit der Dimension sechzehn[1] als Trivektor darzustellen.

18. Die Theorien vom Wasserstoffatom bis hin zu den Elementarteilchen lassen sich mit Clifford-Algebren formulieren, wobei Bivektoren als Wellenfunktionen auftreten, projektiv handelt es sich um Gebilde der Liniengeometrie, Geraden und lineare Komplexe.

19. Die Klein-Gordon-Gleichung, bislang für Teilchen mit Spin null gebraucht, beschreibt projektiv die stetige lineare Vermittlung einer Polarität.

20. Die Dirac-Spinoren definieren projektiv einen Punkt auf der metrischen Quadrik.

21. Die vier Lösungen der Dirac-Gleichung, bislang für Elektron und Positron verwendet, stellen projektiv in den Geradenbüscheln der beiden Erzeugenden von vier verschiedenen Punkten der metrischen Quadrik je eine

[1] Siehe G. Casanova [12], D. Hestenes [46], [48], A. Mercier [75], M. Riesz [88].

imaginäre Gerade dar. Die imaginären Geraden in zweien der Punkte stehen jeweils für Elektron und Positron mit der einen Spinstellung, die in den zwei anderen Punkten für die andere Spinstellung.

22. Die Proca- und die Maxwellgleichungen, in der Physik für Teilchen mit ganzzahligem Spin, sind projektiv sinnvolle Gleichungen.

23. Die Maxwellgleichungen und die Dirac-Gleichung beschreiben in umgedeuteter Form nicht die elektromagnetischen respektive quantenhaften Zusammenhänge in einem euklidischen Raum, sondern Entsprechendes im projektiven Raum der Geschwindigkeiten[2] und dem zugehörigen Dualraum der Reziprokgeschwindigkeiten.

24. Realistischer Idealismus: Die Ausdeutung einiger Grundlagen der Quantenelektrodynamik hat man im Zusammenwirken des hyperbolisch metrisierten Geschwindigkeitsraums mit dem Dualraum zu suchen, *ein Paradigmenwechsel*[3] *ist angezeigt.*

---

[2] Es war wohl U. Pinkall [81], der diesen Gedanken zuerst fasste.
[3] Vergleiche T. Kuhn [59].

Literatur

[1] Adams G., Hinterlassene Schriften, 1956

[2] Adams G., Universalkräfte in der Mechanik, Dornach 1996 (2)

[3] Adams G., Pflanze in Raum und Gegenraum, Stuttgart 1960

[4] Aristoteles, Physik, 11, 219b, Hamburg 1987, S. 1–2

[5] Backmann G., Wachstum und organische Zeit, Leipzig 1943

[6] Bateman H., The Transformation of the Electrodynamical Equations, *Proceedings of the London Mathematical Society*, 8, 1910, S. 223–264

[7] Beltrami E., Teoria fondamentale degli spazii di curvatura costante, *Annales di Matematica*, II, 1868, S. 232–255

[8] Berkeley G., Prinzipien der menschlichen Erkenntnis, 1710, Hamburg 1964

[9] Bernhard A., Projektive Geometrie, Stuttgart 1984

[10] Brandes J., Die relativistischen Paradoxien und Thesen zu Raum und Zeit, Karlsbad 2001 (3)

[11] de Broglie L., Wellenmechanik, Leipzig 1929

[12] Casanova G., L'algèbre vectorielle, Paris 1976

[13] Chew G. F., The dubious Role of the Space-Time Continuum in microscopic Physics, *Science Progress*, 51, 1963, S. 529–539

[14] Clifford W. K., Mathematical Papers, London 1882

[15] Conradt O., Mechanics in space and counterspace, *Journal of Mathematical Physics*, 41, 10, 2000, S. 6995–7028

[16] Conradt O., The Principle of Duality in Clifford Algebra and Projective Geometry, in: R. Ablamowicz and B. Fauser (Ed.), Clifford Algebra and their Application in Mathematical Physics, I, S. 165–202

[17] Conradt O., Der Begriff des Gegenraums, *Elemente der Naturwissenschaft*, 75, Heft 2, S. 1–12

[18] Cunningham E., The Principle of Relativity in Electrodynamics and an Extension thereof, *Proceedings of the London Mathematical Society*, 8, 1910, S. 77–98

[19] Dehnen H., Grundlagen und Prüfung der Relativitätstheorie. In: Philosophie und Physik der Raum-Zeit, Hrsg. J. Audretsch, K. Mainzer, Grundlagen der exakten Naturwissenschaften, Band 7, Mannheim 1988, S. 182–221

[20] Dirac P.A.M., Homogeneous Variables in Classical Dynamics, *Proceedings of the Cambridge Philosophical Society*, 29, 1933, S. 389

[21] Dirac P.A.M., Symmetries in Science, Carbondale Symposium über Symmetries in Science, Illinois USA, Hrsg. B. Gruber, 23.2.–2.3.1979, S. 1–11

[22] Dustmann F. W., Absolute und relative Geschwindigkeiten: Der Begriff der Rapidität, *Math. Phys. Korr.*, 128, 1983, S. 18–26

[23] Dustmann F. W., Die Bewegungsperspektive, ein Weg zum Verständnis der speziellen Relativitätstheorie, *Math. Phys. Korr.*, 133, 1984, S. 10–29

[24] Edwards L., The Field of Form, Edinburg 1982

[25] Edwards L., Geometrie des Lebendigen, Stuttgart 1986

[26] Einstein A., Elektrodynamik bewegter Körper, *Annalen der Physik*, 17, 1905, S. 891

[27] Einstein A., Über die spezielle und die allgemeine Relativitätstheorie, (1917), WTB Taschenbuch, Braunschweig 1979

[28] Fauser B., Schriftliche Mitteilung, 2003

[29] Feynman R., Vorlesungen über Physik I, München 1977

[30] Feynman R., Quantenelektrodynamik, Mannheim, 1961

[31] Finsler P., Aufsätze zur Mengenlehre, Darmstadt 1975

[32] Greinacher H., Masse und Energie im Schwerefeld, *Helvetica physica Acta*, 12, 1939, S. 394–397

[33] Gschwind P., Die stetige Vermittlung einer Polarität im Geradenraum, *Math. Phys. Korr.*, 103, 1977, S. 3–18

[34] Gschwind P., Der lineare Komplex – eine überimaginäre Zahl, Dornach 1991 (2)

[35] Gschwind P., Methodische Grundlagen zu einer projektiven Quantenphysik, Dornach 1989 (2)

[36] Gschwind P., Mathematische Aspekte zum Umstülpungsproblem, *Math. Phys. Korr.*, 132, 1984, S. 13–24

[37] Gschwind P., Zur Deutung mathematisch-physikalischer Strukturen, *Math. Phys. Korr.*, 139, 1985, S. 18–25

[38] Gschwind P., Mass, Zahl und Farbe, Dornach 2000

[39] Gschwind P., Steiner oder Einstein? *Elemente der Naturwissenschaft*, 78, Heft 1, 2003, S. 153–177 und Abdruck in *Math. Phys. Korr.*, 213, 2003, S. 12–36

[40] Gut B., Immanent-logische Kritik der Relativitätstheorie, Zug 1981

[41] Hafele J. und Keating R., Beschreibung des Experiments, *Science*, 177, 1972, S. 166 und 168

[42] Heisenberg W., Wandlungen in den Grundlagen der Naturwissenschaft, Stuttgart 1959 (9)

[43] Heisenberg W., Physikalische Prinzipien der Quantentheorie, Leipzig 1930

[44] Herbert N., Quantum Reality, Tiptree 1985

[45] Hentschel K., Interpretationen und Fehlinterpretationen der speziellen und der allgemeinen Relativitätstheorie, Basel 1990

[46] Hestenes D., Space-Time Algebra, New York 1966

[47] Hestenes D., Proper Dynamics of a Rigid Point Particle, *Journal of Mathematical Physics*, 15, 10, 1974, S. 1768–1777

[48] Hestenes D., Clifford Algebra to Geometric Calculus, Dordrecht 1984

[49] Hume D., Eine Untersuchung über den menschlichen Verstand, 1748, Hamburg 1973

[50] Jammer M., Philosophy of Quantum Mechanics, New York 1974

[51] Jammer M., Das Problem des Raumes, Darmstadt 1980

[52] Janich P., Geschwindigkeit und Zeit, Aristoteles und Augustinus als Lehrmeister der modernen Physik? In: Philosophie und Physik der Raum-Zeit, Hrsg. J. Audretsch, K. Mainzer, Grundlagen der exakten Naturwissenschaften, Band 7, Mannheim 1988, S. 163–181

[53] Juel C., Vorlesungen über projektive Geometrie, Berlin 1934

[54] Kienle G., Nichteuklidische Struktur des Sehraums, Stuttgart 1968

[55] Klein F., Gesammelte Abhandlungen I, Berlin 1921

[56] Klein F., Nichteuklidische Geometrie, Berlin 1927

[57] Klein F., Höhere Geometrie, Berlin 1968 (3)

[58] Kottler F., Maxwellgleichungen und Metrik, *Sitzung der mathematischen Klasse*, IIa, 131, 1922, S. 119–146

[59] Kuhn T., Die Struktur wissenschaftlicher Revolutionen, Frankfurt a. M. 1967

[60] Laguerre E., Note sur la théorie des foyers. Œuvres complètes françaises 1898–1905. Tome II, Géometrie, Paris 1995, S. 12

[61] Laue M. v., Materiewellen und ihre Interferenzen, Berlin 1948, S. 377

[62] Lauer H. E., Die zwölf Sinne des Menschen, Schaffhausen 1977

[63] Landau L. D., Theoretische Physik II, Berlin 1964

[64] Lindemann F., Über unendlich kleine Bewegungen und über Kraftsysteme bei allgemeiner projektiver Massbestimmung (Diss. Erlangen 1973), *Mathematische Annalen*, VII, 1874, S. 56–143

[65] Locher L., Urphänomene der Geometrie, Zürich 1937

[66] Locher L., Polarsysteme und damit zusammenhängende Berührungstransformationen. Das Prinzip von Huygens in der nichteuklidischen Geometrie, *Publications de l'Institut de Mathématiques de l'Académie Serbe des Sciences*, III, Belgrad 1950

[67] Locher L., Freie Geometrie ebener Kurven, Basel 1952

[68] Locher L., Geometrische Metamorphosen, Dornach 1970

[69] Locher L., Mathematik als Vorschule zur Geist-Erkenntnis, Dornach 1973 (2)

[70] Locher L., Projektive Geometrie, Dornach 1980 (2)

[71] Locher L., Elemente der Mathematik, 6, Nr. 5, 6, 1961

[72] Locke J., Versuch über den menschlichen Verstand, 1690, Hamburg 2000 (5)

[73] Mach E., Die Mechanik, Darmstadt 1973 (10)

[74] Martin M., Zur relativistischen Elektrodynamik und Mechanik starrer Körper, *Math. Phys. Korr.*, 78, 1971, S. 3–14

[75] Mercier A., Equation de l'électromagnétisme, Diss., Genf 1935

[76] Mie G., Fundamenti di una teoria della materia, *Annalen der Physik*, 37, 1912, S. 511; 39, 1912, S. 11; 40, 1913, S. 1

[77] Mittelstaedt P., Klassische Mechanik, Mannheim 1970

[78] Mittelstaedt P., Zeitbegriff in der Physik, Mannheim 1976

[79] Ostheimer C., Ziegler R., Skalen und Wegkurven, Dornach 1996

[80] Paërl E. R., Representation of the Lorentz Group, Amsterdam 1975

[81] Pinkall U., Mündliche Mitteilung 1982

[82] Pinkall U., Dustmann F. W., Paul R., Mathematische Physik und projektive Geometrie, das Nullsystem im Geschwindigkeitsraum, Mannheim 1987

[83] Pinkall U., Mündliche Mitteilung 1987

[84] Planck M., Wissenschaftliche Autobiographie, Leipzig 1928

[85] Plücker J., Neue Geometrie des Raumes, Leipzig 1868

[86] Preuss W. H., Geist und Stoff, Stuttgart 1980 (2)

[87] Reye T., Geometrie der Lage, Hannover 1866

[88] Riesz M., Clifford Numbers, University of Maryland 1958

[89] Sacks O., Eine Anthropologin auf dem Mars, rororo 2000

[90] Schouten J. A., v. Dantzig D., Electromagnetism, Independent of Metrical Geometry, *Proceedings of the Koninklijke Academic v. Wetenschamppen*, 37, S. 521–525 und S. 643–652

[91] Schrödinger E., Quantisation as a Problem of Proper Values, I–IV, *Annalen der Physik*, 4, 79, 1926 abgedruckt in: Collected Papers on Wave Mechanics, New York 1978 (2), S. 1–123

[92] Schrödinger E., Science and the Human Temperament, New York 1935

[93] Schrödinger E., Was ist ein Naturgesetz? Wien 1962, S. 121

[94] Schuberth E., Erziehung in einer Computergesellschaft, Stuttgart 1990

[95] Silberstein L., The Theory of Relativity, London 1914

[96] Sommerfeld A., Elektrodynamik, Leipzig 1961

[97] von Staudt G. K. Ch., Geometrie der Lage, Nürnberg 1847

[98] von Staudt G. K. Ch., Beiträge zur Geometrie der Lage, Nürnberg 1856

[99] Steiner R., Einleitungen zu Goethes Naturwissenschaftlichen Schriften, GA 1, Dornach 1926

[100] Steiner R., Philosophie der Freiheit, GA 4, Dornach 1978 (14)

[101] Steiner R., Anthroposophie, ein Fragment, GA 45, Dornach 1970

[102] Steiner R., Menschlicher und kosmischer Gedanke, GA 151, Dornach 1980 (2)

[103] Steiner R., Allgemeine Menschenkunde, GA 293, Dornach 1980 (7)

[104] Steiner R., Erziehungskunst, Methodisch-Didaktisches, GA 294, Dornach 1934

[105] Steiner R., Geisteswissenschaftliche Impulse zur Entwicklung der Physik I, GA 320, Dornach 1964

[106] Steiner R., Geisteswissenschaftliche Impulse zur Entwicklung der Physik II, GA 321, Dornach 1972 (2)

[107] Steiner R., Anthroposophie, Vortrag 20.1.1924, Dornach 1981

[108] Steiner R., Die vierte Dimension, GA 324a, Dornach 1995

[109] Stoss H.-J., Koordinatenbildung, *Math. Phys. Korr.*, 209, 2002, S. 3–14

[110] Thomas N., Science between Space and Counterspace, London 1999

[111] Unger G., Vom Bilden physikalischer Begriffe I–III, Stuttgart 1959–1967

[112] Unger G., Die Vektorrechnung im affinen und polaraffinen Raum, *Math. Phys. Korr.*, 21b, 1959, S. 2–15

[113] Unger G., Schriftliche Mitteilung, 1984

[114] Unger G., Forming concepts in Physics, Chestnut Ridge, N.Y., 1995

[115] Varičak V., Über die nichteuklidische Interpretation der Relativitätstheorie, *Jahrbuch der deutschen Mathematikervereinigung*, 21, 1912, S. 103–127

[116] Veblen O., Spinors in projective Relativity, *Proceedings of the National Academy of Science*, 19, 1933, S. 979–989

[117] Veblen O., Spinors and Projective Geometry, Congress of Mathematicians, Oslo 1936, S. 111–127

[118] Veblen O., J. W. Young, Projective Geometry, Volume II, Boston 1918

[119] Ziegler R., Synthetische Liniengeometrie, Dornach 1982

[120] Ziegler R., Geschichte der geometrischen Mechanik, Diss., Stuttgart 1985

[121] Ziegler R., Mathematik und Geisteswissenschaft, Dornach 2000 (2)

[122] Ziegler R., Skalen und Projektivitäten. In: Ziegler R., Ostheimer C., Skalen und Wegkurven, Dornach 1996

Register

MATHEMATISCH-ASTRONOMISCHE BLÄTTER – NEUE FOLGE

1 ARNOLD BERNHARD. *Schauendes Geometrisieren.* Vom Würfel über den projektiven zum hyperbolischen und elliptischen Raum. 2. überarbeitete und erweiterte Auflage. 1996.

2 WIM VIERSEN. *Konstellationen in Bewegung.* Eine neue Phänomenologie von Opposition und Konjunktion. 1976 (vergriffen)

3 GEORG UNGER. *Kontemplatives Mathematisieren.* Geometrische Verwandlungen. 1988.

4 PETER GSCHWIND. *Der lineare Komplex – eine überimaginäre Zahl.* 2. umgearbeitete und erweiterte Auflage. 1991.

5 HEINRICH ECKINGER / GEORG UNGER. *Das Mass der Erde in der babylonischen Kultur.* 1979.

6 PETER GSCHWIND. *Methodische Grundlagen zu einer projektiven Quantenphysik.* Goetheanismus, synthetische Geometrie und Quantenphysik. 2. Auflage. 1989.

7 JOHN MEEKS. *Planetensphären.* Versuch eines Ansatzes goetheanistischer Himmelskunde. 2. Auflage. 1990.

8 RENATUS ZIEGLER. *Synthetische Liniengeometrie.* 1981.

9 CHARLOTTE FRITZSCH. *Tropfenbilder.* Eine Betrachtungsübung. 1982 (vergriffen).

10 RUDOLF STEINER. *Texte zur Relativitätstheorie.* 1982 (vergriffen; alle Texte enthalten in Rudolf Steiner, *Die vierte Dimension*, Dornach: Rudolf Steiner Verlag. 1995, GA 324a).

11 LOTTE VOLKMER. *Zahlenphänomene.* 1983.

12 JOACHIM SCHULTZ. *Tierkreisbilder und Planetenlicht.* Versuche zum Studium ihrer Wirkungen auf das Pflanzenwachstum. 1986 (vergriffen).

13 ANGELO ROVIDA. *Übungen zur synthetischen projektiven Geometrie.* 1988.

14 GEORGE ADAMS. *Lemniskatische Regelflächen.* Eine anschauliche Einführung in die Liniengeometrie und Imaginärtheorie. 1989.

15 PETER GSCHWIND. *Raum, Zeit, Geschwindigkeit.* 1986 (ersetzt durch 25).

16 STEPHAN BAUMGARTNER. *Hauschkas Wägeversuche.* Gewichtsvariationen keimender Pflanzen im geschlossenen System. 1992.

17 HANNS-JÖRG STOSS. *Treffgeraden und Nullinvarianz.* Beiträge zur Liniengeometrie. 1995.

18 GERHARD KOWOL. *Primzahlen.* Ein mathematischer Zugang zu ihren Qualitäten. 1995.

19 CHRISTIAN OSTHEIMER / RENATUS ZIEGLER. *Skalen und Wegkurven.* Einführung in die Geometrie von Wegkurven und Wegflächen. 1996.

20 GEORGE ADAMS. *Universalkräfte in der Mechanik.* Perspektiven einer anthroposophisch erweiterten mathematischen Physik. 1996.

21 RENATUS ZIEGLER. *Geometrische Kristallmorphologie.* Kristallformen und regelmässige Körper im Lichte von Symmetrietheorie und projektiver Geometrie. 1998.

22 HANNS-JÖRG STOSS. *Einführung in die synthetische Liniengeometrie.* 1999.

23 PETER GSCHWIND. *Mass, Zahl und Farbe.* 2000.

24 RENATUS ZIEGLER. *Biographien und Bibliographien.* Mitarbeiter und Mitwirkende der Mathematisch-Astronomischen Sektion am Goetheanum. 2001.

25 PETER GSCHWIND. *Projektive Mikrophysik.* Erweiterung der Teilchenphysik durch Umkreisgrössen. 2004.